生活垃圾焚烧处置的
环境经济政策分析

谭灵芝　董照辉　孙奎立　王国友　著

U0260374

科　学　出　版　社

北　京

内 容 简 介

本书对我国生活垃圾焚烧处置现状和生活垃圾处置政策进行了回顾、分析和展望，并以生活垃圾焚烧发电为主要模式，对我国生活垃圾焚烧减量化和资源化处置的环境经济政策进行了梳理和深入分析，介绍了国外相关领域的具体做法和经验，同时基于典型案例描述和政策效果分析，提出了促进我国生活垃圾焚烧处置发展的政策建议。

本书内容丰富翔实，分析深入，理论与实践结合，可供相关领域的研究者、政策制定者和管理人员参考。

图书在版编目(CIP)数据

生活垃圾焚烧处置的环境经济政策分析 / 谭灵芝等著. — 北京：科学出版社，2021.3
ISBN 978-7-03-063681-2

Ⅰ.①生… Ⅱ.①谭… Ⅲ.①生活废物-垃圾焚化-环境经济-环境政策-研究 Ⅳ.①X196

中国版本图书馆 CIP 数据核字 (2019) 第 281355 号

责任编辑：武雯雯 / 责任校对：彭 映
责任印制：罗 科 / 封面设计：墨创文化

科学出版社 出版

北京东黄城根北街16号
邮政编码：100717
http://www.sciencep.com

成都锦瑞印刷有限责任公司印刷
科学出版社发行 各地新华书店经销

*

2021 年 3 月第 一 版 开本：787×1092 1/16
2021 年 3 月第一次印刷 印张：13 1/2
字数：314 000

定价：108.00 元

前　言

党的十八届三中全会对我国的生态文明建设做出了战略部署，党的十九大确定要"形成节约资源和环境保护的空间格局、产业结构、生产方式、生活方式"。生活垃圾处置和管理涉及生活垃圾从无害化向减量化和资源化的转变路径、生活垃圾处置企业的混合所有制改革，以及生产企业和消费领域生产和消费方式的转变等内容，是我国生态文明制度建设和资源节约型社会建设的重要组成部分。

在我国，伴随着经济的高速发展，生活垃圾问题也已经越来越严峻地摆在了我们面前。这些生活垃圾不仅对环境造成了严重的污染，还造成了严重的资源浪费。虽然我国垃圾污染防治原则是按照减量化、资源化和无害化的顺序提出的，但考虑到处理成本、处理量等问题，几乎所有的地区在垃圾处理工作中都以无害化为工作重点，忽视垃圾处理的减量化和资源化原则。特别是以填埋为主的生活垃圾末端处理方式，占用大量的土地资源的同时，还严重污染了地下水和空气，产生的大量甲烷可能引发火灾，也不能杜绝渗漏问题。堆肥效率低下，对制成的肥料的质量难以保证，销量也不是很理想。资源化利用的目标基本没有得到体现。因此，寻求合理的垃圾处理方式成为当务之急。而垃圾焚烧的主要目的是在保证对垃圾处理的环境影响最小的情况下，通过提高垃圾处理的减量化、无害化和资源化目标，同时在实现垃圾焚烧环境效益的目标下，尽可能地实现垃圾焚烧的综合利用，包括垃圾焚烧的热能、电能和部分资源的回收（如废铁、废铜等废旧金属资源的回收利用），实现环境质量的提高、资源的节约和能量的回收利用，是实现垃圾资源化、无害化、减量化的重要手段。但垃圾焚烧综合利用作为实现我国垃圾处置上述目标的重要方式之一，没有得到全面发展，这种状况既不利于卫生状况的改善，也不利于资源的重复利用。新形势下如何从环境经济学的角度，构建和优化垃圾焚烧处置的环境经济政策体系，使之有利于规模化、产业化的发展是本书研究的出发点。本书通过对上海和天津两地生活垃圾焚烧企业的调查研究，尝试利用投入产出模型，结合环境效益进行分析和比较，以确定垃圾焚烧在我国发展的必要性和可行性。在此基础上，通过对国外有关生活垃圾焚烧处置法律法规和环境经济政策选择评价基础上，寻求适合我国基本国情的环境经济政策，最终促进我国生活垃圾焚烧发电的可持续发展和低碳化发展。

本书的主要内容可以分为四个部分。第一部分对我国生活垃圾处置的基本情况进行分析，在此基础上明确现有垃圾处理格局改革的必要性及发展垃圾焚烧处理的迫切性，通过垃圾资源化的含义，对生活垃圾焚烧处置以及处置的综合利用的内涵做出界定。运用主流环境经济学理论来分析和指导垃圾焚烧发展的必要性和可行性，分析环境经济理论在社会层面、区域层面和企业层面对垃圾焚烧处置的实践指导，探讨环境经济理论在垃圾焚烧处置中的应用。此外通过对三种垃圾处理方式的环境经济效益的对比分析来归纳垃圾焚烧处置的特征和环境影响效果，分析了生活垃圾焚烧处置过程中的环境效益特征，为垃圾焚烧处置发展的环境经济政策的研究提供理论基础。第二部分对发达国家垃圾焚烧管理体制及处置进行了较为全面的分析，主要选取了德国和日本两个发展垃圾焚烧处置的典型性国家，比较不同国家垃圾焚烧处置的绩效(从政府的主要政策、企业建设和运营的投融资方式、企业的环境经济效益、存在的问题等方面分析对垃圾焚烧处置的环境经济政策的成效和不足)，特别是在涉及垃圾焚烧发电的综合利用方面，说明不同的环境经济政策对垃圾焚烧综合利用的影响(包括处理量、发电量、燃烧的热值等效益、效果方面)，为我国的垃圾焚烧处置政策的制定提供借鉴。通过结合国外对垃圾焚烧处置的管理经验和环境经济政策实施效果的分析和我国的具体国情，着重探讨了制定法律引导我国垃圾焚烧处置业进一步发展的必要性、我国垃圾焚烧处置的技术经济特征，以及发展我国垃圾焚烧的环境经济政策重点的确定等方面的问题。第三部分在对我国上海、天津两个垃圾处理焚烧企业进行全面系统的评估分析的基础上，剖析了我国生活垃圾焚烧处置所处的阶段、发展的必要性、所面临的主要问题及相关环境经济政策制定的重点，为我国发展垃圾焚烧的环境经济政策的选择和制定提供现实依据。第四部分在前文分析的基础上，辨析出我国垃圾焚烧处置发展中最迫切需要改善的政策，结合西方国家的管理经验，通过对政府提供相关服务和市场条件下服务的供给效果的比较分析，筛选出垃圾处理费、补贴政策以及相应的可再生能源发展政策这三个方面对我国垃圾焚烧发展有较大影响的环境经济政策，并从理论和实践上对这些政策组合在我国实施的可行性和适用性进行了详细分析，同时探讨了我国垃圾焚烧处置市场化运作的必要性和可能性。

　　本书仍存很多不足之处。第一，本书主要研究了推动垃圾焚烧处置在我国发展的环境经济政策，很少涉及垃圾管理体制的改革。根据我国目前垃圾焚烧发展的现状分析，垃圾管理体制对焚烧发展的制约非常明显，是否需要在管理体制变革的基础上进行环境经济政策的分析研究和变革还值得进一步商榷。第二，涉及发展生活垃圾焚烧的环境经济政策包括多方面的内容，本书只注重选择了目前较为重要的几项政策做了研究分析，有必要对其他类型的政策做进一步的研究。第三，本书对于我国垃圾焚烧处置方式的发展状况及环境经济政策的适用重点的判断来自我国垃圾基本情况和对上海、天津案例分析的结果，研究结论还需要继续接受实践的检验。第四，本书研究的垃圾焚烧基本都是涉及经济比较发达地区，对于发展垃圾焚烧的地区的适宜条件没有进一步探讨。

目　　录

1 绪 论

1.1 本书研究背景

党的十八届三中全会对我国的生态文明建设做出了战略部署,党的十九大确定要"形成节约资源和环境保护的空间格局、产业结构、生产方式、生活方式。"生活垃圾处置和管理涉及生活垃圾从无害化向减量化和资源化的转变路径、生活垃圾处置企业的混合所有制改革,以及生产企业和消费领域生产和消费方式的转变等内容,是我国生态文明制度建设和资源节约型社会建设的重要组成部分。

国务院印发的《"十三五"生态环境保护规划》提出要提高城市生活垃圾处理减量化、资源化和无害化水平。2016 年 10 月 22 日住建部、国家发改委、国土部、环保部联合发文《关于进一步加强城市生活垃圾焚烧处理工作的意见》(以下简称《意见》),文中首先肯定了生活垃圾焚烧处理的作用,同时提出"规划先行,加快建设,尽快补上城市生活垃圾处理短板""将垃圾焚烧处理设施建设作为维护公共安全、推进生态文明建设、提高政府治理能力和加强城市规划建设管理工作的重点""项目用地纳入城市黄线保护范围,规划用途有明显标示。强化规划刚性,维护政府公信力,严禁擅自占用或者随意改变用途,严格控制设施周边的开发建设活动""根据焚烧厂服务区域现状和预测的垃圾产生量,适度超前确定设施处理规模,推进区域性垃圾焚烧飞灰配套处置工程建设"。该《意见》首次提升了生活垃圾焚烧发电的地位(黄线保护范围),彰显了国家坚定支持垃圾处理采取焚烧发电的决心。2017年 7 月 18 日,财政部、住建部、农业部和环保部联合发布了《关于政府参与的污水、垃圾处理项目全面实施 PPP 模式的通知》(下文简称《通知》)。根据《通知》,政府参与的垃圾处理项目将全面实施公私伙伴关系(public-private partnership,PPP)模式,政府投资方式将从一次性投资变成分期付款,从而推动生活垃圾处置全链条的市场化运作。

系列文件和规划的发布,初步确定了我国未来生活垃圾处置的模式和管理政策框架:前端以减量化为优先处理模式,通过生活垃圾分类,推进生产和消费领域的资源节约和循环利用,并逐步向源头减量转移。末端处置则强调在实现减量化过程中实现生活垃圾的减容和能源化。最终促使生活垃圾处置市场化改革,实现社会资本的全面参与,最终实现生活垃圾的全域减量。

垃圾是一种特殊的污染物,是所有污染物的最终状态,它对人体健康和环境系统的主要危害途径为物理污染、化学污染和生物污染三种,在处理的过程中还有可能对大气、土壤和水体等环境介质造成二次污染。人们在治理垃圾污染的过程中逐步认识到被动的无害化处理垃圾无法从根本上解决垃圾污染,只有从源头上避免垃圾的产生、产生后积极的回收利用以及最终采用与环境相容的方式处理垃圾才是最有效的办法。现有理论和实践都证明垃圾的源削减是解决垃圾问题、消除垃圾污染的最优选择,不过有人类的存在就必然有垃圾的产生，如何消除存量垃圾和无法避免的垃圾对环境造成的污染，最大限度地减少垃圾的最终填埋量，是垃圾处理相关问题中的一个研究重点。

按照能量守恒定律和物质平衡理论，这些被某些单位或个人抛弃的物质，对其他的单位或个人可能具有使用价值，存在循环利用的可能，它只是受人类的认识能力和技术水平等条件限制无法开发利用的一种"资源"，是自然资源在物质和能量未完全转化后的另一种形式。所以赵由才（2002）根据自然资源与垃圾资源这种隶属关系，将自然资源视为"本位资源"，而将垃圾视为"离位资源"。在世界能源危机爆发和自然资源日益减少的情况下，人们逐渐开始从被动的治理垃圾转变为从这种"离位资源"上获取物质和能量。

在传统的三种生活垃圾处理方式（填埋、堆肥、焚烧）中，填埋处理方式是运用最为广泛的一项技术。三种处理方式的运用和发展，主要与各国禀赋的资源和经济发展状况相关，但是何种方式更为经济合理，更能实现垃圾的减量化、资源化和无害化却值得深入研究。

根据对不同垃圾处理的环境经济效益的分析对比，垃圾处理方式按照处理结果可以分为"两化"处理（主要是减量化、无害化）和"三化"处理（还要实现资源化，这也符合各国垃圾处理的基本思想）。通过各国垃圾填埋的实践来看，填埋用于垃圾能源利用的方式主要是沼气的回收，但目前发展状况表明，这种能源回收的效果不够明显并且成本很高，因此运用较少。加之垃圾填埋占用大量的土地，很难完全适合垃圾处理的"三化"原则。而垃圾焚烧可使其重量分别减少95%和75%；每吨垃圾焚烧后仅占 $0.1m^2$，焚烧后的残渣灰渣性质稳定，并使有毒有害物质无害化，焚烧产生的热量可以用于供热和发电，回收能源（李国建，2007）。通过焚烧处理垃圾的目的在于提高资源效率，实现垃圾的减容化、减量化、稳定化、无害化、资源化，进而达到延长填埋场寿命，降低运送成本的效果。垃圾焚烧在各国均被认为能基本实现垃圾处理"三化"原则。堆肥处理方式由于质量不好，肥效不高，在各国都不是发展的主要方式和未来发展的主要方向。根据目前国内外的环境资源现状和垃圾处理的发展状况，垃圾焚烧处理方式正成为国内外研究的热点。

专栏 1-1 报纸报道的废弃物处理

或许 20 世纪 80 年代留给人们的一个主要印象，就是一艘艘满载废物的船只，像 Karin B、Deep Sea Carrier、Zanoobia 和 Khhain Sea（也就是所谓的"海洋麻风病患者"），它们满世界游逛想要找到合适的地方来处理废弃物，但是发现世界变得不够大或者不愿意再容纳它们了。类似这样的危机来了又去，但是最核心的问题仍然是那一个：如何用更环保的方式来处理全世界制造的这些垃圾，或者更确切地说，首先如何避免制造如此大量的垃圾？

我们购买和"消费"的原材料，有 93%从来没有变成可供销售的产品。超过 80%的产品在一次使用后就被丢弃了，并且美国 99%的在生产过程中使用或者包含在产品中的最初原材料在销售的 6 个星期之内都变成了废弃物。

资料来源：Weizsäcker 等（1998）。

1.2　国内外研究状况

1.2.1　国外研究状况

在过去的十几年中，几乎所有的工业化国家在生活垃圾的管理上，都在由单纯的处置转向综合利用与处置，从根本上改变了生活垃圾处置的内涵。20世纪90年代以来，对垃圾处理方式的研究日益从过多地注重减量化、无害化转向减量化、资源化和无害化的综合处理；从传统的投入产出模型的研究，即只注重经济效益、忽视环境效益转向环境经济效益的综合考虑，意识到垃圾处理首先是实现环境的改善，提供环境服务，其次才考虑经济效果。垃圾处理从传统的政府管制模式日益转变为企业市场化运作为主导的产权交易经济模式，以及政府通过制定何种环境经济政策以实现垃圾资源化再生利用方面。国外相关的理论和实践研究经过30余年的发展，已经实现了三次实质性突破：一是认识到垃圾具有"资源"的价值；二是把"垃圾资源"增值纳入资源循环利用、可持续发展的领域；三是把制度经济学引入垃圾资源化利用的理论分析框架中。

目前国外的研究者认为，垃圾作为"资源"进行可持续的管理，不仅可以节约资源，还可以提高资源利用效率，是许多国家垃圾管理的基本思想。美国、德国等国的生活垃圾循环利用/处理的等级结构表明，垃圾焚烧不仅具有垃圾资源的含义，还是循环经济思想和可持续发展理论在垃圾处理领域中的应用。垃圾焚烧首先应考虑其环境效益，各国的主要经验表明，垃圾焚烧的综合利用，不仅可以节约大量的土地资源，同时实现能源（如电能、热能）的回收再利用，在各国越来越严格的环境标准之下，通常垃圾焚烧产生的环境效益已超过其本身确定的垃圾减量化、无害化和资源化的目标。在对比垃圾填埋和垃圾焚烧的环境经济效益的研究中，认为在目前技术条件下，从长期来看垃圾焚烧所产生的外部性影响小于填埋处理，所产生的环境和经济效益也大于填埋处理[①]。Agency等（2001）对美国加利福尼亚州某个城市的三种类型的垃圾处理企业（填埋、焚烧、生物综合利用），进行了不同垃圾处理方式的环境经济效益比较分析，结果同 Garcia-Lodeiro 等（2016）的研究结论一致。不同的是作者通过对一系列不同处理结果的比较，认为垃圾焚烧也可能不是最好的处理方式，而应该运用综合处理方法，最大限度地实现垃圾减量化、资源化和无害化。因此在国外，特别是在那些经济发达、人口密度大、国土资源紧张的国家，垃圾焚烧已经成为主要的处理方式。日本的垃圾焚烧比例已达到65%以上，瑞士、比利时、丹麦、法国、卢森堡、瑞典、新加坡等的垃圾焚烧比例也都接近或超过50%。美国垃圾处理量的 30%采用回收利用（包括堆肥）的处理方式，15%采用焚烧的处理方式，55%采用填埋的处理方式。

对垃圾焚烧环境经济效益的研究表明，垃圾焚烧除了实现垃圾处理减量化、无害化处理，更重要的是实现资源化处理的轮廓，即通过合理的垃圾处理方式以及适当的环境经济核算体系来确定将垃圾作为"资源"通过垃圾焚烧来完成和加强。这种处理方式，特别是垃圾焚烧的综合处理，是传统和现代的垃圾处理方式相接轨的处理模式。而这种

---

① 建设部人事教育司，等，2004. 城市生活垃圾焚烧处理技术[M]. 北京：中国建筑工业出版社.

处置方式如何良好地运作，即通过何种模式做到既减少资源浪费，最大化利用资源，又能够实现垃圾处理的环境经济效益最大化，国外多是通过制定了一系列的环境经济政策，加强环境监管，同时借用市场的力量来实现上述目标。例如美国、日本和欧洲等发达国家和地区对垃圾处理行业多采取市场化手段，政府利用公共财政资金进行支持。在日本，垃圾焚烧厂的运行和维护费用的50%以上来自地方政府的财政预算内资金，其余部分来自向产业部门和居民收取的垃圾处理费。如果是垃圾焚烧发电厂，还有一部分来自垃圾焚烧发电的收入。

但是从总体来看，各国有关垃圾焚烧处理方式的发展和运转，垃圾焚烧处理方式所依赖的合适的环境经济政策研究和相关的市场运作所需要的制度环境的研究，目前还处于分离状态。对于某些领域，如污水处理管理的环境及政策研究、相关市场的建立、水权制度的建立等方面，国外已经做了很多研究，并在理论和实践方面都有了突破和成果。而垃圾焚烧作为城市基础设施建设的组成，和上述研究内容具有相似性，一些成果具有可借鉴性，但垃圾焚烧同时具有自身的特点，需要针对其特殊性进行特定政策的研究分析。

目前国外的研究包括环境经济政策的制定和运用，在市场的建立等方面已经作了较多的研究和探索：首先是处置者责任分担的研究。政府强调宏观管理作用，主要包括合理的财政政策、强有力的环境监管制度等；企业的环境服务责任，主要是按照环境标准处理垃圾；居民则按照"污染者付费"原则支付其需要支付的环境费用，从而在政府-企业-垃圾产生者三者之间探讨不同责任制度下对垃圾焚烧处置的推动和影响程度。其次是市场化运作方式的分析。这也是目前国外研究的重点之一。这部分研究主要是通过对政府、市场以及政府和市场共同提供垃圾焚烧服务的效果进行对比分析，评价不同服务提供方式在推动垃圾焚烧处置发展中所起的作用和所实现的环境经济效益，并在此基础上进行促进垃圾焚烧处置相关的环境经济政策研究，以及环境经济政策在不同环境下的适应性分析，这也是垃圾焚烧处置环境经济政策研究的重点之一。

发达国家在垃圾焚烧处置领域的研究已经积累了大量的经验，有很多值得我们学习借鉴；国内研究缺少系统性，这种状况与我国垃圾管理方式、处理技术简单有关，也与处置成本和地方财政支出能力有关。本书在借鉴国外研究成果的基础上，力求为国内垃圾焚烧处理的环境经济政策研究提供相对完整的基础理论体系，并构建适合我国垃圾焚烧发展的政策构架，希望为我国目前正在发展的垃圾焚烧处理的制度改革提供理论和实践指导。

1.2.2 我国的研究状况

伴随着我国工业化和城市化的发展，国内对资源合理开发和再利用与经济发展的相关研究成果逐渐丰富起来，其研究进程大致可分为如下三个阶段。

(1)无害化为主和松弛管理阶段。这一阶段生活垃圾处置的主要目标是将垃圾清除，以保证城市环境卫生的清洁。对生活垃圾的处置方法为寻找城市边缘的坑洼地带或山谷简易堆放填埋或将易燃垃圾焚烧。这种处置方法简单、成本低，但是对于填埋后产生的沼气爆炸和燃烧造成的空气污染，根本没有引起人们的关注。这一阶段虽有对生活垃圾处置潜在的减量化、资源化雏形，但对生活垃圾的处置没有或很少考虑无害化问题。这一时期相关研究基础十分薄弱，涉及文献较少。

(2)注重无害化和强化管理阶段。1972 年联合国人类环境会议在瑞典首都斯德哥尔摩的召开，促使中国的环境保护工作提上政府的议事日程，全民的环境意识逐渐提高。另外，随着城市人口的增长，周边的低洼地带和山谷难以满足迅速增加的生活垃圾的填埋处置，生活垃圾"围城"的现象日趋严重。生活垃圾简易处置所带来的对环境的二次污染问题引起了社会各界的关注。生活垃圾无害化处置技术得到了迅速的发展，同时，也进一步认识到了资源化的重要性。具有防渗系统、给排水系统、导气系统和覆盖系统的卫生填埋和垃圾焚烧发电、供热等焚烧处理技术的推广应用，成为生活垃圾无害化处置的重要手段。这一时期对垃圾的管理逐渐强化，相关研究也普遍加强。但对垃圾处置资源化综合利用和循环利用的研究还比较薄弱。这一时期的代表成果有：1984 年，建设部①在调研论证的基础上，根据对中国经济、科技、生活垃圾构成等基本状况的分析，提出了"我国城市生活垃圾治理近期以卫生填埋和高温堆肥为主，有条件的地方可发展焚烧技术，提倡分类收集，医院等特殊垃圾统一管理、集中收集、焚烧处理"的治理方针；方创琳（1995）等提出垃圾也是"资源"的基本观点；钟晓青（1995）提出对垃圾进行资源化再利用和产业化经营的道路；这一阶段最重要的研究成果之一就是环境经济学的快速发展，鲁明中（1994）、张象枢（2000）等提出从环境经济的角度解决环境问题，并多次提出在制度上创新以最终解决我国垃圾处置简单化，二次污染严重，减量化、资源化和无害化目标难以实现的根本问题。

这一阶段生活垃圾处置的原则是无害化、减量化、资源化。生活垃圾处置的指导思想仍然是以末端治理为主，即以先进的技术、设备为龙头来解决中国的生活垃圾问题。但是随着多种先进的生活垃圾处置设施设备的应用，生活垃圾处置设备费用和运行费用明显加大，而且达到地方政府财政难以承受的地步，生活垃圾处置仍没有走出恶性循环的怪圈。同时，人们也逐步认识到环境的恶化与人类社会的经济活动和社会生活密切相关。对环境污染的认识由末端的单纯治理转向到源头的削减。同样，对生活垃圾的管理也逐步向一个新的阶段过渡——加强源头上控制垃圾的产生，从根本上限制垃圾的生成量。

(3)循环利用和综合管理阶段。人类社会进入可持续发展阶段，生活垃圾的处置进入以强调与环境和谐兼容的、适应生态环境的闭合循环的管理新阶段。

这一阶段生活垃圾处置原则与传统意义上的生活垃圾处置原则有以下主要不同之处：①着重强调资源的稀缺性与不可再生性，要节约资源，生活垃圾首先必须以最大限度减小产生量，即强调减少数量和毒性的原则。②强调资源永续利用，物质闭合循环，生活垃圾的处置必须以再回收、综合利用为原则。③强调与环境兼容，生活垃圾的处置方式要与环境和谐兼容，以不对环境造成污染（即无害化）为原则。

这一阶段的研究开始向资源的循环利用和经济可持续发展的关联互动研究转变，这一时期的成果较为丰富。早期如赵由才等（2002）从生活垃圾资源化再生利用视角探讨减量化实现路径；张越（2004）在长期调研和分析的基础上，从环境经济学的角度论证了我国城市生活垃圾减量化的重要性和必要性，同时提出了相应的管理措施；王俊豪等（2005）运用不同方法估计，证实减量化模式更有利于城市环境可持续发展。近年来，中

---

① 城乡建设部课题报告：我国生活垃圾处置适宜技术选择方案[R]. 城乡建设部课题组，2001.

国环境科学院承担的"中国城市废弃物温室气体排放清单编制"的研究中，证实了填埋处理对温室气体数量的贡献率，强调选择合适垃圾处理方式的重要性和紧迫性；杜欢政(2013)则从循环经济角度出发，根据产业组织理论提出了生活垃圾减量化道路；潘勇刚等(2016)关于两网融合的报告认为，生活垃圾分类势在必行，减量化的重点是厨余垃圾和可回收垃圾；谭灵芝等(2017)分析了我国东西部地区生活垃圾公共投资差异及生活垃圾处置市场化路径。

我国生活垃圾不同时期的发展状态，尤其是第二阶段与现行的生活垃圾处置原则尽管从表面上看只是排列顺序的变化(即从无害化-减量化-资源化变为减量化-资源化-无害化)，却有本质上的区别。生活垃圾无害化、减量化、资源化的处置原则体现的是一种粗放型高能耗产业政策向集约型经济社会过渡的价值观，而生活垃圾减量化、资源化、无害化的处理原则是可持续发展产业政策的体现，是我国的经济发展观向循环经济转轨的体现。随着人类社会进入可持续发展阶段，在我国向循环经济社会跨入的转折阶段，生活垃圾按照减量化、资源化、无害化的处置原则，将会步入一个良性循环机制，形成一种全新的处理模式和管理机制，最终促进垃圾处理与环境的协调统一。

1.3 研究思路

综上分析，随着资源危机逐渐加剧以及人类对可持续发展目标的追求，传统单一的垃圾处理方式已经不能适应可持续发展战略对资源合理开发利用的要求。面对我国当今资源日益短缺、垃圾处理方式相对落后的严峻挑战，必须加速我国垃圾处理与管理方式向提高资源循环利用模式的转变，对垃圾处理的单一研究也必须与社会经济发展密切结合，向自然、社会与经济等多学科交叉研究的方向延伸。

分析近几十年国内外对于资源利用与垃圾处理的理论与方法研究，不难发现，其理论体系越来越完善，有关方法和内容也越来越丰富，从不同学科的角度，对经济发展与资源循环系统的关系进行深入的研究，并建立了许多有价值的模型和方法，在实践领域得到了较好的应用。这些有关资源再生利用与经济发展研究的理论积累为垃圾焚烧处置的循环经济研究奠定了坚实的理论基础。然而，我们通过分析发现，目前国内外研究生活垃圾焚烧循环再利用主要的问题是：研究经济学问题的学者们很少愿意把目光放在物资循环再利用问题上；进行环境问题研究的学者往往只注重从技术层次上解决问题，缺乏环境经济学的分析基础。目前国内的研究文献，较多地涉及垃圾焚烧环境经济效益的定性分析，而非定量化计算。在垃圾焚烧的技术流程的优化选择，垃圾处理结构的调整问题以及加强垃圾焚烧的环境监管等方面，对如何实现垃圾焚烧的环境经济效益目标的环境经济政策的研究文献较少，而从经济学角度去设计垃圾焚烧这种具有准公共产品性质的环境产品的综合制度研究目前在国内更是少之又少，同时没有较有代表性的案例研究。因此，如何从环境经济学的角度，采用科学的分析方法，定性分析与定量分析相结合来分析和识别垃圾焚烧系统的特征，把握垃圾焚烧与资源再利用和循环经济的关系，探讨这种关系背后的规律，研究和提出我国垃圾焚烧处置发展模式，是一项重大而需要解决的课题。

对我国垃圾处理难题的切实解决,一要靠源头削减,如采取清洁生产,资源循环的再利用;二要靠选择良好的末端治理模式。而对这两者,我国多年的垃圾管理实践和理论研究证明,仅靠政府强调环境规制和政府投资是远远不够的。如何改变现有的管理制度和处理模式,贯彻国家提出的可持续发展观,建设资源节约型、环境友好型社会,必须改变现有的垃圾处理模式。即改变传统的以填埋为主,其他处理方式为辅的处理结构,改变传统的由政府大包大揽,民间缺乏投资机会的固有模式,在垃圾处理结构上有所改变。在保证垃圾减量化、无害化处理的基础上,更加注重垃圾资源化的再利用,集中体现在减少垃圾填埋的处置,增加垃圾焚烧和其他垃圾资源化综合利用的方式,但同时注重因地制宜的发展,避免一窝蜂抢项目、上项目的现象。在管理体制上有所突破,集中体现在改变现有的环境经济政策,在政策的制定上有突破性的创新。

本书的总体思路就是以产业生态学理论、物质平衡理论和循环经济学理论为基础,从资源再生利用的角度,初步建立起我国垃圾焚烧处置循环利用的理论体系,包括垃圾焚烧处置的内涵、特征、理论基础、研究内容、分析方法等,并通过典型性案例分析,从"环境经济效益分析、垃圾焚烧资源再利用发展模式、垃圾焚烧处置的环境经济政策框架设计"等方面进行我国垃圾焚烧处置的环境经济政策一体化研究。

(1)研究垃圾焚烧处置的相关概念、基本特征、理论基础、分析方法和重点内容。

(2)从减量化、资源化和无害化的垃圾处理基本原则出发,比较不同垃圾处理方式的环境经济效益,确定垃圾焚烧在我国发展的可行性和必要性。

(3)从分析垃圾焚烧行业的产业特征和环境经济特征出发,半公共品、可收费服务、地域性,具有较强的外部性,同时存在二次污染,以此确定我国垃圾焚烧发展的基本目标。由于垃圾焚烧投资期长,属于高成本低收益的行业,还需要考虑焚烧后的环境效果,产业的性质决定了不可能完全推向市场。垃圾焚烧的上述特点说明,完全依靠市场提供或者完全有政府提供垃圾焚烧的环境服务都是不合理的。必须建立合理的环境经济政策,使垃圾焚烧企业能够在市场化运作的基础上与政府的生态、环境规制相对接,并成为发展垃圾焚烧处理的主导方式,从而找到适合我国垃圾焚烧处理的模式,即在合理的环境经济政策的引导之下,在政府的规制下,通过市场实现垃圾焚烧处理的环境经济目标。

(4)从垃圾处置的整体性出发,以促进生活垃圾焚烧循环利用效率和效益为政策目标,阐述生活垃圾焚烧利用环境经济政策设计的机理与原则,建立垃圾焚烧的环境经济政策框架体系,讨论主要政策措施及实施要点。

1.4 本书的框架

各章主要内容如下。

第1章:绪论。介绍本书的选题原因、研究背景,分析国内外研究进展,指出本书的研究特色,并对全书的主要内容和基本框架作简要概括。

第2章:垃圾焚烧利用的基本理论与方法。首先对生活垃圾相关的一些基本概念进行界定,明确本书所研究的生活垃圾内涵范围。在对我国生活垃圾基本情况的论述分析基础上明确我国生活垃圾处理模式改革的必须性和发展垃圾焚烧处理的可行性和迫切性。在对生活垃圾相关的一些概念界定后，对本书研究的我国垃圾焚烧处置及其综合化利用的含义做出界定。在此基础上，运用当前的主流环境经济学理论来分析和指导我国垃圾焚烧处理的发展研究，分析环境经济理论在社会层面、区域层面和企业层面对垃圾处置的实践问题，探讨环境经济理论在垃圾焚烧处置中的应用和前景；重点就循环经济理论对垃圾处理过程中垃圾焚烧处理的再生利用的支出作用进行分析，明确垃圾焚烧处置研究的核心问题；最后从产业组织经济学理论归纳垃圾焚烧处置的特征和影响因素，分析垃圾焚烧处置过程中利益相关体、市场建立等问题，即环境经济政策对垃圾焚烧处置发展的影响。

第 3 章：生活垃圾处理的环境影响评价分析。首先全面分析生活垃圾在处置过程中造成的主要环境影响，在此基础上，对垃圾处理污染环境的经济损失进行估计，结合国内外相关研究成果，总结可以应用于垃圾处理污染经济评价的常用方法，并就各种方法在中国的实用性进行判断。在以上分析的基础上，对比三种垃圾处理方式(填埋、焚烧、堆肥)的环境、经济费用和效益。对垃圾处理方式的环境、经济效益的分析表明，对于中国这样一个垃圾污染问题比较严重，垃圾处理方式比较落后以及各种资源(土地、资源等)稀缺的国家，实施垃圾焚烧的必要性十分突出。

第 4 章：发达国家生活垃圾焚烧处理的环境经济政策分析。本章着重分析发达国家垃圾管理体系和焚烧处置的体制和发展模式，选择德国和日本两个循环经济发展较好、垃圾焚烧比例较高的国家进行分析和比较，包括从管理法规的演变、环境经济效益的对比、市场化发展的模式、存在的问题等方面分析管理政策优点和不足。在比较分析发达国家垃圾焚烧管理政策体系对垃圾焚烧处置发展的差异及发展的影响的基础上，结合各自的发展绩效，为我国垃圾焚烧处置的发展政策提供比较依据。并且结合我国的具体国情和发展现状，着重探讨制定法律引导我国垃圾焚烧处置的必要性以及我国垃圾焚烧处置的工作重点和垃圾焚烧处置的技术特征等方面的问题。

第 5 章：我国垃圾焚烧处置的案例研究。通过对上海、天津两个大城市垃圾焚烧发电处理企业进行全面分析和评估，包括企业生产流程、环境经济效益、二次污染控制、政府政策作用等方面，并在企业层次分析的基础上总结我国垃圾焚烧处理发展的所处阶段，垃圾焚烧在我国发展的可能性和部分城市发展的必要性，存在的困难以及发展政策制定的重点等，为我国制定和建立垃圾焚烧处置的政策提供依据。

第 6 章：垃圾焚烧处置环境经济政策在我国的适用性分析。在前面分析、比较的基础上，辨析发展我国垃圾焚烧处置发展中迫切和急需改善的环境经济政策。从理论和实践两个方面对我国垃圾焚烧处置政策组合在垃圾焚烧处置发展的贡献效率及其发展趋势进行探讨，同时指出这些政策在垃圾焚烧处置管理中的局限性。

第 7 章：结论与展望。结束全文，提出有待进一步研究的问题。

1.5 技术路线图

本书研究的技术路线如图 1-1 所示。

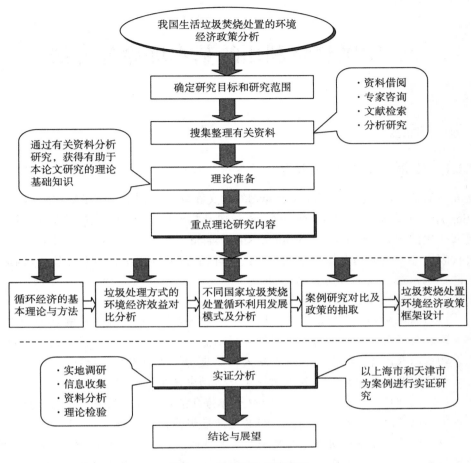

图 1-1 本书的技术路线图

2　垃圾焚烧利用的基本理论与方法

2.1　基本概念

2.1.1　生活垃圾及相关概念

研究生活垃圾,首先要了解固体废弃物的含义和分类。根据美国 EPA(U.S. Environment Protection Agency,美国环保局)的定义,固体废弃物一般定义为:人类活动中,因无用或不需要而排出的固态物料(质)(biosolid or solid waste)。按照 2016 年 11 月 7 日第十二届全国人民代表大会常务委员会第二十四次会议修订通过的《中华人民共和国固体废物污染环境防治法》第六章第八十八条的定义如下。

(一)固体废物,是指在生产、生活和其他活动中产生的丧失原有利用价值或者虽未丧失利用价值但被抛弃或者放弃的固态、半固态和置于容器中的气态的物品、物质以及法律、行政法规规定纳入固体废物管理的物品、物质。

(二)工业固体废物,是指在工业生产活动中产生的固体废物。

(三)生活垃圾,是指在日常生活中或者为日常生活提供服务的活动中产生的固体废物以及法律、行政法规规定视为生活垃圾的固体废物[①]。

(六)处置,是指将固体废物焚烧和用其他改变固体废物的物理、化学、生物特性的方法,达到减少已产生的固体废物数量、缩小固体废物体积、减少或者消除其危险成分的活动,或者将固体废物最终置于符合环境保护规定要求的填埋场的活动。

(七)利用,是指从固体废物中提取物质作为原材料或者燃料的活动。

生活垃圾和固体废弃物两个概念的共同之处都是指固态类的废弃物质,来源于日常生活的垃圾属于固体废弃物的一种类型。所以,固体废弃物的涵盖内容更为宽泛。广义地讲,固体废弃物是指在生产、生活中产生的固体废物,可以分为工业生产(industrial waste)、建筑及拆除瓦砾废物(construction and demolition waste)、市政污泥(sludge)、危险废物(hazard waste)以及来自居民生活(residential)、商业(commercial)、机关(institutional)等部门的固体废弃物等。不同国家或者城市对固体废弃物的定义范围不同,详见表 2-1。

---

① 《中华人民共和国固体废物污染环境防治法》的实施,为生活垃圾的处置确定了法律地位,本书遵从上述用语含义。

表 2-1　部分国家或城市对固体废弃物的定义范围

国家或城市	居民生活、商业	工业	危险	建筑
丹麦	√	√	√	√
芬兰	√	√	√	√
瑞典	√	√	√	
英国	√			
西班牙	√	√		
意大利	√			
德国	√	√	√	
奥地利	√	√	√	

资料来源：国家环境保护总局污染控制司（2000）。

美国固体废弃物则包括家庭废弃物（垃圾、废物、院内杂物、来自壁炉或取暖系统的烟灰及家具或者家用电器等体积比较大的废弃物等）、商业和公共活动的废弃物（建筑和拆迁废弃物以及来自医院的废弃物等特殊废弃物）、街道垃圾、动物尸体、废弃的交通工具等（表 2-2）。

表 2-2　美国城市固体废物的含义

废物源	质量分数(%)		
	范围	典型值	修正典型值[①]
居住区和商服业生活垃圾(除分类收集和有害垃圾外)	50~75	60.2	77.5
分类收集垃圾(含：大件垃圾，家用电子设备，白色家电，庭院废物，电池，油品和轮胎)	3~12	5.0	6.3
有害垃圾	0.01~1.00	0.1	0.1
机关事业单位生活垃圾	3~5	3.4	4.2
建筑垃圾	8~20	14.0	—
城市保洁垃圾	2~5	3.8	4.8
街道	2~5	3.0	3.7
行道及公共停车场	1.5~3.0	2.0	2.5
公园/娱乐场所	0.5~1.2	0.7	0.9
汇水池(水面)			
水处理污泥	3~8	6.0	—

资料来源：Tchobanoglous 等（1993）。

从各国对固体废弃物的定义和分类比较发现，一些国家的固体废弃物包含范围比较广泛，如美国、德国等，而英国、意大利等则将固体废弃物等同于生活垃圾，主要包括来自居民、商业机关等部门的废弃物，排除了其他类型的废弃物。根据我国对固体废弃物和生活垃圾的来源和包含范围定义，我国的固体废弃物包括来自生活和生产的废弃物，生活垃

---

① 不含污泥和建筑垃圾。

圾是固体废弃物的组成部分。我国的生活垃圾按照来源通常进一步分为居民垃圾、商业垃圾和街道保洁垃圾等。目前在我国，医院垃圾、建筑垃圾、污泥、工业废物等其他固体废弃物要求作专门处置，一般不计入生活垃圾的范围，而作专门统计处理。所以，固体废弃物的概念一般并不直接等同于生活垃圾，在借鉴国外生活垃圾管理、处置的经验和研究成果的过程中，需要界定二者的区别。

根据垃圾焚烧处置的技术和经济特征以及国内外发展现状，本书在研究过程中，严格界定固体废弃物和生活垃圾的含义和来源边界，研究范围主要是生活垃圾焚烧的环境经济政策。为了表述方便，如果没有特别说明，下文出现的垃圾一般是指生活垃圾[①]。

2.1.2　我国生活垃圾的发热值

1. 我国生活垃圾发热值分析

生活垃圾的发热值，简称热值，其含义是生活垃圾在燃烧反应中所能释放的热能。生活垃圾的发热量是其化学能含量的一种度量。热值的大小可以用来判断生活垃圾及其组分的可燃性和能量回收潜力，也是生活垃圾热化学转化技术过程设计与运行的基本参数[②]。

影响生活垃圾热值高低的关键因素是垃圾的成分中可燃物的比例。垃圾的含水率[③]对垃圾的热值影响同样重要。通常情况下，垃圾的含水率直接影响到垃圾的容重、发热值等，含水率越高，垃圾能源的可利用性越低。

垃圾中可燃物主要包括塑料、橡胶、皮革、纸类、织物、草木等。一般而言，经济发达的地区，垃圾中无机物含量相对较低，可燃物含量相对高一些。同等发达的地区或同一地区不同区域，由于风俗习惯、居民偏好等条件的不同，可燃物含量也有很大差别。

田文栋等(2000)通过对北京市几个典型生活区的垃圾进行采样选点，这些采样点涵盖了商业区(商场、饭店、火车站各一个)，居民生活区(双气楼房区、平房区各一个)，事业区(一个)，清扫区(一个)，医院(一个)等主要垃圾产生源。分析发现：城市生活垃圾主要来源于居民区，其中双气楼房区垃圾的主要成分是厨余(干燥基中大于40%)，并且纸张和塑料也占有一定的比例(分别为5%和10%)，不燃物灰渣的含量除个别采样点外几乎为零，虽然双气区垃圾的含水率比较高(50%左右)，但由于其可燃成分较多，品质较好，因此双气区垃圾的高位热值的多数测量结果均大于5000kJ/kg，平均的高位热值达到了7500kJ/kg。随着人民生活水平的提高，虽然采样点垃圾中可燃成分的含量没有明显地提高，但双气楼房区垃圾的热值有逐年提高的趋势。平房区垃圾与双气楼房区有很大的差别，虽然其纸张和塑料含量没有很大的下降(含量为5%左右)，但由于灰渣的含量大大增加(平均30%左右，个别采样点达到70%以上)，其他可燃成分相应减少，其高位热值很低，高的刚超过6000kJ/kg，低的不足1000kJ/kg，部分采样点垃圾低位热值小于零，随着时间推进，平房

[①] 本书的垃圾不仅包括城市生活垃圾，也同样包括农村生活垃圾。近年来，随着国家对农村生态环境的日益重视，农村生活垃圾处置也引起广泛关注。调查显示，在我国北京、上海、天津等经济发达地区，近郊农村的垃圾处理已经全部或者部分纳入统一的收集、清运和处理当中，但远郊地区的垃圾还没有得到统一的规划管理。

[②] 在工作中常用高位发热值与低位发热值来表示垃圾的热值。高位发热值是垃圾完全燃烧后燃烧产物冷却到使其中的水蒸气凝结成0℃的水时所发出的热量；低位发热值是垃圾完全燃烧后燃烧产物中的水冷却到20℃时放出的热量。

[③] 含水率是指新鲜生活垃圾样品在(105±5)℃的条件下烘干8h，取出放到干燥器中冷却0.5h后的损失量。

区垃圾热值有较大的提高，但和双气楼房区垃圾热值相比仍有较大的距离。同时，生活垃圾中水分直接影响燃烧和热解及其产物的应用。水分的存在，降低了生活垃圾的低位热值，增加了垃圾处理的难度；由于水的比热大，烟气中大量水分不仅降低了烟的温度，而且改变了烟气和受热面之间的传热特性，使得锅炉运行效率降低。因此对垃圾中水分含量的分析十分必要，双气楼房区垃圾的含水量较高（平均50%左右），但随月份变化的波动较小，只在夏季的个别月份有比较高的含水量（80%以上）；平房区垃圾的含水率波动比较剧烈，高的含水率不仅出现于夏季，在其他月份也会出现；由于商业区垃圾的成分变化不大，可燃物主要以塑胶和纸张为主，因此含水率低（平均30%左右）且比较稳定，而且最高的含水率不一定出现在夏季；清扫区垃圾中主要以灰分和植物为主，其含水量很低（低于30%）且很稳定，在全年之内没有明显的波动；转运站垃圾属于混合垃圾，它反映了各种垃圾混合之后的特性，混合垃圾水分在一年之内的变化比较剧烈，夏季垃圾的水分明显高于其他季节。总体来说，北京市生活垃圾的热值较高，基本可以用于焚烧。

表2-3和表2-4列出了美国及我国一些城市的生活垃圾组成和混合样品的发热量测定结果。随着经济的发展和生活水平的提高，我国很多城市改用煤气作为主要能源，垃圾中的煤灰、砖瓦等无机物大大减少，而有机物，例如包装纸、报纸、塑料等可燃质逐年增加，从20世纪80年代的20%上升到40%，一些特大型城市（如北京、上海等）的生活垃圾中的可燃质达到60%，垃圾热值也达到6200 kJ/kg。垃圾中有机质含量越高，就越有利于采用能源回收工艺进行处理。总体来说，我国生活垃圾的热值、容重、含水率变化范围很大，为1850~6413kJ/kg，10个城市平均为4000kJ/kg，不用辅助燃料即可直接燃烧；垃圾容重范围在220~450kg/m^3；垃圾含水率范围在44%~70%（席北斗，2010）。我国大中型城市和经济发达地区的垃圾从物理特性上已经具备焚烧处理的条件。由于城市垃圾中的无机成分在受热条件下不会发生分解和转化，不具备能源转换的性质，因此，本书仅以垃圾中的有机成分作为研究的主要内容，而不考虑无机成分的影响。

表2-3　美国城市生活垃圾的发热量数据

组分	含水率典型值(%)	低位发热量(kJ/kg)	
		范围	典型值
有机类			
食品垃圾	70	3500~7000	4650
纸张	6	11600~18600	16750
纸板	5	13900~17500	16300
塑料	2	28000~37000	32500
织物	10	15100~18600	17500
橡胶	2	20900~28000	23250
皮革	10	15100~19800	17500
庭院垃圾	60	2300~18600	6500
木类	20	17500~19800	18600

续表

组分	含水率典型值(%)	低位发热量(kJ/kg)	
		范围	典型值
细小有机物	-	-	-
无机类			
玻璃	2	110～230	140
镀锌铁罐	3	230～1160	700
铝	2	-	-
其他金属	2	230～1160	700
渣土、泥等	8	2300～11600	7000

资料来源：Tchobanoglous 等(1993)。

表 2-4　中国部分典型城市生活垃圾组成及热值

城市年份	有机物(%)	无机物(%)	纸类(%)	布类(%)	木竹(%)	塑料(%)	橡胶(%)	玻璃(%)	金属(%)	含水率(%)	容重(t/m³)	实际热值(kJ/kg)
青岛	42.20	36.10	4.00	3.20	-	11.20	-	2.20	1.10			
西安	15.74	63.52	3.35	2.48	3.94	7.93	-	1.84	1.20	0.40		
芜湖	67.60	19.50	4.00	0.60	-	1.70	3.60	2.00	1.00			2863
常州	44.40	34.60	3.56	3.15	1.80	7.95	-	3.50	1.04	48.47	0.45	3007
浦东	55.33	11.13	12.30	2.64	0.78	13.98	-	3.01	0.83			
武汉	52.00	19.78	7.12	1.42	1.71	9.29	0.56	7.14	0.98			
杭州	58.19	24.00	3.68	2.23	1.20	6.62	1.01	2.09	0.98	53.60	0.36	4452
宁波	53.69	25.48	5.40	2.96	1.10	7.90	-	2.43	1.04			
广州	60.17	17.12	5.40	3.40	1.06	8.99	-	3.37	0.49	50.12	0.25	4412
深圳	40.00	15.00	17.00	5.00	-	13.00	2.00	5.00	3.00	45.00		5656

注：空格为数据缺少，-为数据已归入其他类。
资料来源：李晓东等(2001)。

2. 生活垃圾与煤的对比

对于生活垃圾，我国主要采用分类和分选的方式，回收垃圾中有用的金属、纸张、塑料等物品。但是，实际垃圾中的有机物质构成非常复杂，例如，按照分类方式，纸张是其中一类，但是，纸张中含有大量印刷油墨、胶合剂、塑料、树脂、油漆、黏土、乳胶沥青、蜡及树胶等，并且，随着造纸工业的发展和生活水平的提高，这些物质在纸张中的含量也越来越大。同样，废塑料是其中一类，但是废塑料中含有低密度聚乙烯、高密度聚乙烯、聚苯乙烯、聚氯乙烯、聚丙烯、酚醛、聚酯、醇酸树脂、泡沫塑料等。如果进一步对这些废弃物进行分选，不仅增大了技术难度，还提高了处理成本。正是由于垃圾中有机物的复杂构成，实际上排除了完全采用分选和分类的方法进行回收，而确定了将这些有机物作为一种能源资源进行利用。

　　表 2-5 为国外典型城市生活垃圾与煤的热值比较。可以看出，垃圾的有机物含量很高，达到 73.6%，垃圾的平均热值可以达到 10560 kJ/kg，为煤的热值的 1/3。表 2-6 为生活垃圾与一些燃料的成分分析，从工业分析可以看出，生活垃圾的含水率比较高，达到 43.3%，仅低于泥炭的含水率；挥发分的含量为 43.0%，同烟煤比较接近；固定碳的含量为 6.7%；灰分含量为 7.0%。从元素分析上看，垃圾的 C、H 含量之和为 35.4%，在各种燃料中含量最低；O 的含量达到 56.8%，在各种燃料中最高。这说明垃圾确实是一种低品位燃料。根据以上分析可知，垃圾作为一种能源物质具有成分复杂、高水分、低热值、低硫分的特点。因此，一些学者认为生活垃圾是一种幼年煤。

表 2-5　生活垃圾与煤的热值比较

组成	所占百分比(%)	平均热值(kJ/kg)	燃煤值(kJ/kg)
有机物	73.6		
纸	42.0	18590	
食品垃圾	12.0	5810	
庭院废物	15.0	6970	
橡胶及塑料	1.6	32800	
织物及竹木	3.0	16267	
无机物	26.4		
热值		10560	27890

资料来源：Tchobanoglous 等(2000)。

表 2-6　燃料物质的典型分析

	泥炭	木材	树皮	城市垃圾	造纸污泥	烟煤	燃料油
工业分析(%)							
水分	91.0	81.5	73.8	43.3	23.2	5.0	0.1
挥发物质	5.4	17.5	28.0	43.0		47.6	
固定碳	3.0	1.0	1.3	6.7		48.3	
灰分	1.6			7.0	10.2	4.1	
元素分析(%)							
H	5.7	6.3	5.9	8.2	7.2	6.0	14.2
C	58.0	52.0	56.2	27.2	30.9	77.9	85.0
N	1.2	0.1		0.70	0.5	1.5	
O	35.0	40.5	36.7	56.8	51.2	9.9	
S	0.11			0.10	0.2	0.6	1.0
灰分	1.6	1.0		7.00	10.2	4.1	
热值(kJ/kg)							
湿物料	2784		6960	11200	16590	30740	
干物料		20880	22024			31670	47330

资料来源：Tchobanoglous 等(2000)。

2.1.3　对垃圾焚烧利用含义的界定

"垃圾资源"概念的确立是垃圾焚烧减量化、无害化、资源化利用的前提和基础，是进行垃圾焚烧处理的思想基础。按照物质平衡理论，这些被某些单位或个人抛弃的物质，对其他的单位或个人可能具有使用价值，它只是受人类的认识能力和技术水平等条件限制无法开发利用的一种"资源"，是自然资源在物质和能量未完全转化后的另一种形式(图 2-1)。

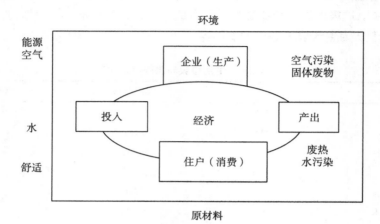

图 2-1　经济系统与环境

资料来源：汤姆·蒂坦伯格等(2011)。

"垃圾资源"的概念得到了许多国家和学者的认可，认为对垃圾实现资源化处理的最好方法是在可持续思想下的"综合废物管理"，利用多种最小化垃圾处理技术对资源、环境和经济的影响，包括废物削减、循环利用、处理和环境安全弃置等(赵薇等，2016；董锁成和曲鸿敏，2001)。

国外将垃圾的资源化利用和处置理解为四个层次：一是垃圾产生后，部分可以回收重新使用，保持原有的使用功能，如饮料瓶、调料瓶的重复灌装；二是通过回收再利用，不再保持其原有的形态、使用性能，但还保持利用其材料的基本性能，如废玻璃、废纸再生；三是不再保持其原有的形态、使用性能和材料的基本性能，但还保持利用其部分分子特性等，如厨余有机垃圾的堆肥；四是不再保持其原有的形态、性能，利用其分解合成过程中产生的新能源或新材料，如垃圾焚烧的余热利用、填埋气体的回收等。

因此对生活垃圾进行再利用不仅可以节约大量的自然资源，缓解资源的供需矛盾，有利于资源的永续利用，而且能够减少环境污染，改善环境质量，维护生态平衡，更为重要的是可以提高经济增长的质量和效益，促进经济增长方式的转变。美国世界观察所早在 1998 年的一项调查报告中就指出："垃圾回收和再生利用，称得上是 21 世纪人类最主要的效率革命，这种革命在由工业经济走向知识经济的时代变得更有魅力，因为这是人类为了生存而寻找持续发展道路所必须采取的步骤。" Brisson 于 1997 年将 LCA(生命周期评估法)应用于生活垃圾管理，通过在假定的三种不同情况下研究 12 个欧洲国家对生活垃圾的管理办法,综合排名(由好至差)如下(Akifumi et al.,2007):①回收再利用;②垃圾焚烧发电,假设用能源回收代替老式的燃煤发电;③垃圾填埋;④垃圾焚烧发电,假设用能源回收代替欧洲一般的发电方式;⑤堆肥。

朱能武(2006)从便于固体废物管理的观点把资源化处置的定义包括以下三个范畴:①物资回收,即处理废物并从中回收指定的二次物质,如纸张、玻璃、金属等物质;②物质转换,即利用废物制取新形态的物质,如利用废玻璃和废橡胶生产铺路材料,利用炉渣生产水泥和其他建筑材料,利用有机垃圾生产堆肥等;③能量转换,即从废物处理过程中回收能量,主要表现为热能或电能,例如通过有机废物的焚烧处理回收热量,进一步发电,利用垃圾厌氧消化产生沼气,作为能源向居民和企业供热或发电等。

综上分析,国内外对垃圾资源化利用的划分尽管不尽相同,但就资源利用的本质而言,分为两个部分:物资回收和能源回收(图2-2)。物资回收包括生活垃圾中的可再生资源的拾捡、分选、加工再利用。而生活垃圾焚烧的资源化利用不仅可以减少垃圾的最终处置量,节约大量的土地资源,一定程度上减少垃圾对环境的污染,实现垃圾处置的减量化、资源化和无害化,同时还能通过垃圾焚烧的能源转化过程增加社会的财富和资本,例如垃圾焚烧余热发电、焚烧炉渣综合利用等,使垃圾焚烧和能源回收利用有机结合起来,是能源回收利用的典型表现。利用垃圾焚烧产生的余热进行发电不仅可以解决垃圾焚烧厂自身用电需求,还可以向外售电盈利,促使垃圾焚烧技术的迅速发展。根据《全国城市市政基础设施规划建设"十三五"规划》,生活垃圾焚烧处理2015年达到38.0%,2020年达到50%。特别是在我国东部地区,人多地少,经济发达,被认为通过垃圾焚烧发电或者热能回收利用是比较可取的方法(宋金波等,2012)。

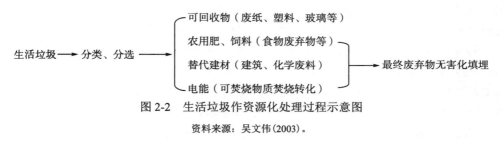

图2-2 生活垃圾作资源化处理过程示意图

资料来源:吴文伟(2003)。

从上述对垃圾资源含义的表述以及根据物质流动循环利用的分析可知,垃圾焚烧是废弃物再生循环利用过程中的组成部分。废弃物转化而来的再生资源是社会生产力的构成因素,开发再生资源一方面是为了合理利用资源、缓解资源紧缺的矛盾,把再生资源用于创造社会财富,用于社会财富的生产、分配、交换和消费过程。另一方面是为了化害为利,变废为宝,保护环境,造福人类。可以说,废弃物的再利用是生态经济系统中人类社会经济活动的重要组成部分。对资源的利用、供应和再利用是物质循环的动脉,对垃圾的收集、处理与排放是物质生产循环的静脉,不可偏废一方。而垃圾的处理再生回用是心脏,是联结物质的经济系统和环境联系的纽带。深刻认识和理解垃圾资源化利用的含义和作用,有助于选择科学合理的生活垃圾循环经济发展模式,提高资源可持续利用水平。

目前对垃圾焚烧处理的作用有两种主要看法:一是垃圾焚烧仅仅是垃圾末端处理方法

之一，如我国部分地区在早期发展垃圾焚烧时，认为垃圾焚烧的目的仅仅是实现减量化，而不注重对垃圾焚烧后能源再利用的考虑；另一个则认为垃圾焚烧具有循环利用的意义。大部分国家认为垃圾焚烧对削减垃圾最终的排放量，减少对环境的压力和土地的占用、保护环境、节约资源方面具有积极的作用。在一些西方国家，人们把生活垃圾的处理分为不同的优先阶段。美国环保局就把生活垃圾循环利用/处理的等级结构分为六个层次：减少材料量—重复使用组件/整修配件—再加工—回收材料—焚烧获得能源—填埋，认为避免产生垃圾首先是要进行清洁生产，从源头减少垃圾的产生量，垃圾产生后，需要进行最大限度的回收利用，最后，无法回收和重复利用的进入垃圾焚烧厂进行垃圾焚烧后的能量转化和减量化，认为垃圾焚烧具有物资循环使用的含义（Bishop，2000）。我国学者在分析循环经济和低碳经济的定义和框架时，认为垃圾焚烧如果简单作为垃圾处理的一种方式，仅仅是基于一种浅生态论，它关注环境问题，但只是"就环境论环境"，过分地依赖技术，认为技术万能；如果将其纳入循环再利用的处理范式中，其处理思想的本质就是一种循环经济和低碳经济的思想，即是对浅生态论的扬弃，是一种深生态论在垃圾处理中的运用，明确垃圾焚烧具有资源循环利用的含义和作用[①]。

本书对垃圾焚烧的定义与上述后一种对垃圾焚烧利用的理解基本一致，即垃圾是一种"资源"，通过垃圾焚烧的综合处理，使垃圾处置持续减轻环境压力并且具有经济和资源的可持续性，实现能源的回收和再利用。垃圾焚烧后，通常可以提供两种主要利用形式：供热和发电。从垃圾焚烧后能源利用的特征和主要利用方式分析，结合我国垃圾焚烧综合利用的现状，本书对垃圾焚烧后的综合利用研究以垃圾焚烧发电为主。

实施垃圾焚烧的资源化利用的目的是改变我国传统的垃圾处理模式，即以寻找垃圾的消纳地为主的简单化和初级化的处理，改善垃圾处理效果，以资源的循环利用为主线，通过各种方式，因地制宜地发展适合本地经济发展状况的垃圾焚烧资源化处理模式。

本书界定垃圾焚烧具有资源化利用的含义主要有如下考虑：首先，随着可持续发展观念和循环经济理念的深入人心，人们开始逐渐认识到环境资源的稀缺性和人类各种经济社会活动对环境的破坏。人们在发展经济的同时，开始逐步把资源环境作为重要的因素加以考虑。但是究竟环境、资源因素如何和经济发展相协调，采取何种方式使得在发展经济的同时，实现环境友好、资源节约，是值得关注的问题。新古典经济学的效率论和古典经济学的资源稀缺论是构成可持续发展理论的基础。在经济增长和环境资源的关系上，目前研究的中心仍然是围绕以自然资源为基础的财富和福利的分配以及资源保护的代价性分担。因此现阶段，针对资源利用、物质再循环和垃圾减量化、资源化和无害化的研究，也多停留在如何减少自然资源的使用以及资源如何能够再生利用，以增大资源和环境的极限值，减少环境的退化，缺乏从根本上针对经济发展、环境资源演变、物资和能源循环再利用之间相互影响的演变关系的研究。在我国现有的经济技术条件下，如何实现垃圾焚烧的物质、能源的再循环、再利用和环境的协调发展，根据生态学理论按照可持续发展和循环经济的思想进行分析、管理，实现生活垃圾的处理、利用得到持续发展是目前我国垃圾管理的内

---

① 中华人民共和国住房和城乡建设部等四部委:关于进一步加强城市生活垃圾焚烧处理工作的意见[J]. 再生资源与循环经济，2016，9(11):4-5.

在要求。垃圾焚烧处理方式从本质上来说是可持续发展理论和循环经济理论在生活垃圾处理领域的实践，同时也是验证可持续发展理论和循环经济理论在生活垃圾处理领域的可行性。我国生活垃圾数量巨大，而目前的处理非常有限，大量垃圾对环境造成了污染，加之我国土地资源日益稀缺，许多大城市已经没有足够的土地容纳越来越多的垃圾量，因此，本书从实现资源可持续利用，减少垃圾最终填埋量的角度出发研究垃圾焚烧资源化综合利用。其次，垃圾焚烧作为一种垃圾处理方式，不仅是一种末端处理方式，也是资源循环利用的一部分；既是确定垃圾焚烧处理方式选择的重要原因，也是决定垃圾焚烧企业建设和运营模式的重要因素。从我国目前经济发展现状和资源利用状况分析，只要政策引导得当，垃圾焚烧处理很容易朝着资源化的再生利用，减少垃圾最终填埋量方向发展。相对来说，仅仅采取垃圾焚烧的简单化处理，即仅仅以垃圾焚烧减量化为处理目标或仅仅实现小规模的余热利用，对于减少整个垃圾最终的处理量影响并不明显，而且从规模经济的角度来说，这种处理方式不够经济。尽管在我国目前的经济发展阶段，这种处理方式还会继续存在，但对我国未来类似项目的发展影响不大，不是我国垃圾焚烧发展的主流，本书只是将其作为对比，没有作为研究重点。

2.1.4 我国城市生活垃圾处置的特征分析

1. 我国城市生活垃圾处置供给特征分析

1) 以末端处置为主，但存在项目交叉重复建设和处理能力分布不合理的问题

目前我国生活垃圾处置按照无害化-减量化-资源化的顺序进行。分别采用日生活垃圾无害化处理量、市容环卫专用车辆总数(台)、无害化处理厂(场)座数、城市市政公用设施建设固定资产投资中垃圾处理投资额来反映我国城市生活垃圾处置能力。其中，市容环卫专用车辆总数(台)可以很好地反映城市生活垃圾清运能力，而无害化处理厂(场)座数是表征生活垃圾无害化处置能力的主要指标(图 2-3)。2004 年，我国生活垃圾清运量为 15509.3 万吨，2014 年则为 17860.2 万吨，年均增长率约为 1.4%。2004 年全国共有

图 2-3 生活垃圾处置能力变化图

5942 台市容环卫专用车辆，2014 年增至 112157 台。无害化处理厂(场)2004 年为 559 座，2014 年为 818 座。城市市政公用设施建设固定资产投资中的垃圾处理投资一直呈快速增长态势，2004 年为 49 亿元，2014 年为 150 亿元，年均增长率约为 9%。这种投资是有效的(图 2-4)：城市无害化处置能力也从 2004 年的 8088.7 万吨增至 2014 年 16393.7 万吨，基本实现了被清运垃圾的全部无害化处理(2014 年无害化处理率为 91.9%)。其中垃圾卫生填埋无害化处理量 2014 年为 10744.3 万吨，占无害化处理量的 66%。这说明全国城市生活垃圾处置能力不断加强，但以垃圾填埋为主的末端无害化处置仍是城市主要的垃圾处置方式。

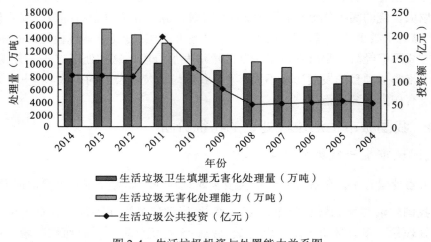

图 2-4 生活垃圾投资与处置能力关系图

　　尽管我国生活垃圾已经基本上实现了无害化处理，但具体建设领域仍存在结构性重复或者供给结构不足的现状。例如，在全国范围看，过多的投资仍集中在垃圾卫生填埋场，生活垃圾综合处置设施建设不足。相当数量的中小城市并无完整的生活垃圾处置系统，表现为清运车老化，渗滤液没有得到有效处理，转运站设置不足，缺乏真正意义上的卫生垃圾填埋场等。在东部地区，城市扩张让更多的生活垃圾无处填埋，但资源化处置设备和减量化处置措施却并未及时得到配套建设；中西部地区薄弱的公共财政能力和环境寻租现象的普遍存在，一方面导致地方政府财政负担过重，另一方面导致部分财政资金并未投资到真正的地方性项目需求中。中西部地区以国有企业为主的投资和管理模式，则加速了这一现象的发展。

　　2) 以政府提供公共服务为主，部分项目实施了社会化服务，但东西部地区差异显著

　　在我国大多数地区，城市生活垃圾处置都是以政府公共供给为主，各自在本地区范围内实行垄断经营。在我国县级以上城市，都有专门的机构进行生活垃圾回收、清运、中转和处置等。但因为生活垃圾回收处置涉及部门多，链条长，部分职能完全依赖于公共服务，财政负担过重，且效率低下(谭灵芝等，2008)。因此，从 21 世纪初始，许多社会资本逐渐进入生活垃圾处置领域，一些地区采取公有私(民)营模式将生活垃圾清运和末端处置进

行了市场化转型。

根据原环境保护部一项调查表明，城市居民生活垃圾处置中垃圾清运和含有资源化再生利用含义的生活垃圾末端处置市场化程度最高，一些大型综合末端处置机构，如生活垃圾焚烧发电等目前基本上都采取了 PPP 模式。特别是在我国东部省份，通过企业改制、服务外包、合同管理等方式，积极推进私人部门参与生活垃圾清运、末端处置等基础设施建设和运营(private finance initiative，PFI)。例如，上海市区垃圾清运已经实现了 100%的服务外包，域内所有生活垃圾焚烧发电企业全部采取 BOT(build-operate-transfer，建设-经营-移交)模式或者 TOT(transfer-operate-transfer，移交-经营-移交)模式。而石家庄市该比例不足 10%，且多数仅限于生活填埋场垃圾回收部分，即使废旧物资回收也是由国有企业运行，甚至负有部分行政管理职责。这多与我国不同地区市场化、城市化程度以及政府是否有足够的财政能力对这种公共服务进行补贴有关。

若使用市场化率①表征某城市生活垃圾社会化服务程度，可以发现市场化率较高的地区主要集中在长三角和珠三角地区(>0.6)，低值区(<0.2)则集中在我国东北地区、华北地区及青海和新疆等西部地区。尽管市场化并非是影响生活垃圾处理能力的必要因素，但从二者关系看，低无害化处理地区也多集中在低市场化率地区，如河北省 2014 年无害化处理率为 86.6%，黑龙江省为 58.9%，吉林省为 61.9%，新疆为 81.9%，都低于全国平均水平 91.8%(图 2-5)。

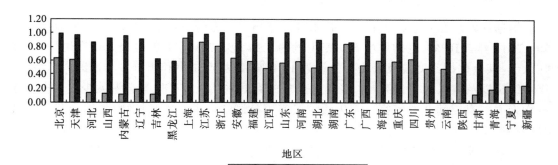

图 2-5 我国生活垃圾处置市场化率与无害化率关系图

3)生活垃圾处置仍以政府公共财政补贴为主，居民缴纳的垃圾处置费仍处于从属或补充作用

我国垃圾处置费主要包含清扫、清运和处理三项费用。在现行体制下，地方政府主要根据辖区内城市人口数量、收入水平、财政支付能力以及生活垃圾处置成本和需求等因素制定垃圾收费费率。从我国各地实践看，目前生活垃圾处置费主要采取定额收费制度，即生活垃圾产出量与价格无关。

---

① 关于市场化率，借鉴卢中原和胡鞍钢(1993)的投资市场化指数，由环境卫生固定资产投资总额中"利用外资、自筹投资和其他投资"三项投资的比重来表示生活垃圾处置领域的市场化程度。

根据 2012 年调查数据，在已知信息的 260 个城市里，城市居民生活垃圾处置费以户均的形式缴纳，30%的城市多在 3～5 元/(户·月)变动，其余城市在 5～10 元/(户·月)变动。全国生活垃圾处置中值为 3.29 元/(户·月)，70%的城市生活垃圾处置费用在 5 元/(户·月)以下。其中，生活垃圾处置费低值区主要集中在中小城市，高值区则主要为大型及特大型城市。处理费征收大多采用委托征收方式，或与水费捆绑缴纳，较为普遍的做法是由物业公司代为收取。

2012 年，全国城市居民缴纳的垃圾处理费为 581758 万元，而全国垃圾处置投资为 1108933 万元，垃圾处理费占垃圾投资总额不足 60%。分区域看，东部地区居民生活垃圾征缴率和税费相对较高，2012 年居民污染者付费已占全部垃圾处置投资的 70.12%；中部地区为 40.83%，西部地区为 45.62%。2012 年，全国 113 个环保重点城市单位垃圾处置成本均值为 85.0 元/吨，最低成本为抚顺市的 6.5 元/吨，最高为曲靖市的 375.7 元/吨，北京市为 151.2 元/吨。这种社会性自费使得政府各种形式的补贴仍是城市生活垃圾处置服务的主要资金来源。也正因为如此，从现阶段我国各地实际情况来看，垃圾处理费长期被人为地规定低于成本，仅仅依靠用户缴纳的垃圾处置费根本难以保证垃圾处置服务的正常运行。

2. 城市生活垃圾处置的需求特征

1)不同收入阶层生活垃圾产生量和组分差异巨大

根据课题组在北京、上海、乌鲁木齐、赣州、珠海等 34 个大中城市的调查结果可知，2014 年，10%家庭的垃圾人均产生量为 0.14 吨，70%家庭的垃圾人均产生量为 0.6 吨以下，其余比例家庭垃圾人均产生量为 1.01 吨。垃圾产生量和组分多与家庭人口数量、年龄结构以及收入有关。例如，老年人居多的家庭生活垃圾产生量普遍偏少，且多以无机物为主；有婴幼儿的家庭，其生活垃圾产生量通常较大，以有机物(如厨余和包装纸等)为主[1]。

此外，同一个城市内不同收入阶层的生活垃圾产生量和组分也有较大差异。例如，北京地区 2014 年城镇人口人均生活垃圾产生量为 0.394 吨，但高收入组人均生活垃圾产生量为 4.93 吨，是最低收入组的 21.11 倍。其中最低收入组家庭垃圾组分以渣土、塑料和庭院垃圾等无机物为主，而高收入组家庭垃圾组分多为以肉、蛋、海鲜类和非应季蔬菜水果为主的厨余垃圾，以及铜版类废纸、皮革、玻璃和镀锌铁罐等可回收再利用物质。可见，收入水平和生活垃圾产生量间存在显著性正向关系，且随着收入上升，其垃圾组分更为复杂多样，可回收再利用物质也更多。此外，收入增长也缩短了各种电子产品的淘汰周期，各种电子产品的淘汰周期从 2004 年的平均 7.8 年缩短至 2014 年的平均 3.7 年。大量的家用电器会在报废期之前就进入废弃物回收市场或末端处置市场。在现有技术条件下，除部分电子废弃物可得到回收利用之外，最终仍是增大了垃圾末端处置的压力。

---

① 随着经济的发展和生活水平的提高，我国很多城市改用煤气作为主要能源，垃圾中的煤灰、砖瓦等无机物大大减少，而有机物，例如包装纸、报纸、塑料等逐年增加，从 20 世纪 80 年代的 20%上升到 2012 年的 52%，一些特大型城市，如北京、上海等城市生活垃圾中的有机物达到 70%以上。从二者关系看，居民收入越高，垃圾中有机质含量越高，就越有利于采用再生资源回收和能源回收工艺进行处理。

中国城镇居民的收入水平一直以较快的速度增长，数据显示，我国城镇居民的实际工资平均以超过10%的速度增长。由此可以预见，更多的生活垃圾将会产生在中高收入人群，而这部分人群产生的生活垃圾中又含有数量可观的可回收利用物质，这种大量消费大量废弃的生活方式缩短了资源利用周期，也加大了环境处置压力(孔令强等，2017)。

2) 城市化和人口过度集中引致生活垃圾处置设施需求增长不平衡

若在生活垃圾产生量(Y)与人口密度(X_1)和城市化率(X_2)之间建立回归方程，可以很好地发现城市化率和人口密度与生活垃圾产生量呈线性关系，其回归方程分别为 $Y=0.057+2.062X_1$($R^2=0.42$, $F=1.957**$) 和 $Y=0.104+3.108X_2$($R^2=0.368$, $F=3.229*$)[①]。即影响生活垃圾产生量的主要是人口密度，城市化率影响也十分显著。

城市的快速扩张，人口快速向城市聚集，也意味着城市需要消纳更多的生活垃圾。垃圾转运、卫生填埋等都需占用大量土地，而这些城市也是土地资源极为紧张的地区。例如，若按照北京地区目前人口增长速度和生活垃圾产生量计算，到2020年北京地区垃圾将无处可填埋。因为土地资源的缺乏，在许多大城市，垃圾场与居民为邻的现象已经十分普遍。垃圾填埋场的占地规模、防渗漏设施、对环境污染的防控措施及将来的填埋恢复计划等都存在较大的不确定因素，因此也增加了城市环境卫生隐患。

按照我国"十三五"规划目标，到2020年城市化率将扩大为60%，45%的人口将居住在城市。可以预见，在这种情况下，如果不采取一定的减量化和资源化处置与管理举措，生活垃圾必将对城市环境卫生造成巨大压力。

此外，除了国内的垃圾，我们还面临"洋垃圾"的倾销。国外将各种"洋垃圾"(如旧衣物、废旧的电子器件等)以低廉的价格贩卖到中国，既赚取了利润，又转移了负担。2000年，美国环保组织巴塞尔行动网络和硅谷防止有毒物质联盟发表了长篇调查报告《输出危害：流向亚洲的高科技垃圾》，该报告中显示，美国国内收集的电子废物50%~80%没有在本国回收处理，而是被迅速地装上货船运往亚洲，其中90%运到了中国。2017年，中国决定禁止进口的"洋垃圾"有4大类共24种，2017年7月，国务院办公厅印发《关于禁止洋垃圾入境推进固体废物进口管理制度改革实施方案》，要求全面禁止"洋垃圾"入境。2018年1月，中国正式施行禁止"洋垃圾"入境新规，禁止来自生活源的废塑料(8种)、未经分拣的废纸(1种)、废纺织品原料(11种)和钒渣(4种)等4大类24种"洋垃圾"入境。到2019年底，中国将逐步停止进口国内资源可以替代的固体废物。"洋垃圾"进口现象在一定程度上得到遏制。现阶段，我国如何解决上述垃圾堆积的问题，由于土地稀缺、环境强约束等原因，仍存较大阻滞。

2.1.5 我国城市生活垃圾焚烧处置发展现状及问题分析

1. 实施生活垃圾焚烧的基础已经基本成熟

尽管我国目前对垃圾处理仍然以填埋为主，但垃圾填埋需要占用大量的土地资源，特别是对许多经济发达地区，已经没有更多的土地用于垃圾填埋。而粗放式垃圾堆放严重污染了地下水和空气，产生的大量甲烷可能引发火灾，也不能杜绝渗漏问题。堆肥效率低下，对制成的肥料的质量难以保证，销量也不是很理想。因此，在我国目前土地资源、电力资源和各种生产性原材料日益紧张的状况下,垃圾焚烧的主要目的是在保证对垃圾处理的环境影响最小的情况下,通过提高垃圾处理的减量化、无害化和资源化目标,同时在实现垃圾焚烧环境效益的目标下,尽可能地实现垃圾焚烧的综合利用,包括垃圾焚烧的热能、电能和部分资源的回收,如废铁、废铜等废旧金属资源的回收利用,实现环境质量的提高、资源的节约和能量的回收利用。垃圾焚烧在我国发展的主要含义包括三个方面:保证一定的处置数量;高质量和高效率地实现垃圾的减量化、资源化和无害化;最大限度地减少垃圾处理对环境的危害。这个目标的实现内容包括对采取垃圾焚烧处理在环境效益和经济效益多大比例和规模才能适应我国目前的发展实际,在三种常规的垃圾处理方式中,垃圾焚烧处理方式在我国垃圾末端处理中占多大比例以及在什么类型的城市实施该处理方式才符合我国环境发展的目标。

随着我国经济的不断发展,有利于垃圾焚烧应用和推广的各种因素也日趋成熟。第一,我国近五百个大中小城市每年垃圾产量可达七千多万吨,市场是极为广阔的。近年来我国生活垃圾中有机可燃组分比例不断增加,垃圾(或经简单处理后的垃圾)的低位发热量基本满足了不添加外来燃料能自行维持燃烧的要求,一般认为,当垃圾的热值大于3349kJ/kg 时,就可以由自然方式直接燃烧。深圳市垃圾低位热值据检测最高可达7200kJ/kg;北京(表 2-7)、上海、广州以及沿海一些大中城市垃圾热值已达 4500kJ/kg 以上;内地一些中等城市垃圾热值也在 4000kJ/kg 以上;一些小城市的垃圾经筛选等简单预处理后热值也可达到 4000kJ/kg。

表 2-7   北京城市生活垃圾平均热值(干基)   (单位:kJ/kg)

	双气住宅区	高级住宅区	商业区	医院	事业区	平房
2001 年	4527	8970	9894	7545	8159	2842
2010 年	8230	13924	10000	9332	13231	4701

资料来源:施阳等(2007)。

第二,我国的垃圾焚烧技术经过多年的发展,已经形成了一定的技术实力,能解决我国由于进口设备而造成的垃圾焚烧的成本过高的问题。

第三,垃圾焚烧的综合利用的法律法规和排放标准日益完善。为了提高垃圾焚烧处理方式在我国的适用性,我国制定了一系列的法律法规。2001 年,国家环境保护局和国家质量监督检验检疫总局发布了《生活垃圾焚烧污染控制标准》[①];2016 年,中国政府颁布新修订的《中华人民共和国固体废物污染环境防治法》。上述两个法律法规涵盖了生活垃圾焚烧可能产生的所有污染物的排放标准。这些政策法规为我国垃圾焚烧处理实现综合化利用和企业化运作营造了必要的政策环境,有利于该处理方式的规范化发展。如今,北京、上海、广州、厦门、沈阳等地通过引进国内外先进技术和设备建设大型垃圾焚烧厂,一些中小城市也逐渐将投建垃圾焚烧厂列入议事日程。

① 2014 年,该标准重新修订。

2. 现阶段我国生活垃圾焚烧发展总览

1) 焚烧设施建设提速, 投运和启动规模超 40 万吨/天

2012 年 4 月, 国务院办公厅发布《"十二五"全国城镇生活垃圾无害化处理设施建设规划》, 提出"生活垃圾无害化处理能力中选用焚烧技术的达到 35%, 东部地区选用焚烧技术达到 48%"的建设目标, 要求全国垃圾焚烧设施规模达 307155 吨/日, 并提出了各省市的设施建设目标。截止到 2016 年底, 我国城市共建成生活垃圾焚烧设施 249 座, 总焚烧规模达 7378.4 万, 占无害化处理能力的 41.2%(图 2-6)。其中东部地区焚烧技术占比达 45%。全国城市和县城投运的焚烧设施总处理能力为 25.58 万吨/日。目前来看, "十二五"规划的垃圾焚烧厂大部分都进入了启动阶段, 但在"十二五"期间全部建成 307155 吨/日的规划目标焚烧规模没有完成, 焚烧厂的高速建设将延续至"十三五"期间。

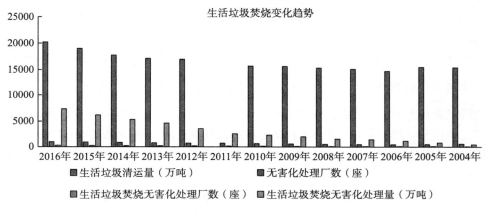

图 2-6 我国生活垃圾焚烧处置变化趋势

2) 市场容量持续增长, 并购和上市热潮中价格战硝烟渐起(陈善平等, 2015)

随着垃圾焚烧行业不断成熟, 各项利好政策不断发布, 垃圾焚烧市场迎来了爆发式增长。仅 2014 年, 新中标焚烧项目规模就逾 78000 吨/日, 市场增长惊人。近年来, 随着中小城镇市场逐渐打开, 垃圾焚烧发电仍具市场潜力。随着相关环保政策密集出台, 环保产业成为新兴产业之一, 产业资本向环保领域聚集, 行业投资增速加快, 行业集中率进一步提升, 企业规模化趋势显著。在政策层面, 无论是 PPP 模式示范与推进, 还是股票发行注册制改革, 以及第三方治理方面, 均有多项重量级利好政策发布, 进一步提升了垃圾焚烧行业企业的资本活跃度。2017 年, 随着国家供给侧改革深入推进和环境保护领域监管日益严格, 各类环保产业发展迅猛, 垃圾焚烧行业获得资本市场的高度关注, 交易活跃, 并购和上市频频。

由于目前在建和签约的焚烧项目已多达 220 余座, 焚烧市场空间逐步趋窄, 焚烧项目的竞争将愈演愈烈。2013 年以来, 焚烧项目 BOT 中标价不断下降, 目前已在 80 元/吨的临界价格基础上, 出现 30~50 元/吨的低价区间, 如 2015 年 5 月光大国际以 48 元/吨的价格中标山东省新泰项目, 2015 年 8 月绿色动力更是以 26.8 元/吨的超低价格中标安徽蚌埠项目。这样的低价竞争对行业的影响有待长期观察。

3) 垃圾焚烧新标实施，监督与管理更为严格

在焚烧污染控制方面，2014 年 4 月 28 日，修订后的《生活垃圾焚烧污染控制标准》（GB18485-2014）获环保部批准颁布，标准实施要求新建生活垃圾焚烧炉自 2014 年 7 月 1 日，现有生活垃圾焚烧炉自 2016 年 1 月 1 日起执行新标准。该标准与 2014 年 3 月 1 日起实施的《水泥窑协同处置固体废物污染控制标准》（GB30485-2013）、2014 年 5 月发布实施的《生活垃圾流化床焚烧工程技术导则》（RISN-TG16）一起，完善了我国现有的焚烧标准体系，为指导相关设施的建设和污染控制奠定基础。

在运行管理方面，继 2010 年颁布《生活垃圾焚烧厂评价标准》（CJJ/T137-2010）后，2015 年先后颁布了《生活垃圾焚烧厂运行监管标准》（CJJ/T212-2015）、《生活垃圾流化床焚烧厂评价技术导则》（RISN-TG018-2015）。2012 年住建部首次对全国 64 座炉排炉城市生活垃圾焚烧厂进行等级评定后，2015 年 9 月将依据《生活垃圾流化床焚烧厂评价技术导则》对生活垃圾流化床焚烧厂进行等级评定。上述标准的颁布和实施为运营单位提升自身运行水平、主管部门深入掌握设施运行情况、针对性提供指导建议具有积极意义。

4) 炉排炉仍占市场主流，新建设施大型化、高标准、园区化趋势明显

我国已建成并投运的设施中，炉排炉工艺仍占市场的主导地位，在处理规模上适应范围更广，吨投资依然较高，平均 39.7 万元/吨；流化床工艺处理规模 200～1700 吨/日，平均规模 887.8 吨/日，吨投资相对较低，平均约 33.9 万元/吨。采用流化床技术的焚烧厂主要分布在东部地区地级市和中西部地区。

我国目前单次投运规模最大的项目已达 3000 吨/日，包括上海老港一期、北京鲁家山、深圳宝安二期等项目。更大规模的垃圾焚烧设施，往往带来更严苛的烟气排放要求，湿法、SCR 等工艺不断投用并逐渐优化。为破解选址困难等实施障碍，提高协同处置和资源协调利用水平，便于集中化管理，固废综合园区的概念正不断发展，上海老港、杭州天子岭、广东南海等多地已开展探索和实践。

但当前仍有许多因素制约我国垃圾焚烧进一步推广：①我国垃圾分类体系不全，许多居民都没有养成垃圾分类的习惯，垃圾大多是混装，特别是干湿分类不够，这种做法一方面浪费了资源，另一方面也不利于垃圾焚烧。②焚烧技术成本高，并且国内尚未系统掌握垃圾焚烧技术，许多核心技术需要从国外进口，从而加大了我国垃圾焚烧的处理成本。③过高的处理成本需要强有力的财政支持。我国是一个发展中国家，垃圾焚烧作为垃圾处理的一种方式，一直是作为城市基础设施的一部分，由国家和政府投资运营。由于垃圾焚烧厂建立初期往往需要巨额投资，并且工程较大，投资回收期长，我国政府财政能力尚低，因此即使项目回报率合理，也很难提供足够的资金支持这类企业以满足需求。加之垃圾收费体系还不健全，依靠收费制度难以偿还建设成本。一方面存在着较大的征收制缺口，以及环保资金投入的涉及面广，资金紧张局面仍时时存在；另一方面一些政策过于笼统，对激励其他投资主体参与生活垃圾焚烧处理还缺乏足够的吸引力。对于许多经济不发达的地区是一项需要慎重考虑的处理方式。④管理体制不够完善，目前我国垃圾焚烧处理还是以

政府主导，尽管也借鉴了一些国外比较先进的运营方式，如 BOT，TOT 等，但并没有改变将其当作社会公益事业由政府包揽的局面。许多垃圾焚烧处理企业规模结构不合理，处理设备成套化、系列化、标准化程度低，低水平重复建设现象严重。⑤垃圾焚烧处理的配套法律、法规不健全，各项政策和措施还未到位，而可能产生的环境污染已经成为社会关注的焦点问题。还有个别地方以建垃圾焚烧发电厂之名，在尾气处理技术尚不成熟的情况下新建一些国家早已明令禁止的小火电厂。这些都限制了垃圾焚烧处置方式在我国的进一步发展。

2.1.6 我国生活垃圾焚烧处置发展的法律法规及政策演进

(1) 1997 年 5 月 27 日。国家计委关于印发《新能源基本建设项目管理的暂行规定》的通知(计交能〔1997〕955 号文件)，对新能源项目建设做了具体规定。

(2) 1998 年。国家计委在《关于新能源建设项目审批通知》指出"垃圾发电也是一种新型能源"，同时对垃圾发电给予了大量的优惠政策支持。

(3) 1999 年 1 月。国家计委和科技部联合发出了《国家计委、科技部关于进一步支持可再生能源发展有关问题的通知》(计基础〔1999〕44 号文件)，从项目的立项、资金扶持、并网优惠、定价办法等各方面给予了明确的规范，目的是加快对可再生能源的发展："可再生能源发电项目可由银行优先安排基本建设贷款"(优先安排基本建设贷款)；"对于银行安排基本建设贷款的可再生能源发电项目给予 2%财政贴息"(财政贴息政策)；"对利用国产化可再生能源发电设备的建设项目，国家计委、有关银行将优先安排贴息贷款，还贷期限经银行同意可适当宽限"；"利用可再生能源进行并网发电的建设项目，在电网容量允许的情况下电网管理部门必须允许就近上网，并收购全部上网电量，项目法人应取得与电网管理部门的并网及售电协议。项目建议书阶段应出具并网意向书，可行性研究阶段应出具并网承诺函"(就近上网，收购全部电量)；"对可再生能源并网发电项目在还款期内实行'还本付息＋合理利润'的定价原则，高出电网平均电价的部门由电网分摊；利用国外发电设备的可再生能源并网发电项目在还款期内的投资利润率以不超过'当时相应贷款期贷款利率＋3%'为原则。国家鼓励可再生能源发电项目利用国产化设备，利用国产化设备的可再生能源并网发电。项目在还款期内的投资利润率，以不低于'当时相应贷款期贷款利率＋5%'为原则。其发电价格应实行同网同价，与采用进口设备的项目享有同等的电价"；"可再生能源并网发电项目在项目建议书阶段应出具当地物价部门对电价的意向函，可行性研究阶段由当地物价部门审批电价(包括电价构成)，并报国家计委备案。经当地物价部门批准和国家计委备案的可再生能源并网发电项目电价从项目投产之日起实行。还本付息期结束以后的电价按电网平均电价确定"。

(4) 2000 年 5 月 29 日。建设部、国家环境保护总局和科技部联合下发了关于发布《城市生活垃圾处理及污染防治技术政策》的通知[建城 2000(120)号文件]，对垃圾处理技术和污染处理技术做了详细的规定："在具备经济条件、垃圾热值条件和缺乏卫生填埋场地资源的城市，可发展焚烧处理技术"；"焚烧适用于进炉垃圾平均低位热值高于5000kJ/kg、卫生填埋场地缺乏和经济发达的地区"；"6.2 垃圾焚烧目前宜采用以炉排炉为基础的成熟技术，审慎采用其他炉型的焚烧炉。禁止使用不能达到控制标准的焚烧炉"；"6.6 应采用先进和可靠的技术及设备，严格控制垃圾焚烧的烟气排放。烟气处理宜采用半干法加布袋除尘工艺"。

（5）2002 年 9 月 10 日。国家计委下发了《关于推进城市污水、垃圾处理产业化发展的意见》（计投资〔2002〕1591 号）文件，对垃圾处理产业的政策进一步做了详细的规定："全面实行城市垃圾处理收费制度，保证垃圾处理企业的运营费用和建设投资的回收，实现垃圾收运、处理和再生利用的市场化运作"（市场化运作政策）；"污水和垃圾处理费的征收标准可按保本微利、逐步到位的原则核定"；"投资城市污水、垃圾处理设施，项目资本金应不低于总投资的 20%，经营期限不超过 30 年"（BOT 政策）；"政府对城市污水、垃圾处理企业以及项目建设给予必要的配套政策扶持，包括城市污水、垃圾处理生产用电按优惠用电价格执行，对新建城市污水、垃圾处理设施可采取行政划拨方式提供项目建设用地，投资、运营企业在合同期限内拥有划拨土地规定用途的使用权"（划拨土地政策）；"各级政府要从征收的城市维护建设税、城市基础设施配套费、国有土地出让收益中安排一定比例的资金，用于城市污水收集系统、垃圾收运设施的建设，或用于污水、垃圾处理收费不到位时的运营成本补偿"（运营成本补偿政策）；"对城市污水和垃圾处理企业，当地政府应委派监督员，依法对企业运行过程进行监督"。

（6）2002 年。《关于实行城市生活垃圾处理收费制度促进垃圾处理产业化的通知》（计价格〔2002〕872 号）："全面推行生活垃圾处理收费制度，促进垃圾处理的良性循环""合理制定垃圾处理费标准，提高垃圾无害化处理能力"；第三条中规定，"对于生活垃圾处理设施不足，已经投资在建的垃圾处理设施，经城市人民政府批准，收取的生活垃圾处理费可用于补充生活垃圾处理设施的建设费用，但在建项目 3 年内必须建成，并实施垃圾处理"（项目建设期规定）。

（7）2004 年 7 月。《国务院关于投资体制改革的决定》（国发〔2004〕20 号）"鼓励社会投资、放宽社会资本的投资领域，允许社会资本进入法律法规未禁入的基础设施、公用事业及其他行业和领域"（鼓励社会资本进入）。

（8）2004 年 3 月 19 日。第 126 号中华人民共和国建设部令《市政公用事业特许经营管理办法》："第十二条　特许经营期限应当根据行业特点、规模、经营方式等因素确定，最长不得超过 30 年"（明确特许经营期限政策）。

（9）2005 年。《产业结构调整指导目录》（2005 年本）：在第一类"鼓励类"，第二十六条"环境保护与资源节约综合利用"第 23 项列明了"城镇垃圾及其他固体废弃物减量化、资源化、无害化处理和综合利用工程"。

（10）2005 年。《中华人民共和国可再生能源法》（2005 年）规定了："第十三条　国家鼓励和支持可再生能源并网发电""第十四条　电网企业应当与依法取得行政许可或者报送备案的可再生能源发电企业签订并网协议，全额收购其电网覆盖范围内可再生能源并网发电项目的上网电量，并为可再生能源发电提供上网服务""第十九条　可再生能源发电项目的上网电价，由国务院价格主管部门根据不同类型可再生能源发电的特点和不同地区的情况，按照有利于促进可再生能源开发利用和经济合理的原则确定，并根据可再生能源开发利用技术的发展适时调整。上网电价应当公布"。

(11) 2006 年。《可再生能源发电价格和费用分摊管理试行办法》（发改价格〔2006〕7 号）规定了"第七条 生物质发电项目上网电价实行政府定价的，由国务院价格主管部门分地区制定标杆电价，电价标准由各省（自治区、直辖市）2005 年脱硫燃煤机组标杆上网电价加补贴电价组成。补贴电价标准为每千瓦时 0.25 元。发电项目自投产之日起，15 年内享受补贴电价；运行满 15 年后，取消补贴电价（电价补贴政策）。自 2010 年起，每年新批准和核准建设的发电项目的补贴电价比上一年新批准和核准建设项目的补贴电价递减 2%。发电消耗热量中常规能源超过 20%的混燃发电项目，视同常规能源发电项目，执行当地燃煤电厂的标杆电价，不享受补贴电价"。

(12) 2006 年 1 月 15 日。国家发改委关于印发《可再生能源发电有关管理规定》的通知（发改能源〔2006〕13 号）："对直接接入输电网的水力发电、风力发电、生物质发电等大中型可再生能源发电项目，其接入系统由电网企业投资，产权分界点味电站（场）升压站外第一杆（架）"。

(13) 2010 年 5 月 4 日。住房和城乡建设部《关于印发〈生活垃圾处理技术指南〉的通知》（建城〔2010〕61 号）："焚烧处理设施占地较省，稳定化迅速，减量效果明显，生活垃圾臭味控制相对容易，焚烧余热可以利用"。

(14) 2011 年 4 月 19 日。国务院批转住房和城乡建设部等部门《关于进一步加强城市生活垃圾处理工作意见的通知》（国发〔2011〕9 号）："到 2015 年，全国城市生活垃圾无害化处理率达到 80%以上，直辖市、省会城市和计划单列市生活垃圾全部实现无害化处理。每个省（区）建成一个以上生活垃圾分类示范城市。50%的设区城市初步实现餐厨垃圾分类收运处理。城市生活垃圾资源化利用比例达到 30%，直辖市、省会城市和计划单列市达到 50%。建立完善的城市生活垃圾处理监管体制机制""全面推广废旧商品回收利用、焚烧发电、生物处理等生活垃圾资源化利用方式""土地资源紧缺、人口密度高的城市要优先采用焚烧处理技术"。

(15) 2012 年 4 月 19 日。国务院办公厅《关于印发〈"十二五"全国城镇生活垃圾无害化处理设施建设规划〉的通知》（国办发〔2012〕23 号）："到 2015 年，直辖市、省会城市和计划单列市生活垃圾全部实现无害化处理，设市城市生活垃圾无害化处理率达到 90%以上，县县具备垃圾无害化处理能力，县城生活垃圾无害化处理率达到 70%以上，全国城镇新增生活垃圾无害化处理设施能力 58 万吨/日""到 2015 年，全国城镇生活垃圾焚烧处理设施能力达到无害化处理总能力的 35%以上，其中东部地区达到 48%以上""'十二五'期间，规划新增生活垃圾无害化处理能力 58 万吨/日，其中，设市城市新增能力 39.8 万吨/日，县城新增能力 18.2 万吨/日。到 2015 年，全国形成城镇生活垃圾无害化处理能力 87.1 万吨/日，基本形成与生活垃圾产生量相匹配的无害化处理能力规模，其中，设市城市处理能力 65.3 万吨/日，县城处理能力 21.8 万吨/日；生活垃圾无害化处理能力中选用焚烧技术的达到 35%，东部地区选用焚烧技术达到 48%""东部地区、经济发达地区和土地资源短缺、人口基数大的城市，要减少原生生活垃圾填埋量，优先采用焚烧处理技术；其他具备条件的地区，可通过区域共建共享等方式采用焚烧处理技术"。

2.2　垃圾焚烧利用研究的理论依据

物质再循环利用系统的复杂性，尤其是它与经济系统的相互作用，使物质循环再利用研究表现出多学科性。物质再循环系统的复杂性除表现在物质资源内涵的层次性与演化性方面，还表现为与人类社会经济和生态环境的生存与发展密切相关的所有资源，包括水资源、矿产资源、生物资源等，称之为广义资源。人类社会只有通过对广义资源的开发利用才能实现从自然资源向实物资源转变。根据资源可持续利用观点，通过回收、再循环、再利用过程，虽然不能阻止残留物回到自然界，但是可以延迟其返回自然界的时间。随着对再生资源开发利用的理论与实践的不断发展，资源的内涵也逐步展开为原生资源、再生资源、社会资源和经济资源等形式。更主要表现为物质性，即首先是资源循环系统组成要素的层次性和多样性。从资源循环利用出发，资源的再生循环利用可以通过内部流动流回要素市场，内部流动说明一些残余物可能以另一种有用的形式被再循环利用，或者以现有的形式被回收利用，还可以通过外部流通实现上述目标。其次是资源循环系统各要素之间、各子系统之间的关联形式的复杂性，表现在结构上是各种各样的非线性关系，表现在内容上可以是物质流、能量流或价值流的关联。

由此可见，对于生活垃圾焚烧利用的研究理论依据呈现出多学科交叉发展，产业生态学理论、物质平衡理论逐步成为该领域研究的主要理论依据。同时从基于整体过程的处理对生活垃圾焚烧利用问题的方法论的角度进行研究，主要研究内容包括：根据所研究的资源再生利用问题确定垃圾焚烧利用的目标、功能和边界；从资源循环系统整体优化和整体协调出发，按照系统本身所特有的性质与功能，研究垃圾焚烧利用与经济系统之间、与其他资源再生利用各子系统之间的相互作用、相互依赖和相互协调的关系，应用从定性到定量综合集成方法等，定量地或半定量地研究垃圾焚烧利用运行规律与发展模式。

2.2.1　产业生态学理论

产业生态学是一门研究社会生产活动中自然资源从源、流到汇的全代谢过程，组织管理体制以及生产、消费、调控行为的动力学机制、控制论方法及其与生命支持系统相互关系的科学（Foster，1999）。它通过对人类社会发展所产生的一系列资源耗竭、生态退化、环境污染问题的反思，在对末端控制策略进行批判的基础上，提出经济社会应当根据自然生态原则转变现有生产和消费模式使其能够以最低限度的资源、环境代价实现最大程度的经济产出，从而为深入理解和认识产业系统的生态特征与规律提供了全新的认识途径，也为在保持经济增长的同时解决资源利用与环境污染问题提供了理论和分析策略（石磊等，2016）。

产业生态学以物质和能量代谢为主要研究内容。其主要采用物质利用强度、物质生产力、循环利用率三种指标衡量经济社会的物质代谢效率。以生产部门的资源为例，物质利用强度通过分析部门资源消耗强度与其相应的经济产出在整个经济系统中所占比例，识别资源利用效率。物质生产力则将资源投入作为生产力要素之一，采用单位资源的产品或产值指标来衡量资源生产力水平。资源利用强度越低，资源生产力水平越高，说明经济体系对于资源投入的依赖性越小，系统的封闭性越好。资源循环利用率则用于表征经济系统内部产生的"废物"或"污染物"的再循环、再利用程度，循环利用率越高，说明耗散损失进入环境的污染物越小，经济活动对资源、环境的压力就越小，而系统的稳定性也越高。

应当指出，虽然自然生态系统的构成与运行模式为重新组织现代经济生产方式与消费提供了一个参照系，但是到目前为止产业生态学并未提出标准的社会经济发展模式来保证这一战略目标的实现，目前关注的焦点问题主要包括：①自然生态系统的资源代谢过程的组织和协调机理如何？对于现代社会的生产和消费以及污染物的循环利用有哪些现实意义？例如，资源在社会经济系统中的代谢规律如何进行定量描述？如何提高资源循环利用率？②自然生态系统中的物质分解和再利用的方式有哪些？它们对发现废弃物循环利用的新途径有哪些启示？例如，如何避免垃圾焚烧循环利用过程本身也可能导致的环境污染？

尽管产业生态学理论尚未发展完善，但是其提出的一系列理论方法为垃圾焚烧利用系统物质流分析、价值流分析和循环利用发展模式提供了重要参考价值，使垃圾焚烧利用按照自然生态系统的组成结构、运行规则重构资源利用系统成为可能和可行。

2.2.2　物质平衡理论

20世纪70年代初，克尼斯(1991)在《经济学与环境：物质平衡方法》一书中对传统的经济系统作了重新划分，提出了著名的物质平衡模型。

物质平衡理论是环境经济学的基础理论，它是通过对环境与经济系统物质平衡关系的分析，揭示环境污染的经济学本质。根据质量守恒定律，物质反应前后的质量是不变的。在经济生活中，生产活动和消费活动就是一系列物理反应和化学反应，因此，也遵循质量守恒定律。严格说来，标准的经济学分配理论是关于服务的，而不是关于物质实体的。物质实体只是携带某种服务的载体。无论商品是被"生产"还是被"消费"，实际上只是提供了某些效用、功能和服务。其物质实体仍然存在，最终或者被重新利用，或者被排入自然环境中。如生产过程和消费过程之后，商品的物质实体并没有消失，只是从原来有用的物质变成无用的废弃物。这些废弃物通常只提供负服务，这些负服务最终流向环境(如污染河水、空气、土地)。

如令 E 为环境的物质储量，$E*$ 为环境对经济系统的物质投入，$E^{\wedge}$ 为经济系统向环境排放的污染物，用 K 表示经济系统的物质沉淀(积累)，则物质平衡模型可表示为

$$E* = E^{\wedge}+K \tag{2-1}$$

如果生产和消费过程中不存在积累，即 $K=0$ 时，$E* = E^{\wedge}$，投入的环境物质最终必然以污染物的形式返回环境，在这个物质流动过程中，环境物质投入的唯一功用就是为人类提供了服务。虽然人类已经有了许多处理污染物的方法，如用湿式去除法净化烟道气，将污染物排入下水道。但是污水最终还要进入河流，结果是净化了空气，污染了河水。

然而，在现实经济中，生产和消费过程都存在积累，即 $K>0$ 时，$E* = E^{\wedge}+K$，废弃物不是只有排入环境一条出路，如果循环利用，污染物就有可能返回生产过程，成为原材料的一部分，再次被利用。这样，不仅消除了污染，还增加了资源。因此，要想减轻经济系统对自然环境的污染，最根本的方法是提高物质和能量的利用效率和循环使用率，以此

减少对自然资源的索取，降低污染物的排放量。这就意味着要想保证一定的生产和消费水平，新的环境资源的投入是必不可少的，但新资源的投入可以随着物质和能量的利用效率和循环使用率的提高而减少，这一结论为废弃物的焚烧利用提供了很好的理论支持(Callan 和 Thomas，2006)。

通常情况下，治理污染物只是改变了特定污染物的存在形式，并没有消除，也不可能消除污染物的物质实体。选择合适的垃圾处理方式就显得非常重要。单纯强调垃圾的无害化处理虽然能够减少垃圾对环境的污染，但是容易造成其他形式的污染，同时减少重新进入生产系统的物质实体，增大了排放入环境的污染物的数量，不能最终解决环境问题。在这一点上，垃圾焚烧处理优于垃圾填埋。垃圾焚烧处置的作用从本质上来说就是降低垃圾的最终填埋处理量，并以环境相容的方式处理最终垃圾(Margallo et al.，2015)。物质平衡理论中提高物质循环利用率及污染形式的转移分析是垃圾焚烧处置在实际操作中必须考虑的问题，要求垃圾焚烧处置在经济和技术可行的前提下，尽可能地提高循环利用率(包括能量回收)以减少最终垃圾处置量，同时在处理的过程中必须考虑处置的二次污染控制问题。

2.2.3　面向生态文明的循环经济理论

十八大报告以"大力推进生态文明建设"为题，独立成篇地系统论述了生态文明建设，将生态文明建设提高到一个前所未有的高度(谷树忠等，2013)。报告明确指出生态文明建设关系人民福祉、关乎民族未来的长远大计，要求把生态文明建设放在突出地位，融入经济建设、政治建设、文化建设、社会建设的各方面和全过程。在中共十九大报告中，生态文明建设更是在多处涉及，包括对生态文明建设成效的总结、工作中的不足、新时代中国特色社会主义思想和基本方略、决胜全面小康社会等，第九部分重点部署了加快生态文明体制改革，建设美丽中国，提出了建设生态文明和美丽中国的战略目标和重点任务，是新时代建设生态文明和美丽中国的指导方针和基本遵循(周宏春，2017)。

中共中央、国务院先后印发了《关于加快推进生态文明建设的意见》和《生态文明体制改革总体方案》，确立了我国生态文明建设的总体目标和生态文明体制改革总体方案，提出要构建起由自然资源资产产权制度、国土空间开发保护制度、空间规划体系、资源总量管理和全面节约制度、资源有偿使用和生态补偿制度、环境治理体系、环境治理和生态保护市场体系、生态文明绩效评价考核和责任追究制度等八项制度构成的生态文明制度体系。继划定 18 亿亩耕地红线之后，水、环境、生态等的基线、上限、红线陆续划出，给自然留下更多修复空间，给农业留下更多良田，给子孙后代留下天蓝、地绿、水净的美好家园。习近平指出："环境就是民生，青山就是美丽，蓝天也是幸福。"全体社会成员平等地占有和分配自然资源，生态文明建设的成果为广大的人民群众共同享有，而不能成为少数人的特权和专利(张云飞，2015)。生态文明理论正成为指导我国社会经济可持续发展的重要思想基础。

尽管目前解决环境问题的多数方法受到经济思想的很大影响，但是经济学可能更钟情于特别的道德立场和对人的本质的特别假设，聚焦于价格，其偏好是市场高于调节，其对于设定"效率"的相关狭义概念和其关于财富分配和经济增长必要性的假设只是部分定义了环境危机可能引起的复杂的社会和政治问题。因此,在经济发展和环境的关系问题上,虽然经济学的一些推理可以在理解一些环境问题方面带着我们前行一段长路,但是仍然不能够提供完全的或者直接和彻底的解决方法。

"循环经济"正是能够解决上述矛盾而得到国际社会的广泛重视。许多发达国家把发展循环经济、建立循环型社会作为实施可持续发展战略的重要途径和手段,在生产领域、消费环节及整个社会层面上广泛开展了循环经济理论研究和实践活动。我国对循环经济的研究起步较晚,自1998年循环经济概念引入我国以后,循环经济理念已成为政府和学术界的共识,并在企业层面、工业园区层面、城市范围及省层面开展了循环经济实践活动,取得了初步实践成果(冯之俊,2004)。

循环经济的提出是经济发展理论和人与自然生产关系思索的重要突破,它克服了传统经济发展理论把经济和环境系统人为割裂的弊端。关于循环经济的概念和范畴,许多学者对其进行了研究。到目前,各位学者对循环经济的概念和范畴已基本达成了共识。所谓循环经济,实际上是对物质闭环流动型经济的简称,是针对工业化以来高消耗、高排放的线性经济而言的,是以物质、能量梯次和闭路循环使用为特征的一种新的生产方式。循环经济涉及物质流动的全过程,它不仅包括生产过程也包括消费过程。它本质上是人类生产发展方式的变革,是一种生态经济,把清洁生产、资源综合利用、生态设计和可持续消费等融为一体,运用生态学规律来指导人类的经济活动。

专栏 2-1　循环经济管理等级

①减少:在不影响经济可持续发展的基础上,将废弃物的生产降至最低。通过使用更清洁的技术、产品和流程再造以及更科学的管理技巧来预防和使废弃物最小化。

②再利用:保证材料和材料对象都可被重新利用。

③回收:当必然要产生废弃物时,从该废弃物中抽出所有(经济的)可行的对未来有用的东西,通过(例如)废旧物资处理、堆肥和能源生产等方式。

④处置:废弃物处置的最后手段,但是必须以环保的手段来执行。

资料来源:Elkington(1992)。

近年来,随着生态文明理念和发展思想在我国社会生活中的逐步确立,传统的侠义的循环经济理论也逐步脱离青色文明阶段,张智光(2017)认为现阶段循环经济应该从更为广义的角度出发,以生态文明思想赋予循环经济更为广阔的概念。而根据对生态文明含义的设定和内涵,循环经济系统不仅要遵循一般循环经济的 3R 原则,即减量化(reduction)、再循环(recycle)、再利用(reuse),还要遵循促进产业与生态互利共生的原则。在原有的 3R 原则的基础上,增加再分配(redistribution)和再培育(recultivation)原则。通过资源链、生态链和价值链(3C)可将 5R 子系统联系成生态文明系统下循环经济的 5R-3C 理论模型(图 2-7)。由 5R-3C 模型可见,为实现面向生态文明的超循环经济,需要在建设一般循环经济的基础上，着力构筑再分配和再培育两个子系统，并完善资源链、生态链和价值链相互促进机制。由此，面向生态文明的循环经济，需本着为当代人和后代人均衡负责的宗旨，以生产方式、生活方式和消费模式的改变，从节约和合理利用自然资源，保护和改善自然环境，修复和建设生态系统等出发，为国家和民族的永续生存和发展保留和创造坚实的自然物质基础。表 2-8 对不同经济模式进行了比较。

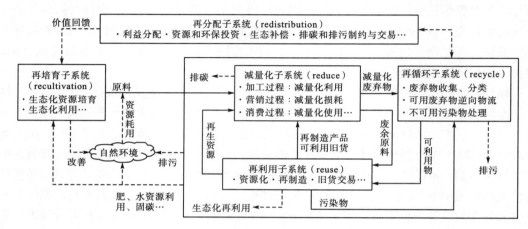

图 2-7　生态文明视域下的循环经济模式

资料来源：张智光(2017)。

表 2-8　不同经济模式的特性比较

特性	粗放经济	末端治理经济	循环经济	生态文明视域下的循环经济
闭环性	开环	开环	闭环	闭环
起讫点	从摇篮到产品	从摇篮到坟墓	从摇篮到摇篮	从孕育到孕育
功能结构	末端污染	末端治理	过程减量+末端治理+资源循环	过程减量+末端治理+资源循环+生态循环+价值循环
链条	资源链	资源链	资源链循环	资源链、生态链、价值链超循环
目标	增值	增值、降污	增值、降污、降耗	资源、生态、价值协同提升
原则	无原则发展	减排放	3R 原则 (减量化，再循环，再利用)	5R 原则(3R+再分配，再培育)
结果	资源滥用 污染严重 效率低下	资源消耗 污染缓解 成本上升	资源节约 污染减低 成本下降	资源增长 生态改善 价值提升
共生性	生态强害 (+，−)	生态弱害 (+，−)	浅绿共生(+，0)	深绿共生(+，+)
科技	工业生产	污染处理	物质与能量循环	绿色共生与超循环
文明性	黑色文明 (传统工业文明)	青色文明 (新工业文明)	浅绿文明 (生态文明入门)	深绿文明(生态文明)

资料来源：根据张智光(2017)修改。

1. 面向生态文明的循环经济理论对垃圾焚烧利用的支持

根据生态文明对循环经济思想的扩展，把循环经济理论引入垃圾焚烧处理中来，目的是改变强调无害化处理为主，强调消纳为主，忽视资源化利用的传统垃圾处理模式。尽管垃圾焚烧不能算作真正意义上的循环经济，也不具备源削减的含义，但其能够减少垃圾进入最终处置系统的数量，还可以提供能源，从而有助于缓解环境压力，有利于减少其他原生材料的使用，将部分垃圾资源循环利用后直接返回到经济系统。而环境系统压力的减轻有利于环境再生产能力的恢复和加强，进而推动经济系统的进一步发展，实现整个生态系统的良性循环。这一过程充分体现了循环经济理论对于促进经济系统与环境系统互为依托、相互促进的理念。但是，强调垃圾焚烧的循环利用并不是不惜一切代价降低垃圾的最终处置量，而应该是在一定的经济技术水平条件下，均衡社会效益、处置成本和环境容量的比例关系，寻找垃圾循环利用和最终处理之间合理的比例关系，即必须承认垃圾焚烧的循环利用是有限度的。只有这样才能获得既有利于环境又符合经济效益原则的合理方案。

循环经济理论为垃圾焚烧提供了宏观理论基础，从循环的不同层次的实践经验中也将推动垃圾焚烧处置的发展。但是垃圾焚烧除了是一种处理方式以外，其产品主要由企业提供，在我国目前的垃圾处理现状下，如何结合本地实际，因地制宜地发展适合的垃圾处置方式，合理配置相关处置比例和处置模式十分重要。而如何实现，仍需要对垃圾焚烧自身的特征进行分析，以确定垃圾焚烧发展的有效环境经济政策，最终实现垃圾焚烧的资源化利用、减量化和无害化处理的目标。

专栏 2-2　生态学的四项原则

①每一个单独实体都与其余实体相联系。
②任何事物都有归宿。
③没有取得就没有获得。
④大自然是最聪明的。

资料来源：Commoner(1972)。

2. 与垃圾焚烧等废弃物利用相关的循环经济三个层次

从生态文明下扩展循环经济的理念，5R+3C 的循环经济涉及经济、社会、生态三个方面的和谐统一，追求的是人地和谐、共同发展的发展观。目前，循环经济的研究涉及宏观、中观、微观三个层次：①在企业或部门层次上(微观层次循环或小尺度循环)，以一个企业或者一个家庭为单位实现清洁生产、绿色消费，使所有资源、能源得到有效利用，最终达到无害排放或城市垃圾污染零排放，这就是"微观层次循环"或者叫"小尺度循环"。②在生态工业园区层面上(区域层面循环或中尺度循环)，按照工业生态学原理，通过企业间的物质集成、能量集成和信息集成，形成企业间的工业代谢和共生关系，建立生态工业园区，从而实现垃圾的减量化，甚至零排放。③在社会层面上(宏观层次循环或大尺度循环)，建立起与发展循环经济相适应的"循环型经济社会"，即指限制自然资源消耗、环境负担最小的社会，以最大限度地减少对资源过度消耗的依赖，保证对废物的正确处理和资源的回收利用，实现生活垃圾、产业垃圾和危险废物排放的减量化，保障国家的环境安全，使经济社会走向持续、健康发展的道路。发展循环经济最终追求的是"循环型经济社会"，即在整个社会经济领域，使工业、农业、城市、农村的生产和生活原料、产品、能量都达到循环利用，废弃物资源再生，甚至在工业、农业、生态之间也存在着交叉点、链接点，在交点上交叉起来充分利用。垃圾就能够实现减量化、资源化、无害化。

1)企业层面(小循环)

许多企业发现，同时满足利润最大化和污染控制效果最佳的要求非常难。国内外销售市场的竞争，消费者对于物美价廉产品的需求，快速的技术更新都迫使企业尽可能减少生产成本。在以往，这就意味着采取最少的污染控制活动，满足环境管理的最低要求。随着越来越多的企业认识到削减废物能带来成本节约，那种认为积极的污染控制行为是浪费金钱的想法成为历史。十余年前，大多数企业或许对自己处于表2-9中A1的位置感到很满意。许多企业都在试图通过采取"放任自流"的战略来应对环境问题，这被认为是很悲哀的问题。而在越来越多的企业看到"绿色化"所带来的潜在利益或者是受到(或看到其他企业受到)罚款、法院起诉、股东行为主义、商业损失等形式的"丑陋打击"①之后(表2-9B1)，更多的企业前进到了表2-9中B2的位置。这种"双赢"的可能性是存在的，一方面节约了真实的经济资源，另一方面又改善了组织的环境影响。如果能以企业的可持续发展为目标，则成本变得非常显著；但是如果不前进到C3，企业也可能付出非常高昂的代价。国外一些著名企业，如美国3M公司，其企业主题已经成为"绿色化就是利润"。在这些企业中，环境的良性行为对于企业来说实际上可能就等同于成本的节约和获利的机会。

表2-9　企业的态度与环境

企业反应	自然环境状态的信念		
	A	B	C
	绿色化作为一个"正流行的时尚"	环境问题是重要的但不是关键的	自然环境正处在危机当中
1. 不采用任何措施	好	或许会丧失企业？惩罚成本？法律问题？	危机(不是自然环境)
2. 遵循法律和公众意见	成本和收益	好	危机(或许被耽误了？不是自然环境)
3. 以企业的可持续发展为目标	危机(或许在企业之外)	成本和收益	好？

资料来源：格瑞·罗伯和贝宾顿·简(2004)。

---

① 避免接受"丑陋打击"的结果是在解释企业为什么要开展一项显著的绿色活动时经常引用的一个原因。参见格瑞·罗伯和贝宾顿·简(2004)。

对垃圾焚烧企业来说，一方面生产企业不断加强自身物资循环再利用，提高生产过程的利用效率，采取"绿色设计""绿色服务"的方式，这些都是资源的循环利用在企业层面的具体表现，也是企业实施源头削减的具体措施，减少了需要最终处理的剩余物质；另一方面焚烧企业也可以通过处置过程，不断提高能源的转化率，减少资源的浪费和污染物的排放，以最终减少废弃物填埋量。实际上，对单个的企业的生产过程，无论是消除这些废弃物，还是把它们循环利用到其他形式的生产过程中去，都被认为是废弃物源头削减和资源循环利用的基本情况。

2) 生态工业园区层面（中循环）

以上的各种实践主要运用于企业内部，注重生产过程的持续改进。虽然能够在一定层次上实现源头削减、资源循环利用，但是毕竟涉及的生产企业范围过小，有一定的局限性。要一个企业不断实现废弃物最小化，到一定程度上就需要依靠先进的技术和巨大的资金投入，这不仅难以做到，在经济上也是不合理的。因此，寻求与其他企业的合作，使不可避免产生的废弃物能够成为其他企业生产的原料，让废弃物的循环利用在更大的范围内进行流动就是一种更好的选择。而生态工业园区的建立被认为是实现上述选择的最好手段。南京大学环境科学学院的王连生教授主编的《环境化学进展》展示了在废弃物资源化领域的思想，针对废水、固体废弃物，采用了以下资源化原则：①可否直接实现产业内部回收；②可否间接实现产业内部回收；③可否实现产业间的外部回收；④可否将废物出售给专业资源回收单位；⑤可否安全处置。因此从资源、环境、经济统一的观点出发，既要使废弃物成为可利用的资源，又要安全地消除环境污染物，这不仅需要对废物进行无害化处理，还需巧妙结合处理技术和利用方式，王连生教授的资源化处理原则本质上就是一种废弃物区域层面上的循环利用做法。生态工业园区被认为是一种典型的区域层次循环的实现方式。

生态工业园区是依据循环经济理念和工业生态学原理设计建立的一种新型工业组织形态，把经济视为一种类似于自然生态系统的封闭体系。从本质上来说，生态工业园区通过模拟自然生态系统建立产业系统中"生产者—消费者—分解者"的循环途径，来实现物质闭路循环和能量多级利用，其目标是尽量减少废弃物，将园区内一个工厂或企业产生的副产品用作另一个工厂的投入或原材料，通过废弃物交换、循环利用、清洁生产等手段，最终实现园区的污染"零排放"。因此，从环境角度来看，生态工业园区才是最具环境保护意义和生态绿色概念的工业园区。

垃圾焚烧企业的生产、运行和服务受到上游、中游、下游企业的影响，这些企业之间也存在互相依托，相互促进，互为补充的关系。垃圾焚烧作为废弃物的接收消纳方式，其上、中游企业对于垃圾资源的循环利用是经济系统实现良性循环的关键，而且这些企业的生产经营形成了天然的生态工业链。按照热力学第二定律，物质的100%循环利用、污染物的"零排放"都是不可能实现的，如何最大限度地降低污染物对环境的污染才是首要考虑的。垃圾焚烧作为垃圾处置链的下游企业，对于垃圾的无害化、减量化和资源化处理有利于环境资源的再生产，由环境系统实现垃圾物质的再循环。即垃圾焚烧类似于工业园区的含义：上、中游企业把生产中无法消化的废弃物通过各种方式运送到焚烧厂去，焚烧厂将各种残余垃圾作为原料加工成炉灰、石膏和蒸汽形式的能源等产物。蒸汽可直接输送到邻近的发电工厂发电，或者通过自有的发电设备给学校、工厂和社区等提供电能。产生的灰渣可以制成地砖也可直接运往垃圾填埋场，从而形成一个废弃物处理、能源利用的综合体系。这种区域层面循环的责任就是通过垃圾焚烧为废弃物找到正确的位置，使其成为资源，从而在整个上下游生产之间确定资源的合理流动以及废弃物的合理循环利用和循环处理。

因此，这种处置的全过程不仅是生态工业中的物质循环的必要环节，而且其本身的处置过程也是作为一种处置链条，是链接上一个生产过程的循环周期与下一个循环周期的关键环节，所以，具有循环处理意义的垃圾焚烧利用处置就更具有重要的生态经济意义。此外，区域层面上的循环决定了垃圾焚烧处置的发展需要结合当地的经济发展基本状况、资源特征、垃圾处理规划目标要求以及垃圾处理设施的完备程度等方面，目的是能够建立处置企业之间的联合，形成内部资源高效利用、外部废物最小化排放、可持续发展的处理模式。

3）社会层面（大尺度循环）

尽管公众对废弃物的处理表现出极大的热情，但这种热情通常被认为只是对环境危机的一种"适度环保"的表现。废旧物资的处理并不是一项完全独立的活动，它需要能源和（或）原材料投入的配合；它也不是进行资源节约的第一个备选方案（拒绝消费、减少消费以及对资源的重新利用都在废旧物资处理之前）[①]。

也就是说，仅仅依靠企业或者个人的自身生产行为和消费行为的循环利用和企业之间的生产联系无法有效地处置和节约资源。只有全社会共同努力，从各个方面进行节约、克制、改变等，才能实现整个社会的可持续发展。这也是许多国家建立循环型社会的思想初衷。大多数国家的经验表明，正确认识资源回收利用的作用和意义，通过全社会的战略组织、地方政府、企业以及消费者共同分担"废弃物问题"，在做整个社会经济和环境系统的预算和业绩评价中把废旧物资处理的目标包括进去，用财务和非财务指标予以数量化是比较成功的经验。

从整个社会的角度建立垃圾资源的回收利用体系，实现消费过程中和消费后的物质和能量的循环，是垃圾管理的新趋势和发展方向。垃圾"离位资源"概念的提出、循环利用垃圾"资源"的活动不再将垃圾处理处置作为一种被动的行为活动，而是在整个社会层面以循环经济的思想为指导，积极、主动地处理垃圾，是循环经济下垃圾处置领域的应用，进而推动了循环经济理论在垃圾管理领域的发展。

垃圾处置被认为是人类经济系统与自然环境系统联系最紧密的方式之一。从整个经济系统的角度考虑，垃圾处置是整个经济和自然系统复合发展的末端生态链，其处理的效果是直接影响经济与自然、人与自然是否能够得到持续发展的关键。垃圾处置功能的发挥程度直接影响到经济系统与环境系统的关系，是人与自然协调发展，整个社会建立循环经济

---

① "拒绝"被认为是一种最佳的环境选择，但是从目前的发展状况来看，并不被西方社会广泛接受。因为该理念是对资本主义公司的一个核心原则提出挑战，这就是增长。实际上，在许多时候，现代企业的正统观念和社会规范与环境保护很难一致。

发展模式的关键之一。垃圾焚烧处置，作为垃圾的一种处置方式，位于人类生产、生活领域的末端，其部分功能与资源开采业有些相似，都是对资源的开发，只是垃圾焚烧处置是对"离位资源"的开发，其原材料来源于人类经济系统的废弃物：既是对废弃物的循环利用，又是对自然资源的再开发。此外，垃圾焚烧处置还是对无法进入其他生产和消费过程中回收利用的垃圾进行处理，这种处理不是简单的消纳垃圾，而是通过焚烧后的能源和物资回收实现其他形式的资源再利用，尽可能实现垃圾的处置与环境相容。许多国家的经验和实践结果表明，实现整个社会的物质闭合循环，垃圾焚烧处置作为该循环的回路部分对于循环型社会的建设起着十分关键的作用（肖序等，2016）。

从产品生产、消费过程循环经济活动的实践来看，生活垃圾的回收和再利用不局限于生产或者消费过程的某个阶段，而是更广泛的社会范围层次上组织物质和能源的循环。垃圾处理的整个过程涉及许多相关的利益主体，需要政府、企业以及公民的参与，目前一些私人合作组织也有许多新的想法。尽管废弃物的再生利用不是循环经济的本质要求，却是实现循环经济的重要途径，而方式的选择是实现循环目标的必要手段。尽管各国的经验表明资源的再直接利用的效果和成本都较低，但是在后续处置中，垃圾焚烧能够实现资源的综合利用仍然是实现社会循环的重要手段和途径。

虽然社会的大循环能够更好地实现资源的循环利用和环境的可持续发展，但是从目前的发展状态来说，各个公司控制着世界经济活动中有支配地位的比例，也成为使技术变化改变方向的主要机制，同时这些公司占据国内大量能源、控制大量的世界资源并是雇佣方面的一个重大要素的代表——伴随着引起的所有影响，来对社会选择范围施加主要影响。此外，所有企业的生产都被认为涉及一些环境损害。因此，目前强调对资源的循环利用、废弃物的循环利用从本质上是由众多企业的行为决定的。强调企业的环境经营责任，除了从道德上的目标，仅仅依靠企业的自觉是无法完成上述目标的。国外对自发性组织的调查研究发现，迄今为止，企业和环境议程的发展严重依赖自发性行动[①]。但是没有证据证明这种自发性组织的活动可以有效地解决当前的环境危机。当短期的企业利益和环境保护的目标相冲突时，自发性组织的活动常常不能取得相应的效果。而且这种状况也出现在法律方面[②]。Revesz 等（2007）通过对许多国家各项环境法规实施的效果分析发现，尽管将环境和企业相结合的必要性得到了人们的普遍认可，但是不能认为只要采纳了环境战略的基本要素，就可以彻底解决环境问题。

想彻底地解决经济发展、环境保护、资源利用方面的种种矛盾，除了依靠强有力的法律支持外，任何向着全社会的循环型的建立和前进将是由各个国家、政体、公司或企业、个人和行动集团的多边行动取得的（谭灵芝等，2010）。只是在目前情况下，通过合理的手段，包括环境的、经济的，强调企业的主动行为可能更为有效，不论是企业内部还是企业

---

① 英国的罗伯·格瑞认为大多数的自发行为被认为紧跟着政治权利的行动，它们对自由经济思想更公开和热情地拥护。我们很难将这样的一个行动看作是一场彻底的胜利。尽管自发性行动在实验中是有用的并且比管制（如果它们是有用的话）更易于被人接受，但是实践一再证明自发性行动是无效的。因为他们只是被一少部分组织所采用。除此之外，还有一个平等的问题。"坏"公司可能会出于节省成本的目的而不进行自发性行动，只有更负责的公司选择自发性行动，这是不公平的。

② 一个被广泛报道的例子是"美国实施了 20 年的排放物控制制度几乎没有对改善空气质量有任何作用"，特别是关于汽车方面（Bell，1992）。同样的情况也发生在我国，许多环境法规没有显示出其应该发挥的作用。

之间的循环利用都为整个社会大循环奠定继续发展和前进的基础。

2.3　垃圾焚烧的环境及经济特征

垃圾焚烧处置是在整个循环型社会建立的基础上确定的一种处理方式,而整个循环型社会的建立一是通过整个经济体系的大循环,二是能源和废弃物等的循环体系的建立,三是上述目标实现后的生态和环境保障体系的建立,而这种保障体系必须是以可持续发展为主要目标(Marjorie,1999)。

和其他生产性活动一样,垃圾焚烧也是满足人类生存和可持续发展的物质生产和消耗过程。不同的是,垃圾焚烧的原料是物质循环系统的末端废弃物,这种废弃物仍然可以通过技术方式转化为其他能量。即垃圾焚烧处置不是建立在对原生资源索取的基础上,而是通过对其他生产方式无法再利用的资源进行循环利用、促进环境资源的再生产活动,它将人类生产与生活排放的废弃物进行处理,使之变成可以继续利用的经济资源,或将其变成对环境无害的物质,从而减少垃圾的最终处置量。对垃圾焚烧的环境经济特征进行分析和确定,目的就是实现循环型社会和社会可持续发展目标,同时为制定相关的环境经济政策奠定分析基础。

2.3.1　垃圾焚烧处理的外部性

福利经济学告诉我们:如果一种商品的生产或消费会带来一种无法反映在市场价格中的成本,就会产生一种"外部效应"。外部性是指一些产品的生产与消费会给不直接参与这种活动的企业或个人带来有害或有益的影响。其中有益的影响称为"外部经济",否则就是"外部不经济"。环境问题就是一个外部性问题。外部性理论的贡献在于:它引导人们在研究经济问题时不仅要注意经济活动本身的运行和效率问题,而且要注意由生产者消费活动所引起的不由市场机制体现的对社会环境造成的影响。从某种意义上,外部性理论是环境经济学的理论基础(王金南,2007)。

垃圾焚烧处置和其他处置方式一样,具有很强的外部性和公益性。垃圾焚烧处置不论产品结构如何,其生产过程中肯定为社会提供了环境服务(如对垃圾焚烧的处置减少了垃圾污染,给人们带来优质的大气、地下水等),给处理外的行为主体带来了有利的影响,即产生了外部正效应,这也是环保产业的共性。垃圾焚烧处置在创造经济价值的同时,也带来了环境效益和社会效益——保护了人类赖以生存的生态环境,为人类的可持续发展奠定了坚实的基础。垃圾焚烧处置是对生活垃圾的循环利用,能够解决资源有限和人类需求无限之间的部分矛盾,如果能够最大限度地发挥焚烧处置资源回收利用的功能,不仅减少了生活垃圾最终处置量,而且还可以降低经济系统对于自然资源的索取量。随着自然资源的日益稀缺,垃圾焚烧处置的发展程度影响着垃圾资源化率,是建立循环型社会不可或缺的组成部分。但是需要注意的是垃圾焚烧过程中实现能量回收的本身并不能算作一种外部收益,因为它已经计入了垃圾处理设施所有者的经济核算。那么,有能量回收的垃圾焚烧的外部收益如何计算呢?事实上,从垃圾处理过程中回收了能量,意味着用其他方式生成这些能量的过程就避免了污染,这种被避免了的环境污染才可被看成垃圾焚烧处理过程中的一种外部效益。例如，垃圾焚烧处理可以替代一个存在年代已久，低效率的煤火发电厂燃煤产生的能量，也就因此替代了与燃煤相关的环境污染，从而实现了垃圾焚烧处理的外部效益（张越，2004）。但在市场中这种环境服务大多被作为公共物品提供给社会，并没有因此而给予企业相应的回报，这种状况会降低企业继续提供服务的积极性。此时，垃圾焚烧实现的是外部正效益。但是垃圾焚烧本身还会产生二次污染，这种污染表现为垃圾处理的负的外部效益。故而，对垃圾焚烧处理的完全成本而言，应该包括与垃圾焚烧处理相关的所有成本，包括垃圾焚烧处理过程中各种环境影响的外部费用以及垃圾处理、运输等方面的财务成本等，无论是生产者还是垃圾的产生者都要为其行为的完全成本付费，因此，采取何种环境经济政策中将外部效应内部化是研究垃圾焚烧处置政策的一个重点。

目前针对垃圾管理的政策很多，根据高敏雪（2016）的分析，与固体废弃物管理中密切相关的是垃圾税费手段的运用（谭灵芝等，2008）。不论采取哪种方式，目的都是实现垃圾焚烧处置对环境影响的正效应，同时使焚烧产生的负外部效应内部化。垃圾焚烧对环境的可持续性表现在：①对垃圾焚烧的运行支持系统，在成本效益计算上应当是有社会效益、经济效益、环境效益的净赢利；②确保对垃圾的资源化利用，保持其可再使用性，并将不可再使用的垃圾降至最低程度；③实施垃圾焚烧必须保持在社会的承受能力内；④随着企业生产规模的扩大，设备能较好适应各种类型垃圾的冲击，具有一定的缓冲能力；⑤应当受到政府环境保护部门的监督和法律保护，环境标准应该是极为严格的，不应该因为减少一种污染而产生另一种污染；⑥垃圾焚烧处理厂服务的人口百分比不至于因人口的快速增长而下降。

2.3.2 垃圾焚烧服务的准公共品特性

按照西方经济学观点，社会物品可以分为公共物品和私人物品两类。Lindahl 在其博士论文《公平税收》中正式使用了"公共物品"一词，但真正将私人物品与公共物品两个概念分开使用并明确给出定义的是 Samuelson："纯公共产品是这样一种产品，每个人消费这种产品不会导致别人对该产品消费的减少"；平狄克和鲁宾费尔德给出的定义是"公共物品是这样一种商品，它能够便宜地向一部分消费者提供，但一旦该商品向一部分消费者提供，就很难阻止其他人也消费它"（汉密尔顿等，2014）；斯蒂格利茨认为"所谓公共物品是这样一种物品，在增加一个人对它分享时，并不导致成本的增长，而排除任何人对它的分享都要花费巨大成本（吴敬琏，2000）。"环境经济学把公共物品定义为"与私人物品相反的，不具备明确的产权特征，形体上难以分割和分离，消费时不具备竞争性或排他性的物品"（陈大夫，2001）。

从上面的论述中可以发现，关于公共物品的思想都是包含在对于政府和国家职能的论述中，这注定了公共物品思想对于国家理论的依附。政府在解决这些公共事务时，参与了社会资源的配置过程，与市场机制同时成为配置社会资源的方式。旧福利经济学的代表Pigou 给出了政府配置资源的均衡条件，即当边际私人净产品与边际社会净产品相等时，资源配置效率最优，而当两者不相等时，可以通过征税或补贴的办法予以解决（Baiardi and Menegatti，2011）。新福利经济学在庇古标准的基础上提出了评判公共物品生产效率、求解公共物品均衡的帕累托最优（Pareto optimal）标准，这种标准极大地影响了现代的公共物品理论，尤其是公共物品的公众抉择与判断(姚明霞，2001)。

对公共物品的分类有很多标准，从而可界定政府和私人部门提供服务的恰当角色。许多时候排他性和消费特性是对物品和服务进行分类的两个重要参照因素。因此，公共物品还可以细分为纯公共物品(同时具有非竞争性和非排他性)和混合公共物品(只具有非竞争性或非排他性)，混合公共物品又可分为收费物品(具有非竞争性和排他性)和公共池塘物品(具有非排他性和竞争性)(Eriklane，2003)。对于混合公共物品，习惯上又可称之为准公共物品。

可收费物品能够由市场提供，使得市场机制在这类物品的供给上并没有完全失灵，这就为市场提供准公共物品提供了重要的理论依据。政府在其中扮演着较弱的角色，主要是克服市场失败，建立市场交易的基本规则，保证个人物品的安全，规范具有自然垄断性质的可收费物品的供应方式等。但政府的作用是不可或缺的，用以保证纯公共物品的供给，还要保证那些社会决定用补贴或者政府提供方式的个人物品和可收费物品(实际上变成了纯公共物品)的供给。为了克服"搭便车"问题，强制也许是必要的。

按照上述对公共物品的定义和特点分析，垃圾焚烧处置提供的服务是一种准公共物品。我国垃圾焚烧产业的这种准公共物品属性，使得该行业呈现三个基本特征：社会公益性特征(有的称之为福利性特征或非生产性本质)、逆生产性特征和可收费性特征。一方面通过资源再生活动不断向人们提供有利于全体大众的公共物品；另一方面不断改变生产的运行方向，力图把被人类的生产、消费活动破坏了的生态平衡重新恢复过来；此外，因为实现排他性是可能的，使用者只有付费(即通常所说的垃圾费)，提供者才愿意提供物品。

正是因为垃圾焚烧产业的这种准公共物品属性——竞争性，使得通过市场机制，企业可以获得一部分像私人物品一样的收益，这是市场介入的理由。但是消费的非排他性，又使得再生资源企业无法独占提供产品的所有收益，从而影响企业提供的积极性，为政府介入该行业提供了理论依据。因此，垃圾焚烧产业的发展，依赖于政府和市场的共同作用。实际上，在发达国家，由于环境成本的不断增加，政府在其中的作用逐渐增加，其市场机制的作用发挥是通过对用户收费和生产者责任的规定，通过市场的力量对垃圾处理方式进行选择，以改变传统的垃圾处理模式，提高垃圾处置的环境效果，同时还可获得一定的收入减少政府对相关垃圾处置企业的补贴。政府通过多种环境经济手段对利益相关方的行为施加影响。

2.3.3　垃圾焚烧处置对环境系统的影响分析

按照物质平衡理论，现代经济系统可以划分为生产系统、环境系统、消费系统和废弃物处置系统。按照物质流动规律，通过废弃物处置产业将其他三者联系起来，着重分析废弃物处置系统对于其他三个大系统的影响和作用。

从图2-8可以看出，进入消费系统的物质(D)，经过人类的消耗最终都会以废弃物的形式排放到环境系统，只是发生的时间不同。在时间段 N 内，有一部分物质产品作为生活废弃物(W_1)排放出消费系统，还有一部分物质停留在消费系统内，没有作为废弃物排出。N 时间内消费系统物质流动关系表示为

$$W_1 = (1-\gamma)D \tag{2-2}$$

式中，γ 为消费系统净积累系数（$0<\gamma<1$）。

生产系统的物质流动关系大致如下，在时间段 N 内，生产系统从环境系统中索取的自然资源量（R），经过生产领域的加工、转化后，除了部分物质（Z）以生产资料或半成品的形式停留在生产系统内部，大部分物质（S）作为生活资料进入到消费系统供人类消费，还有一小部分作为生产过程的废弃物（W_2）排放出生产系统。此外，生产系统还接纳了来自生活废弃物和生产废弃物循环领域后的物质（M）。在时间段 N 内，生产系统产生的物质产品总量（K）可以表示为

$$K=R\varepsilon+M \tag{2-3}$$
$$K=Z\alpha_1+S\alpha_2 \tag{2-4}$$
$$M=W_1\beta_1+W_2\beta_2 \tag{2-5}$$

式中，ε 为自然资源利用率（$0<\varepsilon<1$）；β_1 为生活废弃物循环利用率（$0<\beta_1\leqslant1$）；β_2 为生产废弃物循环利用率（$0<\beta_2\leqslant1$）；α_1 为 Z 在时段 N 内占总物质产品的转移系数（$0<\alpha_1<1$）；α_2 为 S 在时段 N 内占总物质产品的转移系数（$0<\alpha_2<1$）。

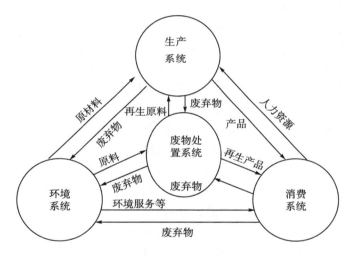

图 2-8 废弃物处置系统功能图

从废弃物产生来考察物质流动关系

$$W_2=R(1-\varepsilon) \tag{2-6}$$

人类最终排放到环境系统的废弃物总量为 W，其物质关系为

$$W=W_1+W_2-M \tag{2-7}$$

从以上六个公式表示的物质流动关系，可以分析出人类的经济活动对于自然环境的影响程度。其中自然资源索取量 R 和最终污染物排放量的数学表达式为

$$R=D\left[1/\alpha_2-(1-\gamma)\beta_1\right]\big/\left[\varepsilon+(1-\varepsilon)\beta_2\right] \tag{2-8}$$
$$W=(1-\beta_1)(1-\gamma)D+(1-\varepsilon)(1-\beta_2)RD \tag{2-9}$$

生活废弃物循环利用率 β_1 与自然资源索取量 R、废弃物最终排放量 W 之间的关系表示为

$$\partial R / \partial \beta_1 = D\left[-(1-\gamma)\right]/\left[\varepsilon + (1-\varepsilon)\beta_2\right] \tag{2-10}$$

根据各个参数的域值，可以得出 $\partial R / \partial \beta_1 < 0$，同理也可得到 $\partial W / \partial \beta_1 < 0$。这两个结论说明，生活废弃物循环利用率的提高不仅能够降低自然资源的开采量，而且还会降低废弃物的最终排放量。

生活垃圾作为生活废弃物的一部分，同样适用于以上的分析结论。从效率的角度考虑，垃圾焚烧处置的规模效益使得垃圾焚烧处理的资源循环利用率和无害化处理率都要高于单纯由个体或者由政府的处置行为。采取何种良好的运作模式，促进生活垃圾焚烧处置的发展更有利于提高资源的循环利用率，减少最终垃圾填埋量显得非常重要。国内外的经验表明，较好的方法就是通过 PPP 模式解决其处理的资金、技术瓶颈，提高处理的专业化和产业化程度。

2.3.4   垃圾焚烧的技术经济特征

垃圾焚烧类主要的技术经济特征可以概括为以下几点。

第一，该产业的大部分资产具有很强的专用性，具有显著的沉淀成本特征[①]，而且一般来讲，当期运营成本在总成本中所占的比例比较低[②]。这个特征意味着，在垃圾焚烧处理企业，相对于总成本来说，维持再生产或者回收运营成本所需要的运营收入比较低。

沉淀成本给垃圾焚烧企业带来的主要问题是：投资形成的资产在事后容易受到侵占，即投资最后可能得不到合理的补偿。由于运营商的相当一部分投资属于沉淀性投资，一旦投资完成之后，只有营业收入超过运营成本，或者说，即使电价低于平均成本，运营商仍然愿意继续提供服务。运营商因为担心规制机构会利用这种激励特征，可能根本不会在事前进行这样的投资。为了解决这种时间不一致的问题，政府需要有效的承诺工具，保证投资者的投资激励；否则，私人部门就会缺乏相应的投资激励，最后只能由国家投资。

第二，存在明显的密度经济或者规模经济[③]。对于一个给定的垃圾收集、处理网络，利用这种网络系统的用户越多，或者消费的数量越大，平均成本就摊得越低。这个特征决定了在某个给定的市场，只有少数的处理商能够在竞争中生存下来，或者说垃圾处理市场的竞争是不充分的。根据现有技术，垃圾收集、运输的成本通常很高，不可能建立全国性的统一的垃圾收集、运输及最终处理网络，所以垃圾焚烧处理市场具有典型的区域性特征。我国各个地方的垃圾处理企业，实际上是以城市为中心建立起来的，城市的规模和经济发展程度决定着垃圾焚烧处理企业的经营规模和经营的区域范围，各自在本地区范围内实行垄断经营。

第三，相对于其他基础设施服务而言，垃圾处理具有典型的必需品特征，所以在公共政策中，更强调其公共服务性，比如政府承诺普遍服务等政策目标（张昕竹，2002）。也正

---

① 固定成本。该成本无法得到弥补，除非经营能够一直有利可图地进行下去，直到该投资被完全折旧掉为止。对于沉淀成本，不存在一个可以把投资变现的市场。垃圾焚烧处理企业的前期固定成本投资巨大，而且一旦投资，就无法变现。这也是制约垃圾焚烧处置发展的重要因素之一。

② 本书主要强调供给特征。在需求方面，垃圾焚烧发电产业的经营有较强的季节波动性。夏季时，由于垃圾中含水率较高，产生的电能基本处于最低可供水平，此时城市对电力的需求却通常达到最高峰，而冬季情况正好相反。电量产生的波动性，决定了垃圾焚烧发电企业必须按照最大焚烧处理能力设计其处理和输送能力，以保证垃圾焚烧发电的不间断性。

③ 如果与较小规模的工厂生产较少的产品相比，较大规模的工厂生产较多的产品使单位成本变得更加便宜，则所导致的成本节约就是规模经济。

因为如此,在垃圾处理企业中,垃圾处理费长期被人为地规定低于成本,这种社会性自费使得政府必须以不同形式向运营商提供大量的补贴。在目前的市场化改革中,即使引入社会资本,如何确定合理的垃圾处理费,以及给予企业多少补贴仍然是值得争议的问题。

第四,垃圾焚烧企业提供的服务直接关系到城市的环境质量和消费者的健康。通常,产品有三种,一种叫搜寻品,是消费者购买的时候去搜寻,去找,去看,这种产品的特点是消费者在没有消费之前大体知道这个产品的质量,比较典型的是服装。第二种产品叫经验品,是在消费、购买之前,很难知道它的质量,只有在消费的过程中,通过消费经验得知这种产品如何。这种产品不用搜寻,也没法搜寻。比较典型的是餐饮业、饭馆。第三种产品叫信任品,在购买之前和消费之后都不知道这种产品的质量,也许到几十年以后才能够知道它到底如何。这样的产品消费者在购买的时候,行为不一样。政府对这三类产品的管制也是不一样的。通常对于第一种产品,政府的管制是比较松的,消费者自己负责任,到街上买衣服,好坏自己看着办,随着科技的发展,最多是政府要求或者社会要求标明服装的面料和成分等。第二种产品,政府的管制相对可以少一点,但是经验品中也有很多信任的因素,所谓信任的因素是指消费者在消费过程中不能知道其后果。但是在产品里面,假设消费者来买东西,经济学家假定消费者知道这个东西的好坏,知道消费了这个东西的后果,所以自己负责。但是有很多产品,消费者不知道其好坏,很难自己负责,这就是经济学家讲的信任品。在第三种产品中,政府实行严格的管制是十分必要的。

垃圾焚烧首先提供的是一种环境服务,其次才是在保证环境服务的基础上获得一定的经济收益。但是,垃圾焚烧在垃圾处理过程中,会产生二次污染,如二噁英、呋喃等,这种污染的含量消费者无法通过经验或者尝试去辨别是否超标、是否对自己的健康产生危害。许多时候,这些污染对健康的影响会在很多年后才爆发出来。从这个角度上讲,垃圾焚烧是一种信任品(credence goods),因而政府需要对其产生的二次污染进行严格规制,包括排放标准的制定、日常监测、鼓励民众参与监督管理、各种宣传教育和普及等。此外,对环境服务的提供的另一层含义就是经营企业所提供的服务水平:消费者能享受到良好的垃圾处理服务。

上述四个主要的经济技术特征说明:首先,该产业竞争至少是不充分的,因此需要一定程度的政府规制。其次,垃圾焚烧处理行业具有明显的区域垄断特征,从经济规制的角度,为了更好地利用地方信息,减少信息不对称的影响,规制权力应该分散化,即主要由地方政府行使规制职能。再次,该产业的投资者(无论是国有还是私有)的资产容易受到侵占[1],具体表现在垃圾处理费问题常常被政治化,被人为地限制在较低的水平上。对于许多垃圾焚烧处理企业,垃圾处理费是维持企业正常运转、减少政府财政负担、提高居民环境意识的重要环境经济手段。较低的费率不能保证回收总成本。为此,对于垃圾焚烧处理企业需要合理的制度设计,避免企业财务状况继续恶化、投资者减少必要的投资激励、网络覆盖范围增长缓慢、服务质量难以得到保证等问题。最后,在垃圾焚烧的规制中,除了价格规制外,服务质量规制显得非常重要。

---

[1] 尽管政府在一定程度上有保护产权的动机,但同时很容易通过规制手段侵占投资者的资产,即占有沉淀资产带来的租金。

2.4 本章小结

环境经济学理论、社会主义生态文明与循环经济理论从各个角度阐述了生活垃圾焚烧再利用对于物质和能量利用效率的提高和节约资源的意义，为我们进行垃圾焚烧综合再利用提供了理论支持。垃圾焚烧处理的环境及经济特征表明，进行垃圾焚烧的条件离不开现有的焚烧再利用技术和合理的环境经济政策的制定和实施。

3 生活垃圾处理的环境影响评价分析

　　降低垃圾处理对环境的影响是选择处理方法的动因，也是制定各项环境经济政策的最根本出发点。分析不同垃圾处置方式的环境影响及其经济损益，有助于比较不同垃圾处理方式的优劣，为垃圾焚烧处置的资源化利用方式在我国的可行性和相关政策的制定提供依据。实施垃圾焚烧资源化利用的更高目标是提高垃圾处置的环境及经济效率。通过资源化处置减少垃圾最终填埋量，减少填埋的土地占用；焚烧后产生的能量可以回收再利用，取得经济收入。这些都是发展垃圾焚烧处置和相关政策制定和实施的内在动力。

3.1 垃圾处置过程的环境影响

　　我国已经建成的垃圾填埋场中，无害化处理设施不完备，运行管理不完善的情况很常见，因此引发的环境问题也十分突出，主要表现在：垃圾渗滤液没有进行必要的收集和净化处理导致对土壤和地下水造成污染；堆放产生的大量沼气随时危害着人民的身体健康；填埋释放的甲烷（CH_4）和二氧化碳（CO_2）对臭氧层造成破坏；填埋气体的收集和利用仍处在较低水平，二次污染严重[①]。以哈尔滨市为例，哈尔滨城市生活垃圾长期堆放在松花江的阿什河高漫滩地，土壤多为黑土、黑钙土，堆放地附近多水泡子，垃圾场及其周围 100m 以内土壤均受重金属的污染，重金属污染顺序为 Hg＞Cd＞Zn＞Pb＞Cu。Zn、Cd、Hg 等污染物多累积于 3.0m 深度内（姜月华等，2000）。王敏等（2016）对徐州市生活垃圾填埋场地下水典型金属污染物进行分析，具体采用 ICP-MS 对垃圾渗滤液及地下水中 26 种重金属进行监测分析。结果表明，在 4 个垃圾填埋场地下水及渗滤液中 $\rho(Sr)$ 均相对较高（＞700 μg/L）；地下水中金属元素均正在以 Ca、Mg 为主向以 Na、Mg 为主转化；地下水中 Al、B 质量浓度大小顺序为 Y 场（雁群）＞S 场（睢宁）＞C 场（翠屏山）＞P 场（邳州）；4 个垃圾填埋场共同典型重金属污染物为 Mn、Fe、Zn、Ba；除上述污染物外，Y 场地下水潜在典型重金属污染物为 Pb 和 Mo，S 场为 Mo 和 As，C 场为 Tl 和 Co，P 场为 As。这些毒性物质在风化、雨淋和高温条件下，发生一系列化学反应，杀死土壤微生物，导致寸草不生。受污染的土壤，一般不具天然的自净能力，也很难通过稀释扩散办法减轻其污染程度，必须采取耗资巨大的改造土壤办法解决。

　　生活垃圾在堆放场或填埋场中受到微生物的作用，会产生大量的沼气。活跃期的填埋场产生的沼气 90%以上为 CH_4 和 CO_2，我国大部分城市垃圾采用露天堆放或简易填埋的方式进行处置，很多处置场没有设置沼气导排系统，大量的释放气体处于无组织排放的状态，一方面对周围大气环境造成污染，另一方面又成为引起爆炸和火灾的隐患。从中国环境科学研究院垃圾研究项目调查的结果来看，在填调查表的 137 个城市中有 87 个城市有

---

① 国内垃圾填埋场隐患重重.经济日报，2003.5.20.

填埋场，进行实地考察的 35 个城市中有 33 个城市有填埋场，其中绝大多数填埋场都没有完善的填埋气体排导和处理设施(杜吴鹏等，2006)。

根据 IPCC[①]发表的 1995 年评估报告估计，CH_4 对全球气候变暖有 19%的贡献，而 CO_2 的贡献率为 64%。在全球排放的约 5 亿吨 CH_4 中有 2300 万~3600 万吨来自废物填埋场，在控制全球气候变暖的过程中是一个不容忽视的重要方面。1988 年我国排入大气的 CH_4 约 2612 万吨(其中工业排放为 122 万吨)，约占全球 CH_4 排放量的 4.7%。2000 年，我国排放的 CH_4 约为 3070 万吨。韩英(2011)利用 SCIAMACHY CH_4 垂直柱浓度产品，结合中国 2003~2005 年的自然、社会经济数据等，对中国 2003~2005 年 CH_4 垂直柱浓度的分布规律及其成因进行了详细的探索，研究结果表明：①区域性和不均匀性特征。东部沿海城市 CH_4 垂直柱浓度明显高于中西部地区。据统计最高值出现在湖南、江西、湖北、山东、安徽、贵州等地，其次在中原和华北一带，低值出现在西藏和青海西部地区，尤其是青藏高原区域。CH_4 垂直柱浓度自然地理分区统计结果为：四川盆地＞华中地区＞华南地区＞西南地区＞东北地区＞华北地区＞西北内蒙古地区＞青藏高原。年平均增长量四川盆地居首位，青藏高原大气 CH_4 垂直柱浓度逐年下降，幅度最大达-12.04ppb。②年际和季节变化特征。2003~2005 年 CH_4 垂直柱浓度是近似逐渐增大，一年中最高值出现在 8 月附近，且在 5 月和 10 月有两个拐点。变化范围约为 16336.90~1888.35ppb，大小顺序表现为：夏季＞秋季＞春季＞冬季，即夏秋较高，春冬较低(韩英，2011)，有相当一部分来自垃圾的厌氧分解(陈继东，2002)。美国有学者甚至提出采取措施控制填埋释放气体进入大气层，比联邦政府和州政府制订限制性法律来防止全球气候变暖显得更为重要。李文涛等(2015)发现我国城市生活垃圾处理产生的 CH_4 和 CO_2 排放量均呈逐年增长趋势，至 2011 年，二者分别达到 7024.03×10⁴ 吨(以 CO_2 当量计，下同)和 706.22×10⁴ 吨；其中，2011 年 CH_4 排放量是 1990 年的 20.0 倍，CO_2 排放量是 2001 年的 16.8 倍。③城市生活垃圾产生的温室气体排放具有明显的地域特性，其中华东地区 CH_4 和 CO_2 排放总量高达 2570.98×10⁴ 吨；西北地区最小，仅为 482.3×10⁴ 吨。该差异与城市发展规模、人们生活习惯和城市化进程等影响因子紧密相关。表 3-1 列出了 2000 年以后我国城市垃圾填埋场释放的 CH_4 和其他各种温室气体的预测排放量及对比。

表 3-1   我国各种温室气体排放预测

年度	2000	2005	2010	2020
填埋场 CH_4(万吨)	7646	13310	21291	35990
其他源 CH_4(万吨)	58632	63609	68544	78036
CH_4 总计(万吨)	66278	76919	89835	114026
填埋场 CH_4 占总 CH_4 的百分比(%)	11.5	17.3	23.7	31.6
CO_2(万吨)	92170	106180	120189	147155
N_2O(万吨)	2241	2764	3187	3884
CFCS(万吨)	1905	952	0	0

① Revised IPCC Guidelines for Greenhouse Gas Inventories，1996.

续表

年度	2000	2005	2010	2020
全场总计(万吨)	162594	186815	213211	265065
填埋场 CH_4 占总温室气体的百分比(%)	4.7	7.1	10.0	13.6

资料来源：吴文伟等(2002)。

　　生活垃圾填埋场还会产生氨、硫化氢等恶臭气体和其他挥发性气体。另外，近年来也有关于在生活垃圾填埋场渗滤液和释放气体中检测出二噁英的报道。

　　其他垃圾处理方式，如堆肥和焚烧等处理过程中也存在不同程度的污染，特别是一些小型的、非正规的堆肥和焚烧厂，处理过程中的环境污染十分严重。垃圾焚烧过程中产生的烟气是主要的污染源。一些研究者通过在城市主要生活垃圾污染类型(如 SO_2、NOx、重金属、二噁英类、颗粒物等)与人体健康之间建立联系，证实不同种类的污染物、不同的暴露时间及剂量，会引起不同的人群健康效应(Tuppurainen et al.，1998)。其中二噁英类物质因其极强的亲脂性和环境稳定性沉积储存在各种环境介质中，通过食物、水体等方式传递和富集到人体，最终危害到人类的健康和生态系统的安全而备受关注(Buekens et al.，1998)。流行病学和动物实验结果显示，生活垃圾处置过程中的环境污染，特别是呋喃和二噁英等主要造成呼吸系统疾病，伤害心肺功能，长期甚至会致癌。调查和研究一个邻近间歇式生活垃圾焚烧炉的高癌症区域土壤和沉积物中 PCDD/Fs 和 PCBs 的分布规律发现，土壤中二噁英的变化规律与 1985～1995 年此区域居民癌症死亡率的调查结果相一致(Mukay，2002)。对二噁英所做的调查评估认为 42%的二噁英来自城市垃圾的焚烧，并发现没有一个明显的不引起健康损害的安全剂量或阈值，所以不能认为低剂量的二噁英是安全的(Shin et al.，1999)。特别是焚烧后产生的二噁英和呋喃，被认为是垃圾焚烧产生的危害性最大的气体。2001 年国际环保机构发表的《焚化炉与人类健康》报告称，焚化炉特别是固体废物焚化炉，已被发现为排放二噁英的主要源头。

　　尽管近年来人们对发展中国家生活垃圾污染对人体健康的影响开始关注，但更多定量化成果研究仍集中在发达国家(Mckay，2002；Tuppurainen et al.，1998；Buekens and Huang，1998)。但这些国家环境标准较高，其研究结论对发展中国家可能并无指导性作用。例如，婴儿被认为是发展中国家中最易受到大气污染的影响的群体，不仅因为这些国家过高的环境污染，还源于其极低的环境标准和环境防御意识。但现有文献对污染如何影响人体健康尚无一致性结论。一种解释是许多发展中国家并不具有完备的环境政策或者强的执行力，无法在政策改善与人体健康之间建立联系，即在婴儿死亡率的影响因素中，生活垃圾污染或者环境规制因素难以作为一个有效外生变量对其产生显著性影响(谭灵芝和孙奎立，2018)。事实上，源于大气污染物随机性和环境暴露性对在一定区域内所有人群的无差异性(Dong et al.，2015)，许多针对人体健康影响的研究更强调社会经济的影响变量，如政府公共财政支付能力、每百人病床数、母亲教育水平等，而非大气污染或者环境规制的影响(Liu et al.，2016)。

　　我国城市生活垃圾的成分因为经济增长而变得更加复杂，由此生活垃圾焚烧处置设备、处置量和污染源构成比例等也发生了很大变化，许多针对我国生活垃圾焚烧的研究虽然认识到其可能对居民健康产生影响，却鲜有从实证的角度证实是否真实存在生活垃圾焚烧污染的"健康效应"。且现有研究大多是以某一地区或以某一时点的监测结果为研究对象，缺乏长期性数据的研究，也使得这种点估计结果存在随机性（段振亚等，2016）。在这种环境下，生活垃圾焚烧的健康效应和程度如何，尚缺乏足够的评估。2004 年，我国二噁英排放总量为 10.2kgI-TEQ/年，其中钢铁和其他金属生产对环境中二噁英贡献量最大，约为 45.6%，而生活垃圾焚烧二噁英的贡献率为 3.3%，被列为二噁英优先控制的重点排放源（Xu et al.，2009）。垃圾堆肥过程中产生的污染主要是强烈的臭气，主要成分包括氨、硫化氢、甲基硫醇、有机胺等，需要设置脱臭装置，否则对周围居民的生活造成很大的影响；堆肥处理过程中还会产生一定量的污水，需要及时处理；此外，在堆肥处理后的物质中还含有一些有害成分（如果在整个堆肥过程中没有始终保持足够高的温度，就会出现重金属、杀虫剂的残留物或者病原体等物质），由于这些物质的存在，使得堆肥后的物质无法再用来调节土壤状况，破坏了堆肥的功效。

近年来，因为垃圾处置的选址问题已经引发了众多的环境群体事件，特别是二噁英类污染最受关注，因此，有必要对垃圾处置的各类环境污染进行评价分析，可为我国生活垃圾处置的选址规划、污染物排放控制、生活垃圾环境规制等提供研究基础及分析依据。

3.2 垃圾处理的环境影响评价方式

环境影响评价最早可能是在 1969 年美国国家环境政策法案的推动下产生的，进而推广到了加拿大、荷兰、新西兰和日本等国，以至于成了一种全球性的要求，即成为许多国家的法律规范。实施该行为主要是为了帮助计划者是否采取新的行动或者在不同的方式之中进行选择。许多公司将其看作是一种能够促进、简化计划过程和消除计划过程中一定风险的有效手段。

环境影响评价的主要内容如下（曾贤刚，2003）：①对所提出计划的描述以及如果可行的话再描述其场所和设计合理的备选方案；②描述可能受到的影响；③所提出计划对环境的影响；④描述计划为消除、减少或者弥补对环境造成负面效果而采取的措施；⑤描述该项计划与现存的环境和土地使用计划所受到的影响之间，以及后者和前者的标准之间的关系；⑥解释选择某一优先场所和设计，而不选择另一合理备选方案的理由。

另外，这些信息应当以一种公众能够理解的方式公布出来，以保证公众参与的有效性。

一般来说，对不同垃圾处置方式的环境影响进行比较，就是通过分析和计算不同处置方式正效益，包括环境和经济两方面，同时统计在处置过程中污染给生产、生活以及生态环境等方面造成的影响，进而计算环境经济的损益实现的。从环境经济学角度而言，对不同处理方式进行环境经济损益的对比分析，能够确定哪一种方式更适合本地的自然和经济社会状况，并通过污染者付费措施使环境破坏的代价内部化。

由于垃圾处置所产生的环境效益和环境污染的数据难以获得，并且许多环境质量的变化对受纳体[①]的影响是多方面的，很难通过货币衡量，所以按照上述理论的方法不容易

---

① 受纳体是指因环境质量变化而受到影响的人或者物。

直接全面估计不同垃圾处置方式的环境经济损益，通常会采取一些间接的环境影响评价方法。

　　环境评价中的损益分析通常由环境损益分析、经济损益分析和社会损益分析三部分组成，其中经济损益分析和社会损益分析比较直观，容易用货币直接计算出来，而环境损益分析是对项目实施前后资源环境的损失和效益进行分析，很难用货币直接计量。通常，评估损害的数额需要：①确认影响的种类；②估计污染物释放（包括自然资源）和受影响的类别的损失之间的物理关系；③估计受影响方对于如何避免减少受损失部分的反映；④对物理损坏程度进行货币估价。从自然资源的价值理论观点来看，自然资源是有价值的，也是有限的，必须考虑怎样改善资源配置，同时更要考虑开发项目的外部效果。开发项目对周围环境产生的影响可能是好的，也可能是不好的，在经济学上指外部经济性和外部不经济性，环境影响损益分析就是力图以货币值计量这些影响。在环境影响评价中应用自然资源价值论，提高项目环境影响评价的有效性，重要的一点，就是如何把外部的影响（有利的和不利的影响）结合到整个项目的经济分析中。项目对外部环境的影响按其影响性质可分为易计价的和不易计价的，一般情况下，易计价的影响通常包括在常规的经济损益分析中，而不易计价的影响则往往被低估甚至忽略，如项目实施过程中的噪音对附近人员的影响，有害固体、液体、气体对共有的大气、水、土地等环境的影响，生态环境的改变对人类及各种生物的影响等。总之，不论是易计价的还是不易计价的环境影响，都会改变社会福利，所以都应运用自然资源价值评价方法将其货币化，以便纳入环境影响评价的经济损益分析中，然后在统一的量度下，利用目前已相对完善和成熟的项目财务评价方法，衡量项目的全部费用和效益，论证其经济性和合理性，从而更有效地对项目开发进行决策和控制。

专栏 3-1　环境计量和环境损失成本事例

环境计量的成本：
　　①试图阻止、减少或者回收利用污水/排放物和废料的支出。
　　②生产更多对环境有利产品的成本。
　　③污染者付费原则下的成本费用。
　　④由于组织过去和现在的支持运作而导致的污水、土地处理和净化成本。
　　⑤突发性事故导致的污染清理支出。
　　⑥研究和发展、评估影响准备以及审查污染点的成本。
　　⑦诸如政策发展研究、管理结构、信息体系和环境审计等环境管理过程中发生的成本。
　　⑧有利于资源回收和再利用、替换或者增加资源使用效率的过程中发生的成本。
　　⑨回收、再利用和减少废品过程中发生的成本。
　　⑩保护野生动物、森林再植以及鱼类供应再储存过程中发生的成本。
环境性损失：
　　①因为不符合环境法令条款而导致的罚金、处罚和损失。

②由于环境事项导致的设备被关闭停产导致的损失。

③资产实体由于环境事项不能恢复至原来的状态而导致的成本。

资料来源：格瑞·罗伯等(2004)。

3.2.1 垃圾处理方式的环境影响性影响因子的分析及确定

环境及经济性因素应是决定垃圾处置方式的最主要因素。但如何确定其具体因子的影响程度或对总体因素的贡献度，需要进行定量的考察。在缺少统一评判标准同时又没有考虑到环境影响性影响因素与垃圾管理和技术发展趋势的关系的前提下，很多因子的影响程度被忽略或颠倒，进而影响决策的科学性。为建立科学的定量体系，必须确定必要的前提，即不论采用何种处置方式，其过程和结果都以达到国家标准或公认的国际标准为统一目标。在此前提下，因子的确定才不会形成不同参照系，产生客观上难以对比的问题。

1. 前提条件的假定

任何一种处理方式都必须被认为：①处置过程均不会形成新的污染，即处置方式和技术是公认在正常条件下，完全满足环境要求的；②处置结果在任何环境下，其排放均不会对环境形成新的危害，即满足法定和公认的环境标准体系的要求；③在前述两项的条件下，在处理过程或处理结果出现任何问题，均作为事故判断(温汝俊，2001)。

2. 处理规模

不同的处理方法有不同的处置规模。特别是焚烧、热解等工业化处置必须达到一定的起点规模。卫生填埋的建设和处置规模也有经济上的适宜比例。在确定规模达到基本要求后，其基本投资应该是随着处理量的增长而增长，但增长速率稍慢于处理量增长速度。根据工程经验，在一定处理量的范围内，基本投资可以近似地看作线性变化。

一般来说，卫生填埋处理的垃圾量可以从数吨到数千吨。最低的填埋量应该与压实设备的最低能力与作业时间保持一致。通常用机具作业能力来确定卫生填埋的起始规模。卫生填埋场的建设规模，是指设计或实际的处理规模与合理的经济服务年限来进行计算。根据《生活垃圾卫生填埋处理工程项目建设标准(建标 124-2009)》第十一条：填埋场的建设规模，应根据垃圾产生量、厂址自然条件、地形地貌特征、服务年限及技术、经济合理性等因素综合确定。填埋场建设规模分类和日处理能力分级宜符合下列规定，如表 3-2、表 3-3所示。

表 3-2　卫生填埋场建设规模分类

规模类型	总容量(万 m³)
Ⅰ类	＞1200
Ⅱ类	500～1200
Ⅲ类	200～500
Ⅳ类	100～200

注：以上规模分类含下限值不含上限值。

表 3-3 填埋场建设规模日处理能力分级

规模类型	总容量(吨/日)
Ⅰ类	>1200 万
Ⅱ类	500～1200
Ⅲ类	200～500
Ⅳ类	<200

注：以上规模分级含下限值不含上限值。

由于焚烧处置垃圾最主要的污染是尾气，如二噁英、呋喃所导致的环境污染，所以必须考虑相关的环境防护费用。焚烧后仍有残余物，需要特殊处理，因此，还要考虑部分燃烧残余(灰、炉渣等)的处置设施或费用。

目前生物法较为普遍和成熟的处理方法有堆肥法、制沼法等。由于单位处理垃圾需要的场地相对较大，处理规模都在数百吨左右。堆肥法因受垃圾来源等多种条件的限制，往往还要辅以其他方法解决非有机物的处置，此方法利用了有机质并生成生产用料，要求有一定的规模以便形成工业生产。但从技术角度来看，几乎没有起始规模的要求。由于垃圾分类较好，国外的堆肥装置的处理能力可以达到处理有机垃圾 300 吨/日，而国内垃圾堆肥场的处理能力一般在 100 吨/日以内。

3. 评价影响性因子确定

(1)直接投资的成本 Cost1。直接投资是设施建设影响因素中最重要的影响因子。建设投资决策中，它的影响可以占总成本的 70%～80%。直接投资是指设施建设的工程总投资(以净现值计)。主要包括建设项目的前期咨询费、设计费、土地征用费用、构筑物材料及人工费、设备采购及安装费、财务费等。由于一些项目中的总投资还包括清运设备的投资(即后面讨论的配套成本)，因此不完全是我们所讨论的 Cost1，只能作为比较参考。目前通过对我国卫生填埋、焚烧和堆肥三种处理技术进行简单对比得出，在垃圾处理量相同的前提下，焚烧技术的单位投资最大，因而工程总投资也相应最高，堆肥法次之，卫生填埋投资最低。据不完全统计和估计，焚烧技术的单位投资额是堆肥技术的 1.5～2 倍，是卫生填埋的 3～5 倍。堆肥法的单位投资额是卫生填埋的 2～3 倍。

(2)单位运行成本 Cost2。设施的运行成本的高低直接关系到垃圾处置的正常运行和效率，因此也对设施的投资决策产生重要的影响。对于 Waste-to-Plant 方式，在投资判断中，还需比较资源化收益这一因子。运行总成本包括设施运行中直接消耗的能源、材料、人工、设施折旧成本、残余物处置费用以及财务费用等。单位运行成本，即处理 1 吨垃圾所需的经营性成本。一般认为，垃圾单位运行成本及费用越低，垃圾场总的运行费用就越小。每种处理方式或技术的单位运行成本的直接比较差别较大。一般来说，卫生填埋的运营成本最低，因为只使用少量机具、人工成本投入以及取土的成本费用，机具折旧少，但是土地折旧多；焚烧法的运营成本最高，因为在垃圾热值稳定时，至少不需要添加新的能量，但也会摊入不少的设施折旧成本，焚烧法本身所使用的场地，几乎不被折旧。焚烧法的单位运行成本可能是卫生填埋的单位运行成本的 2～3 倍；堆肥法的运行费用处于中等水平，能量投入和设施折旧均在中等水平，其单位运行成本大约为卫生填埋的数倍。如果用经验值进行比较，而且不考虑采用的设备水平等因素，具体的处理成本数值如下：卫生填埋的单位运行成本最低至 20 元/吨，一般来说在 40～90 元/吨；焚烧法的单位运行成本有的低至 20 元/吨，一般在 50～200 元/吨；堆肥法的单位运行成本也因采用技术方式的不同而有很大差异，一般在 30～70 元/吨[1]。

（3）配套成本 Cost3。配套成本是人们容易忽略的一个重要评价因子。采用不同的处置方式，需从源头上解决相应的配套。目前，我国的卫生填埋对垃圾成分几乎没有太多的特殊要求，只有欧洲国家为更好地利用填埋库容和减少沼气等气体的逸出，已开始要求进入填埋场的垃圾有机物含量须小于 5%，除此之外，在填埋前不需要进行专门分选，对垃圾成分的变化敏感性很低。其他大多数垃圾处置方式对处置前提供的垃圾都有一定要求。焚烧法对垃圾的组分有一定要求，热值低于 3350～4186 kJ/kg 的垃圾一般不能用焚烧法处理，因此需要在焚烧前对垃圾进行分选，这说明焚烧法对垃圾组分的变化较为敏感。堆肥法要求垃圾的有机质含量在 40%以上，且堆肥前需要严格的分选，将重金属和玻璃等有害物分离出，所以堆肥法对垃圾成分的敏感性较高。

作为配套成本的因子，可以从两个方面进行考察。一是考虑整个收运系统的设计和设施，以及依靠垃圾管理制度来解决配套。二是在单个处置设施建设时，作为前置装置考虑。从评价的角度看，无论采用哪一种方式，都不会引起评价项目投资和运行成本的起点差异，有利于整个系统决策的客观评价。

（4）资源化收益 R。较高的资源化在很大程度上代表了垃圾处置方式和技术进步的趋势。一般来说，资源化带来的物质收益肯定优于简单处置，但如何评价这种经济收益，不能简单地定性评价。如果资源化的经济收益远远低于其投入的成本，资源化是无意义的。因此将资源化的经济收益纳入整个处置体系中进行评价是非常重要的。资源化收益包括通过垃圾处置方式后所获得的可用物质或能量的全部经济价值。堆肥法的资源化收益就是出售产生肥料的经济收益，而焚烧法的资源化收益就是供电或供热产生的经济收益。资源化收益 R 可以根据处理规模与资源化收益系数以及平均市场价格来测算。

（5）事故及风险系数（因子）K1。风险系数主要是指每种处置方式发生事故时，能引起的停工风险或对环境引起损害的经济损失的可能性。由于无法测算发生事故的间接损害或经济损失，把引起损失的各种可能性加入单位运行成本中可以间接地评价各种方法的风险损失。当然，这种系数可以根据经验判断来给定，如填埋的事故只可能是渗沥液泄漏引起地下水污染（但其可能性非常小，只有在发生地震时有一定可能），但间接的危害要很长时间后才能确定。因此可把卫生填埋的事故及风险因子定为基准数 1，由此推断其他方式的风险因子[2]，如表 3-4 所示。

（6）对管理的依赖和未来技术发展趋势的关联度因子（系数 K2）。每种处置方式都对垃圾管理存在一定的依赖度，并且也与市政管理和环境标准要求紧密联系。一些处置方式在

① 北京市城市环境卫生"十三五"规划报告，2015。
② 本书关于风险因子的计算是根据生活垃圾处置方式的安全性进行分析，包括处置设备、厂址、垃圾收集方式、污染物处置设备等。其涉及指标主要包括成本效率、时间进展、可靠性、环境影响、可适应性、资金需求、适应管理规章制度的能力、当地的基本条件、公众可接受程度以及地质条件等。

很大程度上需要依赖城市对垃圾收运方式和清运的管理能力和水平,如果收运和清运发生事故,会直接影响处置设施的正常运行。另外,当环境标准提高时,处置方式所必须达到的排放和处置要求也须随之提高,这就要求处置设施应与处置技术的发展趋势相一致。如焚烧对环境排放标准的关联度较高,同时对清运的要求也较高;堆肥法对清运也有一定的要求。把卫生填埋的关联度系数定为基准系数 1,可以推测出其他方式的关联系数[①],如表 3-5 所示。

表 3-4　处置方法的事故及风险系数

处置方式	事故及风险系数($K1$)	说明
卫生填埋	1.00	无处置停止和直接损害风险
焚烧发电	1.15	有事故导致处置和发电中止
堆肥	1.05	有事故导致处置速度减慢

表 3-5　处置方法对管理的依赖和未来技术发展趋势的关联系数

处置方式	关联系数($K2$)	说明
卫生填埋	1.00	无处置停止和直接损害风险
焚烧发电	1.20	有事故导致处置和发电中止
堆肥	1.05	有事故导致处置速度减慢

(7)环境影响因子。包括对地下水、土壤、大气等方面的影响(详述见章节 3.1)。

3.2.2　评价方法的选择

实施任何一种评价方法,就是实现具体评价或判断的理论工具。作为分析决策工具的评价理论,其本身也是一种或多种评价方法,有其系统的理论方法,特别是生活垃圾处置系统的环境影响效益分析比较涉及的多重目标和多因素评价体系,可以通过综合因素的或简化为单一因素的决策方法来解决。这些系统方法和模型,既有从环境工程角度去评价的,也有以经济学角度为前提的,但使用的理论方法基本上是一致的,主要是采用成本-效益分析方法和一些相关的辅助方法,如生命周期评价方法等。

1. 成本-效益分析方法

对于不同处置方式的环境效益比较和决策制定最普通的就是成本-效益分析方法。通常,一项公共行为的经济利益(例如一项发展计划或者章程)取决于人们对其最终产出的支付意愿。采取一项行动的成本是为了实施这项工程而必须投入的经济资源(例如土地和劳动力资源)。经济学家将这种成本视为机会成本,即不将资源用作他处所放弃的利益。

运用成本-效益分析就是比较政策、程序以及恢复生态环境的行动等形成的成本和收益。成本-效益分析衡量的是政策或者行动形成的社会净收益或者成本,目的就是分析如

---

① 限于篇幅,计算方法略。

果实施某项政策或者行动，作为整体社会的福利是否会增进。它通过税收、补贴、配额以及关税等，可以纠正市场失灵、经济租金(经济利益)、消费者剩余以及不论有形的还是无形的外部性。对于无形的事物就(物理)实体角度来说很难定量分析，但是这不意味着不能以货币量为基础来进行分析。许多私人物品也具有多重性质，其特征也很难从实体角度来衡量，但是仍然能够通过市场进行定价。

但是传统投入成本-效益核算理论在用于评估生活垃圾处置技术时，通常仅考虑各个处置环节中使用投入物所折合的经济费用，即仅考虑了经济活动中纯经济的一面，而没有考虑因各个生活垃圾处置活动环节所造成的对自然环境的污染以及由此而引发的环境保护活动等经济活动所需的费用，也就是通常所说的环境外部性问题。事实上，由于环境外部性的存在，在生活垃圾处置过程中，不论采取何种处置技术，都存在一个同自然环境相互影响、相互作用的负反馈机制。任何一种生活垃圾处置技术的费用，既包括对各种生产要素的消耗费用，也应包括由于其外部不经济而对自然环境造成的代价费用。如对生活垃圾采用填埋处置，它的处置费用除了正常的各个填埋环节所耗费的人力、机械费用、土地占用等费用外，还应该考虑其外部不经济而对自然环境造成的代价费用，即垃圾填埋场垃圾的渗漏废液对地表水、地下水形成潜在污染，造成的水污染损失费用等。生活垃圾焚烧处置技术虽然比填埋处置技术对上述内容的外部不经济性要少得多(趋于零)，但众所周知生活垃圾焚烧过程中产生的二噁英对环境、人体的危害，所造成的损失是相当可怕的。因此，在对生活垃圾处置技术进行技术经济分析比较时，最困难的还是对不同生活垃圾处置技术的外部成本费用的估算。如果对此置之不理，就会使那些成本较低而副作用较大的生活垃圾处置技术具有合理性，甚至会掩盖那些对环境危害非常大的权宜落后处置方式。在这种情况下，作为对生活垃圾处置技术进行技术经济分析的传统投入产出理论及作为其理论基础的传统经济理论(尤其是边际生产成本理论)，均显示出不完备性。对于环境管理者而言，希望在对不同的生活垃圾处置技术进行经济分析时，除考虑当初技术设备投入所需花费的全部费用，也应考虑该项技术所引起的环境质量效益或退化损失(如对空气、水体的污染，物种消失，人体健康等)并要将这些环境外部性问题用货币来量化，进行综合对比分析，只有这样才能满足可持续发展的要求(吕黄生，2004a)。

目前关于评价方法有很多研究：①1983 年 Hufschmidt 提出两分法的环境评价方法——以市场为主的方法和以调查为主的方法。②1993 年 Mitchell 和 Carson 提出了四分法的环境评价方法——直接观察法、间接观察法、直接假设法和间接假设法。③迪克逊(2001)提出了客观评价法(objective valuation approach，OVA)和主观评价法。④张世秋提出了三分法——直接市场评价法、揭示偏好法和陈述偏好法。实际上，这些环境评价的方法对于环境评价有很多借鉴和通用的地方。在此基础上，根据环境商品的市场价格信息不完善以及其具有较大的消费者剩余的特点，以人的支付意愿和接受赔偿意愿为基础提出了当前的环境价值评估方法。

专栏 3-2   环境成本核算(在投资评估中最为典型)的四层级方法

美国 EPA/Tellus 协会方法
第 0 级：通常的成本
- 通常和计划相关的直接和间接成本——资本、收入和材料等等
- 选择方案的通常(传统会计)成本
第 1 级：隐藏成本
- 传统的会计成本，通常在管理费用/总账中发现——包括规范成本、EMS、监管、安全成本——都从资本和收入两个角度
第 2 级：负债资本
- "或有负债资本"——同样也是隐藏的，在某些情况下不会出现——罚款、清洁、额外的规范成本等——评估他们在不同的投资选择方案中发生的可能性
第 3 级：不是很有形的成本
- 定性成本以及从提高了的环境管理中获得收益——从财务上进行评估
- 商誉、很好的交易、供应商、消费者、员工、销售价格、供应商成本、广告/形象管理等的损失/利得

资料来源：格瑞·罗伯等(2004)。

1. 成本-效益分析在环境规制政策评估中的应用

环境规制作为社会规制的一项重要内容，指由于环境污染具有外部不经济性，政府通过制定相应政策与措施对厂商等的经济活动进行调节，以达到保持环境和经济发展相协调的目标，具体包括工业污染防治和城市环境保护、环境污染等。但这并不意味着政府规制一定有效率，因为外部性问题的解决从根本上讲还是成本(包含交易成本)与收益的比较，即针对外部性这种行为效应，市场或政府干预是否包含较低的社会成本，以产生较高的社会净收益或较低的净损失。只有当实施环境规制政策获得的社会效益大于由规制所产生的社会成本，才意味着这一规制政策相对市场缺失或市场失灵更有效率。因此，成本-效益分析不仅可作为衡量和评估环境规制政策效率的标准之一，还是一种旨在提高公共政策制定和选择质量的工具。对环境规制政策进行成本-效益分析的目的是对规制可能导致的成本和收益进行估算，以便在可供选择的规制方案中挑选最有效率的政策标准。它要求以收益超过成本及社会净福利最大化作为衡量和评价规制绩效的标准。利用成本-效益这种分析工具，可权衡有限的资源如何在污染控制与经济增长等其他用途间使用，可判断规制的程度到多少是足够的。成本-效益分析的主要内容有：计算规制的直接成本和估算间接成本，量化执行和落实规制政策后产生的收益。环境规制的成本可看作由规制引起的全部机会成本，包括社会由于遵守和执行规制导致的商品和服务的损失及产量的减少。环境污染对人们的影响是多方面的，环境规制降低了这些影响的程度，因此，人们由于环境改进而

得到的满足可看作是环境规制的收益。假定人们能准确知道污染造成的后果，这些收益就可看作是人们为环境改善所愿意支付的以货币计量的价值的总和。

在许多发达国家，对作用于环境影响的行为进行相关的损益评估不仅用于政策的设计、决策的制定，还是法律进行判定的依据。例如在美国，环保局（EPA）的行动必须遵循12291号行政令，这个命令要求在法律允许范围内的管理部门在制定某项规章制度之时，必须估算该规章政策的效益，而这种效益只有超过费用时才可以付诸实施。正因为如此，经济价值的评估是许多国家在制定政策之前都需要进行的一个重要步骤。尽管许多人对费用-效益分析方法有质疑，但其在制定相关政策中依然起着重要的作用（奥托兰诺，2004）。

2. 具体方法的选择

如前所述，环境影响中的经济效益分析，是分析工作的重要组成部分，其主要任务是衡量建设项目需要投入的环保投资所能收到的环保效果，包括用于控制污染所需投入的费用和控制污染后可能收到的环境与经济实效。虽然很多废弃物具有潜在的再利用价值，从直观角度来看废弃物再利用是解决废弃物问题的最佳途径，但废弃物再利用是否可行应具体考虑经济上的可行性、社会上的接受性等种种情况，因此应对废弃物再利用的综合价值进行评判，作为废弃物再利用的依据。

在众多的环境影响评价分析方法中，针对垃圾处置环境影响成本效益的估计，通常可以应用以下几种分析方法。

1）意愿调查价值评估法（contingent valuation method，CVM）

意愿调查价值评估法是典型的陈述偏好法。为了在实践中得到准确的答案，意愿调查建立在两个条件以上，即环境收益具有"可支付性"的特征和"投标竞争"特征。然后其试图通过直接向有关人群样本提问来发现人们是如何给一定的环境变化定价的。由于这些环境变化以及反映其价值的市场都是假设的，故又称之为假象评价法。意愿调查价值评估法不是基于可观察到的或间接的市场行为，而是基于调查对象的回答。

意愿调查价值评估法通常将一些家庭或个人作为样本，询问他们对于一项环境改善或一项防止环境恶化措施的支付意愿，或者要求住户或个人给出一个对人受环境恶化而接受赔偿的愿望。实际上，直接询问调查对象的支付意愿或接受赔偿意愿是意愿调查价值评估法的特点。

在生态环境质量变化对市场产出没有直接影响或者难以直接通过市场获取人们对生态环境物品或者服务偏好的信息的情况下，并且相关研究具有充足的资金、人力和时间时，使用意愿调查价值评估法。

任何一个意愿调查价值评估法都应包括以下几个步骤：建立一个假想市场；获取报价；估计平均最大的支付意愿（willingness to pay，WTP）或者平均最小支付意愿和接受补偿意愿（willingness to accept compensations，WAC）；估计报价曲线（bid curves）；汇总数据。

在生活垃圾处置技术经济分析中，对不同处置技术意愿调查价值评估法的假想市场设计建立是非常重要的。在采取卫生填埋法时，应告知被调查者垃圾填埋场拟选择的地理位置（如在城市的上风向或下风向，水源地的上游或下游），垃圾填埋场的占地规模，垃圾填埋场的防渗漏设施,垃圾填埋场对环境污染的防控措施及将来的填埋恢复计划等;还应告知被调查者只有征收额外的费用这个垃圾填埋场才能建立,这样就对垃圾填埋场的建立将要实施收取环境服务费用设定了一个理由,这项费用既可以是政府财政拨款或信托环境基金,也可以是个人捐款或征收生活垃圾费,所有这些信息构成了一个"假想市场"的基本框架。在采取生活垃圾焚烧处置法时,除了应告知被调查者上述相同内容外还应告知其焚烧过程中排放的二噁英、呋喃等对人体健康的损害,所以,必须加上对二噁英等的处置设施费用。同样,在利用堆肥法处置垃圾时,除上述一些必需的项目以外,还要告知被调查者重金属对被施肥土壤的危害等。这样做的原因是在假想市场的设计过程中,对各种生活垃圾处置技术的信息披露程度直接影响到被调查者的支付意愿强度。

直接听取被调查者对采取不同的生活垃圾处置技术对环境质量的改善或恶化,陈述他们的最大 WTP 或者最小 WAC。在估计平均的 WTP 或 WAC 时,对生活垃圾处置技术比较多采用开放式问题、报价游戏或支付卡片等方法。但在其他项目中也有使用封闭式投票制度法(也称二分选择法),在这种方法中使用了随机效用理论(范紫娟等,2017)。相对于其他方法,封闭式投票制度法有许多优点,但需要更大的样本容量。这就限制了此方法在生活垃圾处置技术比较中的使用效果。

在对生活垃圾处置技术经济效益分析的比较中,研究 WTP 和 WAC 的报价曲线对汇总结果(汇总数据)和评估 CVM 的有效性是非常有用的,汇总数据是将平均报价或报价转变成总价值的一个过程。这个过程的完成求出了不同的生活垃圾处置技术下的边际环境成本。意愿调查价值评估法既可以评价环境资源的利用价值,也可以评价其非利用价值,其缺点是由于所得的数据是假设的市场,而且受被调查者的理解程度及假设条件是否接近实际等问题的影响,得出的结果与实际价值量会有一定的偏差。但这种偏差是可以通过细致的工作来缩小和解决的。1986 年美国政府确认意愿调查价值评估法作为环境资源损耗评价的优先方法之一(另一种优先方法是旅行费用法)(吕黄生,2004b)。

意愿调查价值评估法应用于垃圾处置损益评估的研究较多。例如,有学者对美国田纳西州 150 个家庭做过调查,结果表明,居民愿意为避免填埋场建在住所附近而支付 227 美元/年的费用,愿意支付金额的大小随着家庭收入、受教育程度以及饮用水依赖地下水的程度而增加(Roberts et al.,2016)。

意愿调查价值评估法评价结果的准确性与被调查者的环境意识密切相关。虽然目前我国居民的环境意识有了较大提高,但是对于垃圾处置过程中产生的污染可能对人们的健康和生存环境的影响程度还缺乏深刻的理解,加上经济水平有限,很难对调查的问题做出适当的反应,影响分析和评价结果的准确计算,所以意愿调查价值评估法适合我国垃圾处置的环境影响损益的评价程度还值得进一步商榷。

2) 资产价值法分析房地产价格与不同垃圾处置方式的环境损益

房地产价值的高低变化在一定程度上反映了不同处置方式对人们购买行为的影响。这可以从人们不愿意住在垃圾场附近的事例来说明。有学者曾经研究发现,垃圾填埋场的建设降低了资产费用。每远离垃圾填埋场 1～2 英里(1 英里=1609.34 米),房地产升值6.2%(Nelson et al.,1997)。

　　资产价值法应用的一个基本条件是存在一个可以自由交易的资产市场。目前，我国房地产业的改革正在逐步展开，一个自由的可交易的市场正在形成并走向成熟。人们在选择房产时，越来越注重周围环境的影响，环境质量就成为影响房地产价格的一个因素，也为资产价值法的运用提供了条件。但是资产价值法评价技术比较复杂，数据需求量大，特别是与房地产市场运转是否顺利和活跃程度有密切关系，因此在我国目前的状况下，使用该法还有一定困难。

　　3）土地处置限制对处理方式选择的影响

　　垃圾填埋法如此盛行的一个原因是其成本比其他处置方法低。这种成本差异在一定程度上被认为是由于垃圾填埋法比其他方法更具规模经济。例如，垃圾填埋法的成本为70～260美元/吨，废物焚烧成本为1169～2104美元/吨（Wright et al.，1993；Dijkgraaf et al.，2004；Jaber et al.，2008）。

　　问题的关键是这些价格是私人资本，未考虑环境损失的外部成本。如果外部成本内化，价格将上升并且所有的资源配置不会被纠正。正确的方法是运用价格手段将所有废弃物的社会成本纳入成本体系。例如，美国早在1984年就选择使用行政管制途径的替代方法限制垃圾填埋。尽管限制垃圾填埋的净收益还不清楚，但是这种决策确实能够产生经济影响（Callan et al.，2006）。

　　限制废弃物土地处置将提高土地处置成本，这对废弃物产生者来说意味着较高的价格。为确保收益最大化，废弃物产生者将考虑所有可选择方法的相对成本。废弃物产生者可以通过使用诸如焚烧等处置方式减少垃圾填埋，只要垃圾填埋市场外部成本的降低低于焚烧市场外部成本的增加，结果就是有效的。图3-1显示的是两个相关市场：土地处置市场和焚烧市场。边际私人收益（MPB）曲线代表废弃物产生者的决定，假定不存在消费外部性，边际私人收益等于边际社会收益（MSB）。在供给方面，边际私人成本（MPC）曲线代表废弃物处理企业的决定。边际私人成本曲线不同于边际社会（MSC）曲线，说明在每一个市场都存在负外部性，每一个市场的边际外部成本（MFC）都是边际私人成本和边际社会成本曲线间的垂直距离。

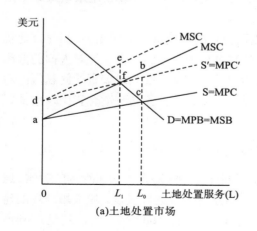
(a)土地处置市场

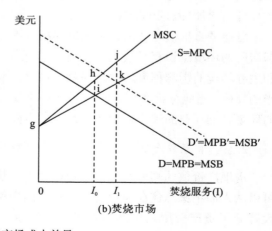
(b)焚烧市场

图3-1　两类市场成本差异

土地市场限制使土地处置的边际私人成本(MPC)和边际社会成本(MSC)都上升，私人市场的均衡产量从 L_0 降至 L_1。因为产量降低，外部成本也减少，从 abc 降到 def。如果废弃物产生者削减污染源而使用更少的垃圾填埋，则对土地市场限制的最终结果由于外部成本的减少而得到改进。但如果废弃物产生者并没有削减废弃物产量，那么，土地处置的减少必须使用可替代的废物管理，如焚烧。焚烧使用量增加，边际社会收益(MSB)曲线向右移动，均衡产量水平从 I_0 上升到 I_1。结果外部成本也从 ghi 升至 ghk。只要垃圾填埋市场外部成本的降低超过焚烧市场外部成本的增加，土地限制就减少社会外部成本。显然，关键问题是土地限制决定对污染物削减的效果难以估量(因为影响因素很多)。即使如此，1985 年美国国会预算局根据土地限制前后情况的总体评价表明，土地市场的限制加上其他充足的经济手段的使用，即使考虑生产水平提高而产生的废弃物增长，废弃物产生量估计在 1983～1990 年减少 14%。

除上述几种方法外，疾病成本法(cost of illness approach)也是常用的方法。疾病成本法主要用于各种生态环境质量变化对人体健康所造成的影响评价。疾病成本法在可以明确健康和个体污染物之间的剂量反应关系的基础上才能使用，否则由于存在整体-部分误差，就会导致评估结果被高估。

3.3 计算案例分析——以北京市为例

截至 2016 年底，北京市已有常住人口 2172.9 万人，再加上规模庞大的流动人口，资源的消耗和垃圾的产出增加迅速。据北京市城市管理委员会统计，北京市目前日均生活垃圾清运量为 2.17 万吨，主要靠垃圾处理设施满负荷运行维持。根据垃圾产生源的不同，北京市城市垃圾主要分为居民生活垃圾、街道保洁垃圾和集团垃圾三大类。为了实现生活垃圾日产日清，北京市近年加快资源化垃圾处理设施建设，随着 2016 年多处垃圾处理设施投入运行，生活垃圾处理能力将新增 5350 吨/日，焚烧、生化等处理能力将达到 1.52 万吨/日，资源化方式处理比例达到近 70%。预计"十三五"末，生活垃圾处理能力将达到 3 万吨/日，基本实现原生生活垃圾零填埋[①]。在垃圾实际处理过程中，由于填埋场接纳的垃圾数量具有一定的机动性，上述数据只是正常情况下的数据。

从目前北京市的环境卫生发展态势和规划来看，大力发展垃圾焚烧的综合利用(以垃圾焚烧发电为主)，减少垃圾填埋的数量，实现资源的综合利用成为未来垃圾处理的主要发展趋势。2012～2017 年，北京市新建成四座生活垃圾焚烧厂，焚烧能力由 2200 吨/日增加到 9800 吨/日。而北京市垃圾焚烧现阶段以"无害化"和"热回收"为主，其中"无害化"目标已基本实现，正在通过加快焚烧厂建设逐步实现"热回收"目标[②]。截至 2014 年，北京有大型综合垃圾焚烧厂三座，处理规模为 5200 吨/日。根据垃圾焚烧处置能力、建成时间和覆盖范围，本书以高安屯垃圾焚烧发电厂为主进行环境经济效益的比较。

① 郝羿.北京市过去五年新建 4 座生活垃圾焚烧厂,焚烧能力增加近 4 倍. http://bj.people.com.cn/n2/2017/0605/c82840-30277375.html.
② 北京加快资源化垃圾处理设施建设.[EB/OL]http://news.hexun.com/2016-06-26/184597039.html.

3.3.1 不同种处理方式的环境经济效益对比

垃圾处理的三种方式各有优势。但无论采取哪一种处理方式，其本质都是将垃圾对环境的影响降低到最低。判断哪一种处理方式具有更好的环境和经济效益，需要通过计算和比较来确定。现根据北京市城市生活垃圾处理系统建设规划，参照国内已建的同类垃圾处理设施的投资水平，结合北京市的实际情况对北京市垃圾处理设施的环境-经济效益进行计算对比。

北京市作为国家首都和国家政治、经济、文化的中心，其垃圾焚烧厂必须达到较高的环保水平。同时，根据国家发展再生能源的政策，垃圾焚烧厂不仅承担垃圾处理的任务，还应该综合利用，以减少能源浪费，减少最终的垃圾填埋量，达到既节约资源，又保护环境的目的。参照原建设部 2010 年新修订的《城市生活垃圾焚烧处理工程项目建设标准》第四十九条规定，类比国内已建相似规模垃圾焚烧厂，引进关键设备的垃圾焚烧厂单位投资为 40 万~50 万元/吨，全部国产化设备的垃圾焚烧厂单位投资约在 30 万~40 万元/吨。根据上海市和天津市两个垃圾焚烧发电厂的调研分析，国内很多关键设备都需要引进国外的资源，因此按照最高标准单位日处理能力投资 50 万元/吨计算[①]。

北京市早期为配合 2008 年奥运会，几座大型的垃圾焚烧发电厂逐步投入建设，包括南宫垃圾焚烧厂、海淀垃圾焚烧厂、高安屯垃圾焚烧厂等。按照北京市环境卫生发展规划，北京市生活垃圾产生量中的 53.33 万吨送高安屯垃圾焚烧厂，剩余的部分送入其他焚烧厂。高安屯上网电价较高(约 0.75 元/kW·h)，垃圾补贴费拟定为 95 元/吨，全年需垃圾补贴费为 5067 万元；其余新建垃圾焚烧厂预计垃圾补贴费用为 128.90 元/吨，全年需垃圾补贴费用 22342 万元。由此政府每年需要补贴垃圾焚烧厂的处理费用共计 27409 万元，按照 226.66 万吨的垃圾处理量，每焚烧一吨垃圾，政府需要补贴 121 元的处理费用。

参照原建设部 2009 年新修订的《城市生活垃圾填埋处理工程项目建设标准》(建标 124-2009)第六十条规定，类比国内已建相似规模垃圾填埋场和现有垃圾填埋场的建设和运行成本，填埋场的投资成本按照 25 元/吨计算，生产成本为 45 元/吨，垃圾补贴费为 70.6 元/吨，政府每年需要支出 10979.9 万元用于垃圾填埋费用。此外，北京市目前所有的垃圾填埋场主要是消纳每日产生的各种垃圾，除了极少部分的废品回收外(进入垃圾填埋场的垃圾中许多有用的成分基本在运入之前已经被 "拾荒者" 捡走)[②]，没有进行其他的物资或者能量回收。其运行费用主要依靠政府的补贴。

参照原建设部和原国家计委于 2001 年发布的《城市生活垃圾堆肥处理工程项目建设标准》第五十三条规定，根据北京市南宫垃圾堆肥厂处理的垃圾量 400 吨/日计算，每处理一吨垃圾的直接成本为 176.1 元，北京市一年需要为 400 吨/日的垃圾堆肥处理补贴 2571 万元，年运行费用共计 5309.9 万元(包括为堆肥厂服务的马家楼和小武基两个筛分

[①] 但近年来，为争夺项目，行业内公司投标报价甚至呈现崖式下跌：2015 年 8 月绿色动力以 26.8 元/吨中标蚌埠项目，2015 年 10 月天津泰达以 26.5 元/吨中标高邮项目，2015 年 12 月重庆三峰以 18 元/吨中标绍兴项目。一些研究者认为这种过低的报价成本都难以维持。

[②] 依赖于垃圾大军的回收，我国最后进入垃圾末端处置的可回收利用物不足 10%。这也是部分研究者反对在现阶段过度强调垃圾分类的原因，认为这种全民垃圾分类成本过高。进入末端焚烧处置的垃圾更应该强调干湿分类，而不是垃圾分类。

转运站的总运行费用)。根据目前对南宫垃圾堆肥厂的肥料销路来看都不是很理想,这一方面是堆肥厂的肥料由于质量原因,多只能用于园林、苗圃,仅北京市每年用于园林绿化的用肥也是一个相当惊人的数据。如果政府能够给予一定的政策支持,同时提供合理的平台,对堆肥厂的运转以及减少政府财政补贴方面会产生良好的效果。另一方面,采用更为先进的技术提高肥料的质量也相当关键。

3.3.2　计算过程

垃圾焚烧处理厂的建立,根本作用在于提供环境服务,由此产生的经济收益并不是采用焚烧发电的最终目的。所以在分析焚烧发电厂的效益时,最重要的是计算产生的环境效益。环境经济效益分析是建设项目环境影响评价的一个重要组成部分,它是综合评价判断建设项目的环保投资是否能够补偿或多大程度上补偿了由此可能造成的环境损失的重要依据。环境经济损益分析与工程经济分析不同,除了需计算用于治理、控制污染所需的投资和费用外,还要核算可能收到的环境经济效益、社会环境效益和环境污染损失。

● 环境年净效益

环境年净效益是指扣除环境费用和污染损失后的剩余环境效益。

环境年净效益＝环境效益指标－环境费用指标－污染损失指标。若年净效益大于或等于0,表明社会环境经济效益大于环境损失,该项目的环保方案是可行的;若年净效益小于0,环保方案是不可行的。

● 环境效益与污染控制费用比(环境效费比)

环境效费比=环境效益指标/环境费用指标。一般认为环境效费比值大于或等于1时,该建设项目得到的社会环境效益大于建设项目环保支出费用,项目投资在环境经济上是合理的;环境效益费用比值小于1时,则说明该建设项目投资在环境经济上是不可取的。

(1)垃圾焚烧厂产生的直接经济效益主要包括(不考虑政府的补贴):①垃圾焚烧热能利用的经济效益,建设项目利用垃圾焚烧产生的热值发电。年发电量除本厂自用外,多余部分向市网供电,以每度电现值计算直接经济效益的价值。②垃圾中资源回收利用的经济效益。项目已经考虑筛选可回收利用的垃圾组分,每年可从垃圾中回收的可利用物质经济价值按照废品回收市场价格计算。

(2)间接环境经济效益。垃圾焚烧厂产生的间接环境经济效益主要包括:①节省垃圾填埋占地面积的经济效益。垃圾焚烧处理使城市生活垃圾减量化,减容量约为80%,由此可减少垃圾填埋的占地面积。以滩涂或农田的土地使用费计算每年节省垃圾填埋占地面积的经济价值。②节省生活垃圾填埋处置运输费的经济效益。按垃圾焚烧减量80%计,每年可节省城市生活垃圾卫生填埋处置运行费用的价值。

根据北京市环境设施发展的规划,对于堆肥厂不再扩大,仍然以发展现有的南宫垃圾堆肥厂为主,由前面的分析结果,维持北京市城八区400吨/日的堆肥能力,年运行费用为5309.9万元。规划认为,如果取消南宫堆肥厂,并将马家楼和小武基两个筛分转运站改造成为压缩转运站,一年的运行费用可以降为3870.7万元(其中原采用堆肥处置装置的垃圾改为焚烧处置需要1881.9万元,转运站由筛分转运站改造成压缩转运站后运营费用需要1988.8万元),相差1439.2万元,故认为堆肥厂的建设和发展是不合理的。由于堆肥厂不是主要发展的目标，故在以下的分析中，仅计算了焚烧发电厂和填埋场的环境经济效益的对比分析，具体结果见表 3-6～表 3-8。

表 3-6   高安屯垃圾焚烧发电厂年环境经济效益

项目	经济效益(万元/年)
热能发电量	13500.00
节省土地使用费	3476.40
节省垃圾填埋费	3270.40
环境效益	20246.40

注：1. 垃圾填埋费的计算按照北京市环境卫生规划纲要，每吨垃圾的处理成本约为 70 元/吨。2. 以上的成本计算都不包括收集成本和转运成本。3. 土地面积按照同样处理能力的填埋场对比计算。

资料来源：北京市环卫局统计资料，《中国统计年鉴》(2017)，实地调查资料。

表 3-7   高安屯垃圾焚烧发电厂年环境经济指标

项目	金额(万元/年)
环境效益	20246.40
环境费用	10277.80
年净效益	9968.60

表 3-8   同样处理能力垃圾填埋场年环境经济指标

项目	金额(万元/年)
环境效益	5524.05
环境费用	4093.84
年净效益	1430.22

注：1. 计算过程中对垃圾填埋场的物资回收收入忽略不计。2. 对农民的损失未考虑到农产品价格的波动问题，以调查时的数据为计算依据，但数据是否具有普遍性还需要进一步商榷。3. 具体计算时根据处理能力大小和处理目标，选取了北京市海淀区六里屯垃圾填埋场的部分数据进行对比测算。4. 以上的成本计算不包括收集和运输成本。5. 未考虑封场费用支出。

高安屯垃圾焚烧发电厂项目总占地面积为 4.7 万平方米，总投资 7.5 亿元，日处理垃圾量为 1600 吨，年发电量 2.25 亿度。其余指标依据以下北京市垃圾焚烧发电厂的投资模式测算方式计算，上网电价根据规划为 0.75kW·h。

--新建规模：1600 吨/日

--年焚烧发电量：53.33 万吨(本测算按照 8000 使用小时计算)

--单位日处理能力投资：本测算按照 50 万元/(吨·日)计算

--生产能力利用率：本测算运营期第一年按 70%计算，以后各年按 100%计算

--垃圾焚烧设计热值：本测算取 6270kJ/kg

--发电量：本测算取 400kW·h/t(1500kcal/kg 热值垃圾)

--年运行小时数：7200～8000 小时(引进设备)

--上网电价： 0.75 元

--厂自用电率：20%

--售电增值税率：17%，但根据《关于部分资源综合利用及其他产品增值税政策问题的通知》（财税〔2001〕198号），对利用城市生活垃圾生产的电力实行增值税即征即退的政策，在计算收益时按照即征即退考虑

--营业税税率：0%

--所得税税率：33%，但根据财政部、国家税务总局《关于企业所得税若干优惠政策的通知》（财税〔1994〕001号），企业在利用废气、废水、废渣等废弃物为主要原料进行生产的，可在五年内减征或者免征所得税，在计算收益时按照五年内免征所得税计算

--提取法定盈余公积金：10%

--提取公益金：5%

--国内长期还贷利率：5.76%

--还款方式：采用项目最大偿还能力方式

--流动资金贷款利率：5.31%

--项目资本金：根据原国家计委、科技部《关于进一步支持再生能源发展有关问题的通知》（计基础〔1999〕44号），资本金不低于项目总投资的35%；根据原国家计委、建设部、国家环保局《关于印发推进城市污水、垃圾处理产业化发展意见的通知》（计投资〔2002〕1591号），资本金不低于项目总投资的20%。计算是暂时按照35%考虑

--建设期：3年

--生产经营期：20年

--折旧年限：20年（参照发电及供热设备折旧年限）

--固定资产残值：4%

--单位经营成本：按照《城市生活垃圾焚烧处理工程项目建设标准》规定的90元/吨+40元/吨（每焚烧一吨垃圾产生的飞灰处置费用）=130元/吨。其中飞灰产生量按照焚烧垃圾量的4%考虑，每吨飞灰处置费用按照1000元考虑

--资本回报率：按照7%计算

--垃圾补贴费：不考虑垃圾收费情况下根据测算确定

由于高温焚烧是在用地紧张、资金雄厚、垃圾热值高的情况下采用的垃圾处理对策，焚烧能够实现减量化，所以为世界上很多城市所运用。但是垃圾焚烧产生的有毒气体较多，如二噁英。二噁英是一类多氯代三环芳香化合物，根据其分子中氯原子的不同取代位置和数目，能产生209种异构体。这些化合物大部分具有强烈致癌、致畸、致突变的特点。二噁英由于其来源广泛、毒性强，已被世界各国公认为是对人类健康具有极大潜在危害的全球性散布的重要有机污染物。

综上所述，以焚烧垃圾可能导致疾病而花费的医疗支出来估测外部成本。根据北京市近几年统计资料，因为癌症而导致死亡的比例平均每年为2.71±2.99（0～64岁，每个人累积死亡率）（宋国君，2015）。国外垃圾焚烧企业需要达到的环保标准远高于国内，如果EPA1994年所做的评价准确的话，北京市每年死于癌症的人中至少有15人是由垃圾焚烧产生的有毒气体而引起的。肿瘤治疗的平均费用大约为$5×10^4$元，由此得到总外部成本为$75×10^4$元。到2007年北京市大约有226.66万吨的垃圾采用焚烧处理，从而推算出平均每吨垃圾焚烧的外部成本为0.33元/吨，加上垃圾焚烧厂处理单位垃圾的平均成本130元/

吨，总社会成本为 130.33 元。

不考虑垃圾焚烧的政府补贴，北京市高安屯垃圾焚烧发电厂能实现环境经济年净效益
9968.60 万元/年。此外，根据对北京市高安屯垃圾焚烧发电厂对大气、地面水、地下水、
噪声等方面的环境影响报告分析，较之现有的垃圾处理场的排放强度都有减小。

根据北京市环境卫生规划测算指标，建立同样处理能力的垃圾填埋场的费用计算
如下：

--新建设规模：1600 吨/日

--单位库容投资：25 元/m³ 库容（按照 10 年填埋库容计算）

--资本收益率：按照 7%计算

--生产能力利用率：100%

--营业税税率：0%

--所得税税率：33%，但根据财政部、国家税务总局《关于企业所得税若干优惠政策
的通知》（财税〔1994〕001 号），企业在利用废气、废水、废渣等废弃物为主要原料进行
生产的，可在五年内减征或者免征所得税，在计算收益时按照五年内免征所得税计算

--提取法定盈余公积金：10%

--提取公益金：5%

--国内长期还贷利率：5.76%

--还款方式：采用项目最大偿还能力方式

--流动资金贷款利率：5.31%

--项目资本金：根据原国家计委、科技部《关于进一步支持再生能源发展有关问题的
通知》（计基础〔1999〕44 号），资本金不低于项目总投资的 35%；根据原国家计委、建
设部、国家环保局《关于印发推进城市污水、垃圾处理产业化发展意见的通知》（计投资
〔2002〕1591 号），资本金不低于项目总投资的 20%；计算是暂时按照 30%考虑

--单位经营成本：按照《城市生活垃圾填埋处理工程项目建设标准》规定取 45 元/吨

--建设期：2 年

--生产经营期：10 年

--折旧年限：10 年

--垃圾补贴费：不考虑垃圾收费情况，为 94.59 元/吨

卫生填埋的优点在于造价远低于焚烧，缺点是占用大量的土地资源，使用过后的土地
难以再作为农业生产用地。在对比分析中，根据北京市安定填埋场所产生的外部费用为计
算基础进行计算。安定填埋场产生的主要外部影响是北京春天的大风卷起填埋场里的垃圾
及覆土，影响了附近农民栽植的桃树产量。填埋场产生的外部费用可以用桃农的经济损失
来估量。据调查，2009 年填埋场附近大约有 3.33 公顷（1 公顷=10000 平方米）的桃园受到
影响，根据当年鲜桃价格计算，平均每公顷林地因此遭受的经济损失大约为 7500 元，则
整个外部费用为 2.5×10⁴ 元，除以填埋场每年的垃圾填埋量得出单位垃圾的外部成本为
0.097 元/吨。根据前面测算，卫生填埋场处理单位垃圾的成本约为 70 元/吨，则垃圾填埋
处理的社会成本约为 70.1 元/吨。

通过比较分析，同等规模的垃圾焚烧发电厂，在不计算政府财政补贴的情况下即可实

现 9968.60 万元/年的环境经济净效益,而填埋场则为 1430.22 万元/年。尽管政府给予垃圾填埋的补贴(新建的垃圾填埋场补贴为 94.59 元/吨,已有的按照合同价为 46.2 元)较之焚烧发电厂低(焚烧发电厂政府给予平均 121 元/吨的垃圾处理补贴费),但根据计算结果,补贴额相差不是很大。此外,垃圾焚烧发电厂还可以通过垃圾发电获得一部分收入。同样处理能力的垃圾焚烧厂所需要的土地资源仅为垃圾填埋场的 1/10,对北京市这种特大型城市而言,土地资源缺乏,仅垃圾焚烧每年节约的土地占用费就相当惊人。由于填埋对地下水、土壤的危害较大,填埋后封闭的场地通常用途很少。目前对封场后的垃圾填埋场比较广泛的是通过大量植树种草,一方面改变原有的生态环境,另一方面可作为公园景观供人休闲,这种后续处理同样需要大量的资金支持才能完成。对于北京市来说,许多垃圾填埋场都在城市周边,随着北京市城市规模的不断扩张,使用垃圾填埋作为垃圾处理的主要方式是否合理值得进一步考虑。但同时,垃圾焚烧需要大量的财政支撑,前期投资也很大。大型垃圾焚烧厂建设周期长,从项目立项到投产一般需要三年左右的时间,为保证北京市生活垃圾无害化处理系统在"十三五"末基本建设完成,北京市必须在 2017 年尽快开工建设几座大型的垃圾焚烧厂。而采用内资 BOT 模式前期工作时间较长(大约需要 67~73 周),如果考虑到时间紧迫的因素,北京市的垃圾焚烧厂不能完全采用内资 BOT 模式进行建设。另外,焚烧厂投资较大,只有资金雄厚的企业才能胜任,完全寄希望于社会投资,有可能存在因投资者缺位产生难以按照规划时间建成规划项目的风险。为解决时间紧迫的难题,还应考虑政府投资建设的方案。如何协调政府和投资企业的利益关系,吸引更多的社会资本进入垃圾处理领域,同时在目前政府的财力状况下,协调好垃圾填埋、垃圾焚烧处理垃圾的比例问题,是目前政府需要解决的难题。

3.4 结果分析

尽管有许多方法对不同垃圾处置方式的环境影响效益进行研究、比较,但仍有一定困难。例如,填埋场或者焚烧厂的舒适性损失费用,很难用货币值来衡量,而更大的不确定性发生在填埋场的生物降解过程,以及污染物(如渗沥液)进入周围地区的地表水和地下水而带来的环境影响等。英国环境部在 1993 年计算了不同垃圾处理手段对于空气污染以及相关的非舒适性影响。研究结果表明,有能量回收的填埋场每吨垃圾的外部费用是 1~2英磅,没有能量回收的填埋场每吨垃圾的外部费用是 3.5~4.2 英镑,而新的焚烧装置的净外部效益是每吨 2~4 英镑。并且随着垃圾处理环境标准越来越严格,垃圾处理的外部费用将越来越低。根据美国七个州垃圾焚烧发电厂收集的数据,使用疾病成本法对垃圾焚烧产生的环境影响进行货币估算。结果表明,在目前技术条件下,从长期来看,垃圾焚烧所产生的外部性影响小于填埋,环境和经济效益也大于填埋处理(Taddei et al., 2015)。此外,尽管垃圾焚烧投资巨大,但垃圾焚烧发电的收入和政府通过垃圾处理费的收取提供的补贴足以满足日常的运营,其收益率也超过预期的平均收益率(Liu et al., 2015)。英国的 Gary Gallon 以 1999 年(某个城市)的房地产价格为研究的数据基础,利用内涵资产定价法(hedonics property pricing)进行了分析计算,认为垃圾焚烧能更大限度地节约资源,减少对环境的影响,成本远低于填埋费用(Gunvor et al., 2015)。Nicholas 在论述废弃物焚烧技术的基础上，针对纽约的废弃物处置，从废气到有害物质的排放、灰渣的利用和处理、土地的使用以及废水的处理等方面分析了焚烧和填埋——如果纽约的可燃废弃物全部用来焚烧发电，每年可以节省开采大量的天然煤矿。烟气处理技术的发展已经使得废弃物焚烧厂排放的有害物质浓度达到非常低的水平（Gunvor et al.，2015）。与焚烧相比，废弃物填埋后产生甲烷气体，据国内的试验和预测，每吨废弃物约有 $50m^3$ 的甲烷得到回收利用，但其热利用率仅约为废弃物焚烧的 17%。而根据 Toronto 的环境顾问 John Chandler 的分析，只有每天焚烧 1500 吨的垃圾，才能在处理效果和经济效益上和填埋场平等竞争，而且由于二次污染的存在，没有谁愿意将焚烧厂建在自己的社区里（Chen and Christensen，2010）。美国纽约每年收集的废弃物约为 410 万吨，其中 16.6%回收利用，12.4%焚化处理，剩余的 71%直接填埋。Themelis 等（2004）针对填埋和焚烧利用生命周期法[①]进行评估，得出以下结论：①废弃物作为资源直接回收利用优于焚烧和填埋处理。②焚烧优于填埋，而且处理一吨废弃物焚烧比填埋可以少用 28kJ 的能源。③除二氧化碳外，就排放的 10 种主要的污染物质而言，焚烧比填埋排放得少。但是如果考虑焚烧所排放的二氧化碳是因为发电，应该把这部分二氧化碳视为降低温室效应的减排效果。

因此，废弃物的处理的最好方式是回收利用。但是，废弃物中至少有 60%是不可以回收利用的。这部分不可回收利用的废弃物，不管从经济上还是环保上的观点来看，能源回收性的废弃物焚烧发电优于填埋。

以上分析方法得到的结论不尽相同，但是进行不同处置方式的对比是非常重要的。在许多情况下，以上的分析和评价方法能够为选择不同处理方式提供更加准确的估计，因而可以对不同处理方式做出更加准确和公平的鉴定，即使环境分析不能完全囊括所有的环境影响。

尽管对各种处理方式有不同的评价结果，但是根据目前国外垃圾处理技术和处理方式的思想演变仍然可以做一个初步判断：垃圾填埋作为一项常规的处理方式将会继续存在，但是随着许多发达国家承担着越来越重的温室气体减排任务，加之各种资源（如土地、能源等）的稀缺，垃圾填埋是否仍然需要在今后作为主要的处理方式还值得商榷，特别是对于一些资源稀缺、人口密集的国家。垃圾堆肥由于普遍存在肥效不高、肥料适用范围较小的问题，一直没有成为垃圾处理方式的主流。垃圾焚烧作为许多国家正在大力推行的处理方式，不仅可以节约大量的土地资源，同时实现能源（如电能、热能）的回收再利用，在各国越来越严格的环境标准之下，以及对尾气处理技术不断提高的情况下，通常垃圾焚烧产生的环境效益超过其本身确定的垃圾减量化、无害化和资源化的目标，具有很好的发展前景。从目前国内外发展的趋势来看，无论是从环境效益还是经济效益来说，垃圾焚烧综合利用被认为是一种比较合理的处理处置方法。垃圾焚烧被广泛地运用于许多能源紧张的国

---

① 生命周期评价是一种连续性的集成预防策略，通过改变产品、过程和服务以提高效率，从而达到改善环境性能和降低成本的目的。它既是一种面向产品、工艺过程以及服务集成的预防策略；又是一个目标，规定了工业行为和人类行动应达到的经济与环境要求。其最终目的是以可持续的方式来满足人类对产品的需求，即在维持可持续发展的前提下提高资源和能源的利用率。但不论哪种定义都承认该方法是一种全过程的评价，是一种从"摇篮到坟墓"的分析方法。尽管生命周期评价在环境领域运用得非常广泛，但是该方法最主要的困难是缺乏有效的生命周期评价数据库，从而导致清单分析中数据来源的匮乏。许多时候采用理论数据作为清单分析的数据来源会造成和实际结果的不符。其次是影响评价步骤中，对各影响因素的相对重要性的评价具有很强的主观性，目前仍没有更好的解决办法，许多情况下多采取比较通用的专家评分法。

家,如日本(生活垃圾焚烧率最高)是一个能源匮乏的国家,能源需要进口并且家庭和企业电价很高。丹麦已经禁止核能发电,发展可更新的能源产品和带能源回收的废弃物焚烧。美国和加拿大(废弃物焚烧率都很低)能源丰富,并且这些国家能源非常便宜(电价是日本的三分之一或者四分之一)。即使如此,美国许多州近年来许多填埋场到了使用年限,也逐渐把发展垃圾焚烧放在未来发展的重要位置。也有一些与上述相关关系不符的例子,比如在挪威,能源丰富但废弃物焚烧比例很高;法国核能发电率很高,电价更低,但是废弃物焚烧处理率较高(Ljunggren,2000)。焚烧法已经成为许多国家目前及未来计划中首选的处理方式。如欧盟已经有了明确的废弃物处理方针,即禁止废弃物直接填埋,填埋之前必须进行有效的前处理(包括破碎分拣、焚烧、热解和气化、发酵堆肥等)。

综上分析,近 30 年来,各国对垃圾处置方式的分析比较和选择有了较大变动,垃圾处理方式和处理思想都经历了一系列的变化:从注重垃圾处理的减量化到注重垃圾处理的资源化,垃圾处置实践随着技术条件和各国相应政策的改变而动态调整。垃圾处置技术的发展推动了垃圾处理水平的提高,资源的日益稀缺逐渐改变着人们对传统垃圾处理方式的认识和垃圾处理方式的调整,寻求新的垃圾处理方式成为各国垃圾可持续管理的核心内容。而选择垃圾处理的资源化处理成为许多垃圾末端处理"三化"原则的首要原则,即通过各种合理的方式促使垃圾资源和能量回收,同时减少垃圾的最终填埋数量。也就是说,不管是哪一种方式,都应该积极推广资源回收利用。

3.5 垃圾焚烧在我国实施的可行性

本章对不同垃圾处置方式的环境影响效益的分析对比,旨在说明垃圾焚烧在我国发展的必要性及可行性。

第一,考虑到我国目前垃圾无害化处理水平低以及垃圾数量随着人口增加、经济水平提高而持续增长的现状,我国垃圾污染对环境影响不容忽视,从这一点讲,实行垃圾焚烧对于我国具有显著的环境效益。本章分析了各国对垃圾处理方式的主要环境影响和经济损益,虽然没有统一和权威的分析结果,但是许多研究者认为垃圾焚烧较其他处理技术能实现很好的环境影响效益,垃圾焚烧是一项能同时较好地实现垃圾减量化、资源化和无害化目标的处理方式。同时总结了几种可以应用于垃圾处置方式环境影响评价的常用方法,为我国垃圾处置方式的环境影响损益的量化估计,进而准确判断垃圾焚烧处置的环境影响提供分析方法。

第二,不管哪一种处理方式,必须考虑环境和经济因素,然后是其他因素。

总体来说,一个国家或者地区选择何种废弃物处理方式与人口密度、经济发展以及能源政策等有关。废弃物处理方法的选择一般考虑如下因素:①废弃物的产量和成分以及分类排放的程度;②回收物质和堆肥的市场价格及其需求;③取得新填埋场用地的可行性;④新处理技术的可行性,处理费用及其发展方向;⑤环保目标和制约条件,如排放标准;⑥电力和地区冷暖气的价格及其需求;⑦辅助燃料(石油,电)的价格及其可行性。

其中,前五项因素被认为和环保标准、地区特性、技术发展水平密切相关,而后两项条件与国家政策有关。不论投资、成本还是管理要求,卫生填埋都是最容易实现的。但是,如果考虑选址的困难(没有机会或机会成本太高),单位投资的降低因素和电力、堆肥市场的收益等因素,其他技术也可能更适合某些城市。

总之,通过本章的分析可以看出,垃圾焚烧具有良好的环境效益和经济效益。特别是对我国一些经济发达、人口密集、资源稀缺的城市和地区,无论从降低资源耗竭、提高垃圾处理的效果还是增加资源回收方面进行权衡,垃圾焚烧都具有优势,因此有必要在我国一些条件比较成熟的地区发展垃圾焚烧。但是从对垃圾焚烧资源化实现的条件分析,垃圾焚烧通常前期投资较大,管理水平要求较高,焚烧发电产生的电能成本超过常规的火力发电,剩下的废渣仍然要运往垃圾填埋场填埋。所以垃圾焚烧实现垃圾资源化利用不是无限制的,问题的关键是如何确定这个限度。在我国现有的技术和经济条件下,寻求更好地实现垃圾焚烧资源化、减量化和无害化处理效果的途径,是本书所讨论的核心问题。为了解决上述问题,需要首先判断垃圾焚烧如何才能最具环境影响效益,采取何种政策促使我国垃圾焚烧实现这种环境影响效益,本书将在后几章进行分析。

专栏 3-3　七步选择垃圾处理方式

第一步: 确定城市废物流——目的是为了决定适合本地垃圾处理目标的可行性方案

第二步: 评估现有处置方式的处理能力——目的是决定以后需要发展的处理方式。

评价指标有: ●使用率(处理数量超过处理能力将会减少处理设施的使用寿命)

●使用时长(减少每天或者每周额定使用时间有利于延长使用寿命)

●州或者联邦政府相关的许可、指令和环境控制标准

●限制需要处理的垃圾类型。特别是庭院垃圾、建筑垃圾等体积和重量过大的垃圾种类。

●当地的政策

●操作费用(一些地方政府可能基于节约资金的考虑会在某个处理设施达到使用年限前就将其关闭)

第三步: 形成评价标准——通过组织专家咨询团帮助确定选择处理方式需要确定的主要因子。

主要包括: 成本效率、时间进展、可靠性、环境影响、可适应性、资金需求、社区的收集和运输系统、适应管理规章制度的能力、当地的基本条件、公众可接受程度以及地质条件等。

第四步: 不同处置方式的选择——主要是根据以上的评价指标进行选择分析每一种处理方法适合当地的处置需求的条件。

第五步: 地点的选择——必须同时满足地质条件、州和联邦政府的要求标准、环境危害最小的原则、考虑当地的文化和历史条件以及公众可接受性。选择的内容包括对

备选地区的评价、所需面积最小、是否建在或者靠近机场、洪水区、湿地或者地震区范围等。

第六步：资金来源分析——整体费用和是否能得到足够的资金支持通常是决定性的因素。一个最好的选择通常是以环境适应性、环境成本、金融和相应的设备支出的分析为基础。

第七步：选择处理方式——以上的分析和比较结束后，就需要进行相应的选择。决定一项处理方式是否进行通常由公民做最后的决议。

资料来源：Stinnett(1996)。

3.6 本章小结

本章概要地分析了目前不同的生活垃圾处理处置效果的环境影响比较，主要利用成本-效率分析的方法，提出：①现有垃圾处理技术的原理、操作方式和特点虽然差别很大，但就技术本身而言，只有因前提条件的差异而导致适用范围的不同，并无绝对意义上的技术优劣之分。②尽管垃圾填埋会在相当长的一段时间内继续存在，但是未来垃圾处理的发展趋势应该是向着资源化和能源化处置的方向发展，同时实现垃圾处理的减量化和无害化。③从社会、经济、环境等各项条件分析，垃圾焚烧在我国具有存在和发展的巨大空间和前途。

4 发达国家生活垃圾焚烧处理的环境经济政策分析

受经济发展水平、能源结构、自然条件及传统习惯等因素的影响,国外对生活垃圾的处理一般因国情而不同,即使一个国家不同地区也可能采用不同的处理方式,很难有统一的模式,但都是以减量化、资源化、无害化为最终处理目标。

为了解决生活垃圾问题,各国政府制定了各种政策、法规,以加强生活垃圾的管理。环保科技水平的提高为垃圾的多样化处理提供了可能性,引导政策的方向也随之改变,从最初的无害化处理逐渐过渡到更注重减量化、资源化处理。尤其是在世界能源危机爆发和自然资源日益稀缺的情况下,人们从被动消极地处理生活垃圾转变成积极减少垃圾的产生量,并从这种 "离位资源"上获取物质和能量。

从国外垃圾的处理等级看,多是源削减—再利用—末端处理;从应用技术看,国外主要有填埋、焚烧、堆肥、综合利用等方式,机械化程度较高,且形成系统及成套设备。目前西方国家的垃圾处理存在以下趋势:①工业发达国家由于能源、土地资源日益紧张,焚烧处理比例逐渐增多;②填埋法作为垃圾的最终处置手段一直占有较大比例;③其他一些新技术,如热解法、填海、堆山造景等技术,正不断取得进展。

许多国家认为在目前大量生产、大量消费、大量废弃的形势下,为了高效利用紧张的国土资源,焚烧后填埋的处理方法应该成为垃圾处理的首选方式。目前垃圾焚烧运用较为广泛的国家有日本、法国、德国等。日本是焚烧比例最高的国家(张瑞娜等,2012),已经达到80%;法国和德国的垃圾焚烧比例20世纪末也分别达到38%和37%,这个比例还在提高。

垃圾焚烧作为发达国家垃圾处理处的有效手段之一,经过几十年的探索和发展,积累了丰富的经验和成果。我国通过学习和借鉴发达国家的有关管理经验,从中获得对垃圾焚烧管理的有益经验,促进生活垃圾处理的发展。

4.1 德国垃圾焚烧处理的环境经济政策分析

在工业发达国家中,德国的人均垃圾产生量比较低,但由于德国国内可供填埋的垃圾场已近于穷尽,邻国又开始拒绝德国的垃圾输出,寻求合理的垃圾处理方式成为德国政府的重要课题。

德国政府从20世纪60年代初开始以立法的形式来解决垃圾处理问题。在制订全面的垃圾管理法律的基础上,实现了从垃圾产生的源头削减到垃圾最终处理的减量化,减少垃圾对环境的危害。垃圾焚烧作为实现垃圾减量化、资源化、无害化目标的主要处理手段,在德国已经有近40年的发展历史,积累了丰富的技术经验、管理经验,并有较完善的法律法规和环境经济政策。

4.1.1 垃圾焚烧处理现状

德国制定的发展目标为：①全面执行垃圾利用和处理方案，并遵守相关的环保法；②全部垃圾在国内处理；③通过"避免垃圾""物资回收利用"及"制堆肥"三项措施，将垃圾的原始容量减少一半，剩余的一半全部焚烧(张文阳，2014)。

专栏 4-1 德国 Aachen 市的 Weisweiler 垃圾焚烧厂

Weisweiler 垃圾焚烧厂是德国最现代化的垃圾焚烧厂。该厂安装了 3 台焚烧炉，每台效率 16t/h，生产效率总共可达 48t/h，可处理垃圾 360000t/a(按照 7500h 作业时)。焚烧厂建设投资达 6 亿马克，而每年的运营费用近 1 亿马克，除蒸汽发电能获得一部分收入外，其余资金的缺口都由产生垃圾的居民分担，因此每位居民一年要交 600 马克的垃圾费。垃圾焚烧后减量可达 10% 以下，灰产量为 230kg/t。为了便于垃圾运输，该垃圾焚烧厂建有垃圾运输专线，垃圾可用电气机车从远处运至厂内，利于该填埋场的满负荷运转。

关于在 Aachen 市和郊区建立垃圾焚烧厂进行了长期而激烈的讨论后，任务最终落到了私人业主 Trieneken 公司、Aachen 市和郊区公共废弃物经济公司的肩上，在与 Weisweiler 垃圾焚烧厂和 CO.CK 公司共同经营下完成建设焚烧厂的任务：Aachen 市和郊区公共废弃物经济公司要保证把 Aachen 市和郊区的废弃物都供给该厂，而 Trieneken 公司以等量废物供给外还要扩大设备的负荷。因此，垃圾焚烧经营公司本身是"无封顶"的适应市场需求，这样就可以使设备以经济最优化的运作方法来保证这种合作。

垃圾焚烧厂的功能原则上类似于工业设施的功能：除了能把蒸汽输送到临近的褐煤电厂发电外，焚烧后的残余垃圾可作为原料加工成炉灰和石膏。炉灰运到 Alsdorfwarden 中心填埋场进行精选后，在填埋场复垦时作为矿物支撑层使用，在烟气清洗产生的石膏可以在建筑工业上使用。还需要一定费用对废气进行清洗处理。

资料来源：世界银行报告. 中国循环经济发展政策研究[R]，2007.

据统计，2013 年，德国生活垃圾回收率达 83%，其中的 65% 被循环利用，另外的 18% 通过焚烧回收能源(北京市城市管理委员会赴德国培训团，2016)。在 20 世纪 90 年代初，德国已经拥有 50 余座从垃圾焚烧回收能量的装置以及 10 余座垃圾焚烧发电厂，并且用于热电联产，为城市供暖供热。例如德国柏林市 1999 年的废弃物排出总量为 190 万吨，其中家庭生活垃圾 93 万吨，这 93 万吨中有 63 万吨被再循环，20 万吨被填埋处理，10 万吨被焚烧，人均排出量为 0.88kg/d。焚烧 1 吨家庭垃圾可替代 250 升燃油发电或供热。按计算，一个德国家庭 15% 的用电量可从自家垃圾中获得。目前，德国生活垃圾的平均发热量比维持垃圾自行燃烧所需值高 30%~40%。根据德国环保部统计数据，2013 年，德国产生的生活垃圾总量为 $4.4×10^7$ 吨，工业垃圾为 $5.7×10^7$ 吨，建筑垃圾为 $2.03×10^8$ 吨。共建有 15586 个垃圾处理设施，其中有 167 个垃圾焚烧厂、705 个垃圾能源发电厂、58 个 MBT 工厂、1049 个垃圾分选厂、2462 个生物处理厂、2172 个建筑垃圾处理厂等。由于设施处理能力富余，德国还承担部分英国的垃圾处理，每年为英国处理垃圾 7×10^{13} 吨，并向英国收取一定的垃圾处理费(伍琳英，2017)。鉴于德国对烟气净化实行全世界最严格的标准，因而能够保证垃圾焚烧比填埋更有益于环境(刘国伟，2014)。德国每年产生 4400 万吨家庭生活垃圾，其中 1900 万吨能够得到循环利用，1000 万吨的垃圾被用于焚烧发电，还有约 1500 万吨的垃圾被填埋。垃圾处理率高达 70%。但是在垃圾焚烧处理的总体比例上，德国依旧落后于日本(70%)、瑞士(80%)、瑞典(55%)和法国(38%)，这些国家正努力实现全部垃圾焚烧。表 4-1 为德国垃圾焚烧的基本情况。

表 4-1　德国垃圾焚烧发展情况统计[①]

年份	焚烧设备(套)	垃圾处理量(kt/a)	涉及居民数量(万人)	每套设备年处理垃圾量(kt/a)
1965	7	718	245	103
1970	24	2829	859	118
1975	33	4582	1359	139
1980	42	6343	1773	151
1985	46	7877	2063	171
1990	48	9200	2160	191
1992	50	9500	2210	190
1995	53	10700	2420	202

资料来源：李国建(2007)。

4.1.2　有关垃圾焚烧处理的法规演进

垃圾法的第 1 款——《生活垃圾法》，于 1986 年通过，其宗旨是减少生活垃圾的填埋量。它规定了社会团体法人的垃圾回收利用义务，要求剩余部分的填埋在日后也不得危害环境。该法对此有严格的规定，但未规定具体的做法和措施。按照目前的技术水平，只有热力处理(焚烧、气化和焚烧综合法)才能满足这些要求。因此，各地方主管部门极力推荐向热力处理方式转移。

垃圾法的第 2 款——《特殊垃圾法》，于 1991 年 4 月生效。在传统垃圾堆放中，生物的、化学的及物理的各类垃圾混合堆放，其反应过程如何进行人们知道得很少。据报道，垃圾堆的渍渗水中含有 20000 种有机物，因种类太多而无法评价这些有机物的危害程度。此外还生成甲烷和二氧化碳等严重影响气候的气体和大量其他化学物质，因此特殊垃圾法对化学、物理、生物处理和焚烧、填埋做了严格规定。

垃圾法第 3 款——《新修订生活垃圾法》，于 1993 年 6 月 1 日生效，1993 年 2 月联邦议院修改了 1986 年通过的生活垃圾法。它规定垃圾的可燃物含量小于 10%才准许堆放，

---

① 总体而言，德国生活垃圾焚烧处于世界领先水平。特别是焚烧垃圾处理技术，德国马丁公司、JFE 均是垃圾焚烧界著名的炉排供应商。马丁公司掌握焚烧炉设计和制造核心技术，并对运行的设备提供长期咨询、改造与维护服务，在余热利用、烟气净化等垃圾焚烧方面也有技术优势。除垃圾焚烧，在有机垃圾处理方面也是较强的一个领域。例如，欧绿保公司的第三代生活垃圾处理技术、智康环保公司的二段式固定床沼气工艺。

在填埋前须进行热力处理，填埋后不能产生和释放有毒气体，不得产生有害的渗漏水。经过一个过渡期后，垃圾中的有机物低于5%才允许填埋，且保证固体物质尤其是重金属不被雨水浸出。除规定处理方式外，还规定了社会团体在垃圾处理方面的义务。从而最终确定了垃圾处理的原则框架。

上述三个垃圾处理法律的演进，充分体现了德国垃圾末端处理的思路演变：传统填埋——填埋为主、其他为辅——综合处理(焚烧、热解等)，以焚烧等热处理为主的处理方式正变得越来越重要(刘国伟，2014)。

4.1.3 德国垃圾焚烧的主要环境经济政策

德国有关垃圾的主要环境经济政策包括税收、非税收入[taxes and non-tax levies，主要包括收费以及一些特殊的收费(fees，contributions and special levies)]、财政补贴、生产者责任、押金返还制度等。由于垃圾焚烧是一个处理方法，许多有关垃圾处置的环境经济政策都适用垃圾焚烧。但垃圾焚烧也有自己独特的相关政策。此外，垃圾焚烧作为一种能源的回收利用，还受到整个国家相关的环境、能源等方面政策的影响(图4-1)。

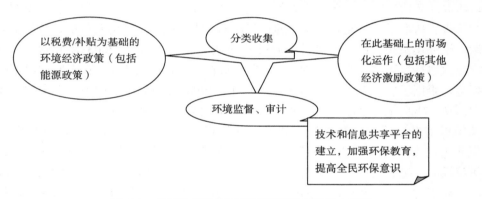

图4-1 德国生活垃圾焚烧环境经济政策基本框架

根据德国对垃圾处理的技术等级，垃圾的分类收集是垃圾焚烧处理的前提和基础。只有在分类收集的基础上，才能确定什么需要回收，什么需要焚烧，最后进入垃圾填埋场。从物资回收的角度来看，首先对垃圾进行分类回收，才能节约资源。从最大限度利用焚烧设备来看，必须以分类回收为基础，才能确定需要焚烧的物质。例如对玻璃制品的处理，玻璃制品必须事先进行回收，一方面可以减少物资浪费，另一方面高温下玻璃制品会发黏而贴在焚烧炉上，减少焚烧炉的使用寿命。因此，为了方便垃圾的处理，生活垃圾的分类收集是十分重要的。

通过合理的分类，垃圾中许多物质都可以重新拆卸、利用，对废弃物回收再利用在一定程度上解决了目前面临的资源严重不足而制约经济进一步发展的问题，也回收了能源。加强废弃物的回收再利用，还因为降低了最终填埋量节约了填埋所需要的土地资源，缓解了城市基础设施建设压力。很大程度上也避免了在垃圾填埋过程中，垃圾中所含有的有毒物质对大气、地下水和土壤的污染问题。同时能够保证需要焚烧和必须焚烧的垃圾种类，避免了一些不能焚烧的垃圾对设备的损害。

1. 环境税收

德国环境政策中以能源税收改革为核心的生态税革新法案是环境税收的典型例子。其主要的目标是减少能源的消耗和环境污染，并且提高就业率。这些收入被用于非工资收入的阶层(即抚恤金或养老金的使用)，以减少劳动成本，从而补偿环境的消耗。

环境税收虽然提高了能源的价格，却以稳健的步伐推动了经济刺激手段在能源领域的应用，如开发现有的潜力以提高能源使用效率，激励开发可再生能源，保存化石资源和非再生能源。德国还通过各种税收优惠政策鼓励垃圾焚烧发电，以促进资源再生利用。

德国的实践经验表明，实施环境税(特别是碳税政策)，尤其是高标准、高强度的收费标准，不仅能够起到开发利用再生能源和清洁能源的作用，还可以促使生产企业采用先进技术，提高技术水平，因而是一种不可或缺的刺激措施。

2. 垃圾收费制度

收费是指对公众设施服务的一种征税，并且这种征税可以分摊给有义务支付的单位或个人，基本目标是为这些公众设施服务筹集资金。收费的标准取决于废弃物的材料、重量以及容积等。基本原则是废弃物耗费的材料越多，收费越高；环境友好的、易再生的材料收费远低于环境负担大的、不易再生的材料(冯慧娟等，2010)。2003 年开始，德国强制对一次性饮料瓶等容器实行押金制，居民在购买饮料时需支付押金，在退回饮料瓶时才可领回押金，否则没收押金。据德国环保部统计，1990～2010 年，德国垃圾中的其他垃圾成分占比从 87%降低到 37%，可见垃圾收费效果明显(娄成武，2016)。

德国以前对采用垃圾焚烧等方式的一些垃圾处理企业的处理方式是将其作为一项公益事业由地方政府进行建设和管理。对垃圾收费不仅是筹集垃圾处理费用的方式之一，也表明垃圾的产生者使用处理垃圾的公共设施，包括垃圾转运站、垃圾填埋场、垃圾焚烧厂等，必须支付相应的费用。例如维尔茨堡市的垃圾焚烧处理厂始建于 1986 年，投资约 5 亿元人民币，日处理垃圾 300 吨，由市政府经营。焚烧厂产生的热量(由于德国实行垃圾分类收集，垃圾热值高，一般在 10000～15000kJ/kg)一部分用于发电，另一部分用于生产热水，进行综合回收利用。每吨垃圾的处理成本折合人民币 700 元，垃圾厂的运行费用主要是靠向社区(指产生垃圾者)收取垃圾处理费，每吨垃圾收费折合人民币 700 元，这样焚烧厂生产时收支平衡，所发的电和产生的热水能有一定的经济效益。由于垃圾厂自身没有经济效益，政府也不靠垃圾厂营利，政府建设垃圾处理厂只是为了实现环境和社会效益。但垃圾焚烧厂投资巨大，不可能一直由政府来投资和经营。1992 年是德国垃圾处理行业体制转变的一年，从那时候起，德国垃圾处理企业多实行市场化运作。垃圾收费制度是支撑德国垃圾处理市场化改革的基础之一。德国垃圾处理所实行的收费政策，是按照全成本计收垃圾处理费的，即所收取的垃圾处理费不仅能够保证运行和维护，还要满足设施建设的需要。政府利用向居民收取的垃圾处理费(或一部分为财政拨款)将设施发包给企业进行运营，此外，还通过新的基础设施建设融资方式(以 BOT 及其衍生的方式为主)以及对现有的国有基础设施进行私有化以变现融资(刘少才，2016)。

垃圾处理费的征收主要有两类，一类是向居民收费，另一类是向生产商收费(又称产品费)。此外,在德国部分地区,对生活垃圾征收最终处理费(税),用于垃圾的最终处理,虽然这种处理费(税)不是向生活垃圾产生者直接收取,而是向生活垃圾处理企业收取,但这部分成本最终会转嫁到用户身上。这种处理费(税)的收取目的是对垃圾产生者和垃圾处理者起到双重约束的作用:用户减少垃圾的产生量,企业延长垃圾处理厂的寿命。对于居民收费来说,目前,大多数城市都采用按户征收垃圾处理费的方式,如德国有关法律规定,四口之家每年缴纳垃圾处理费用300~350欧元,约占家庭年收入的0.5%;部分城市开始试用计量收费制,按不同废物、不同量收取不同费用,但由于目前对计量收费制度的研究还不完善,并没有得到广泛推广。

产品费的征收是德国垃圾收费政策中的重要部分。产品费属于前端性的环境管理经济手段,同产品费直接相关的法律概念是"生产者责任"或"全民责任制度"两种。产品费要求生产商对其生产产品的全部生命周期负责。产品费的征收对于约束生产商使用过多的原材料,促进生产技术的创新,以及筹集垃圾处理资金都有较大的帮助。例如德国双向回收系统有限责任公司(DSD)实施的"绿点"许可证就是典型的产品收费。DSD 同本国15000 个包装链企业签订了"绿点"许可证,属于双向回收系统的企业每年要根据产品的销售量,向 DSD 支付一定的许可费,费用按包装材料的材料、重量和体积计算(表4-2)。所有获得许可证的企业可以在其产品包装上贴上"绿点"标志,他们的包装物废弃后可以在 DSD 中得到回收利用。"绿点"许可费的主要用途是:用于整个系统包装废弃物的收集和分类;向公共垃圾处置系统交纳一定的费用,用于处理无法循环利用的包装废弃物;协调同公众的关系费用;支付塑料包装废弃物的循环利用成本。

表 4-2 DSD 制定的包装收费标准[①]

项目	计算依据	收费标准
按重量收费 (单位:马克/千克) (1 马克=10.79 元)	纸类	0.40
	玻璃	0.15
	铝	1.50
	锡铁罐	0.56
	塑料	2.95
	合成材料	2.10
	液体饮料瓶	1.69
	天然材料	0.20
按体积计算 (单位:芬尼/件) (1 芬尼=0.1079 元)	<500mL,≤2g 添加剂	0.10
	<500mL,每份包装 15 瓶	0.20
	<500mL,>2g 添加剂	0.60
	50~200mL,≤3g 添加剂	0.70
	50~200mL,>3g 添加剂	0.90
	200~400mL	1.20
	400mL~3L	
	>3L	

① 2000 年仍沿用德国马克和芬尼计算价格。与人民币价格通过当年度汇率计算为约值。

续表

项目	计算依据	收费标准
	计算依据	单价
按面积计算 （单位：芬尼/件）	<150cm², ≤2g 添加剂	0.10
	<150cm², 每份包装 15 瓶	0.20
	<150cm², >2g 添加剂	0.20
	150~300cm², ≤3g 添加剂	0.30
	150~300mL, >3g 添加剂	0.40
	300~1600 cm²	0.60
	>1600 cm²	0.90

资料来源：李华友（2004）。

据德国环保部门统计，在被焚烧的垃圾总量中，1/4 都是由于过度包装剩下的包装材料。实施垃圾收费政策，包装链企业每年仅包装废弃物回收所交的费用已经高达 2.5 亿~3 亿元，不仅减少了资源浪费，也使得有限的焚烧设备能够更多的处理那些真正需要处理的无法实现再利用的垃圾。为确定包装废弃物回收节省的能量，根据 DSD 向德国环保机构提供的一份 2001 年塑料回收的能量效率分析，2000 年共回收塑料 58.9 吨，节省能量大约 2 亿兆焦，相当于每千克节约 34.4 万兆焦。

收费使人们更少地生产和使用课税物品，课税提高消费价格，也使消费者减少使用收费产品。但垃圾收费政策也存在以下弊端：由于无法确定合理的收费标准，消费者为了减少须承担的处理费用，他们就会把原先使用过的、可再利用的产品送到回收站去，避免了交纳的处理费用，同时还可以通过提供别人需要的产品而获得经济上的奖励。但如果对那些再生的产品或者回收的产品没有合理的收费费率，对于消费者而言，不足以提供足够的经济刺激促进主动的垃圾回收，增加非法抛弃的可能性；同时，收费额度的高低和构成直接影响着垃圾的回收再利用，这些最终都会增加企业的生产成本和运营成本，而生产成本和运营成本过高，难以在整个生产领域达成一致的意见。从企业竞争的角度来看，德国许多中小企业都尽量避免使用该项政策，而是争取政府在废弃物处理方面的经济资助或者直接和大型企业联系，将回收的责任由大型企业承担：给相应企业交纳一定比例的回收费用，但回收后的可再生利用物资由承担回收责任的大型企业优先使用。

3. 财政补贴制度

在德国，公众设施和公众福利在国民经济中占有极端重要的位置，如 1994 年，公用费用支出占国内生产总值的 51.5%。政府主要是通过现金补贴、国家担保贷款或税收优惠等经济政策发展公众设施，如企业建立环保设施，所需土地享受低价优惠。垃圾管理方面，在 20 世纪 70~80 年代，相当一部分垃圾处置设施的建设和运营资金主要来自政府补贴。政府同时提供经济资助促进中、小型企业减少垃圾产生。自 1999 年来，有 60% 的低息贷款用于清洁生产和清洁产品的相关技术投资。

垃圾焚烧厂目的在于妥善处理垃圾，实现环保效益和社会效益。垃圾焚烧投资期长，属于高成本低收益的行业，还需要考虑焚烧后的环境效果，因此，项目所在地政府作为受益者必须向投资商支付一定的垃圾处理费，使项目具有合理的利润，才能吸引社会资本自愿地进入。补贴制度被认为是一种较好的财政手段。例如，德国通过制定《电力供应法》，为补贴垃圾焚烧发电投资提供法律依据。德国对电厂的补贴通常一部分来自财政投入，一部分来自政府通过发行市政债券筹集的资金。通过上网电价的收益，促进私人资本进入垃圾焚烧发电产业，同时保证垃圾焚烧等市政设施持续运转。德国对垃圾焚烧厂的补贴主要有以下几方面：①补助金。目的是使垃圾焚烧厂通过减少废弃物对环境的最终影响而从政府或其他部门得到财政补贴，主要包括创新技术研发补助金制度、废物再资源化工试装置补助金制度和能源使用合理化事业者补助金制度。②低息贷款。主要是对垃圾焚烧企业购买先进的仪器设备给予的贷款支持。③减免税。通过加快折旧、免征或者回扣税金（或费用）的形式对这种采取减少垃圾最终排放，进行自回收资源生产的垃圾焚烧企业给予支持。从实施过程看，这种补贴属于对保护环境资源、节约能源的生产者给予的直接补贴，如果向生产者支付削减污染的费用，只要治理污染的成本小于得到的补贴，生产者就会乐于投资进行污染削减。对于垃圾焚烧企业来说，补贴相当于一种额外利润，它支持了本来不可能获利的企业，从而鼓励了更多的社会资本进入该领域。有了各项补贴的支持，也促进了该行业的发展以及德国环保产业的发展。缺点是这种补贴与企业的生产经营状况无关，不能起到刺激企业更新技术、降低成本的作用，补贴企业的环境达标状况必须受到政府和社会的双重监督。

4. 建立垃圾焚烧处理的监督机制

垃圾焚烧作为垃圾处理的方式之一，其整个处理过程有专门的监督机构监督。

德国建立了专门的监督企业废料回收和执行循环经济发展要求的机构。生产企业必须要向监督机构证明其有足够的能力回收废旧产品才被允许进行生产和销售活动。根据法规，每年排放 2000 吨以上具有危害性垃圾的生产企业有义务事先提交垃圾处理方案，以便于卫生监督部门进行监督。企业必须保证在生产过程中最大限度地控制垃圾的产生，采取措施保证垃圾能得到有效回收利用并且不对环境造成危害。某些产品只有在保证其产生的垃圾可以得到符合规定的利用和处理的前提下才可以进行生产和销售。所有的企业必须有分离垃圾的装置，将废纸、玻璃、塑料以及金属等废料分开放置，保证所有的废料能够得到最大限度的再利用。

对于垃圾焚烧行业，垃圾产生者、处理者以及有关监督机构事先会共同制定一个垃圾处理方案。监督机构承认这个处理方案后，会向垃圾产生者和处理者出具一个"垃圾清理执照"。在每次清运、分拣、垃圾焚烧直到最终进入填埋厂时，会有"跟踪单"来记录整个垃圾流动、处理的过程，以便监督这次垃圾处理是否根据拟定的处理方案进行。

只有在合理的监督下，对垃圾的处理才能做到真正的减量化、资源化和无害化，保证垃圾处理的全过程对环境二次污染的最小化。为了避免垃圾焚烧对环境的二次污染，德国制定了严格的废气排放标准，各垃圾焚烧厂都必须自觉执行这一标准，为此不惜花巨资建设废气处理装置。如德国的柏林生活垃圾处理厂就将 2/3 的投资用于焚烧厂的脱硫、脱磷，以避免垃圾焚烧产生二次污染。该厂二噁英的实际排放浓度仅为 $0.003 \text{ngI-TEQkg}^{-1}$，远低于联邦环境标准 $0.1 \text{ngI-TEQkg}^{-1}$。

仅仅依靠企业自身的自觉性无法保证垃圾焚烧环境效益的实现，还必须制定强有力的监督机制。正是在这种强制管理和监督下，才能降低垃圾焚烧对环境产生的二次污染，通过真正的减容和能源回收，最终延长垃圾填埋场的使用寿命；对于企业而言，严格的监督管理将垃圾焚烧的环境管理目标和企业的经济效益紧密联系在一起，通过改变企业的生产成本改变着企业的环境行为，从而将企业的环境管理完全纳入严格的监督管理框架下。

5. 环境审计制度

德国环境组织普遍认为环境生态审计是一种有效的环境政策手段，可以促使企业志愿改善其环境形象。1997 年德国环境署的报告中指出，尽管 ISO14001 为环境审核建立了一种国际模式，但欧盟生态管理与审核计划（EMAS）在欧洲具有更广阔的市场。其中包含对相关组织更多的具体要求，并可以为提高企业或组织的环境管理而废止一些法规或找到替代的环境策略奠定基础。

根据欧盟的法律，近来德国企业普遍聘请外部专家，对其环保措施和污染情况进行审计，并颁发证书，以进行公证。对于联邦、联邦州政府在环境保护上采取的措施和进行的投资，以及公、私机构利用政府预算实施的项目，由联邦审计院或联邦州审计院分别进行审计。联邦审计院主要针对联邦环保资金的使用情况进行审计监督，以确保预算资金使用的合法性和有效使用。州审计院针对州环保资金的使用情况进行审计。欧洲联盟成员国之间跨国界的环保审计任务则由欧洲审计院承担。目前，德国环境审计的重点已由合法性转向经济效益性，而且咨询服务在审计工作中所占的比重也日趋增大。这不但可以促使有限的预算资金得到更好利用，而且可以与环境保护的预防性原则结合在一起，大大提高环境保护政策、措施的有效性和预见性。

垃圾焚烧作为德国环保措施的组成之一，得到政府的财政支持。同时由于其本身的生产特点，即在焚烧过程中可能会由于二噁英的产生而对环境有破坏作用。德国对垃圾焚烧厂都实行严格的财务管理制度，目的是通过财务审计保证用于避免二次污染等的环保设施实施的有效性和完备性，避免部分企业为了节约投资和生产成本而减少对相关处理设施的投资和使用的情况发生。通过对政府投资建设的焚烧企业进行严格的财务审计，保证资金使用的合法性和有效性；对于私人企业利用政府预算建设的垃圾焚烧厂，需要审计资金来源的适用性以及是否将财政划拨和利用市政债券筹集来的资金真正用在这项公共事业上，是否将资金用在保证严格的环境标准的实现上。严格的环境审计制度既是各项专项资金得到合理高效运用的保证，也是环境保护的制度基础之一，保证德国垃圾焚烧处理效果不因市场化的推进而降低。

6. 其他政策

垃圾焚烧技术性强，需要全面的知识化和专业化管理及经营方式。尤其是对对技术和设备的要求较高、专业性较强的特殊垃圾的处理。在德国，小城镇从事垃圾焚烧处理的小企业往往通过和大公司合作或合营的方式完成。

为了使小城镇的垃圾焚烧处理能够达到德国垃圾管理的环境标准，政府在全国建立了合作机制，为中小城镇和中小企业合理利用大公司的各种技术和资金支持处理本地区的垃圾提供信息平台。为了促进这种资源的共享，政府每年通过财政转移支付由地方政府建立地区性的信息资源平台或给予大公司一定的科研补助金，由大公司利用这笔资金确定合作模式。如德国的 AwE 是负责收集、运输和填埋垃圾的小企业，所在小镇有居民 85000 人，每年清运、填埋大约 60 万桶(每桶 10L)，另加 10 万罐(每罐 1.1m³)的垃圾。1991 年 1 月以来雇用工人 50 名。AwE 是 VKR(康采恩)的子公司，必要时可得到 VKR 的支援。其与汉堡的垃圾利用公司协作，可将在本地收集的、需焚化的垃圾运往汉堡的垃圾焚烧炉直接作热力处理。与其他兄弟公司合作，AwE 为客户提供的服务包括垃圾处理业务的咨询、垃圾化学成分分析、鉴定所采取的清除垃圾的措施是否适当、与管理部门协商有关事务、垃圾中间储存和专业化运输等。

通过地区之间、企业之间的合作，德国在全国建立了类似的合作机制，全国各地都有为企业提供垃圾再利用服务的公司，向企业提供相关技术咨询和垃圾回收处理等服务。特别是对垃圾焚烧这种技术性很强的行业，许多地方都建立了技术咨询和交流的信息平台，一方面加强技术交流，另一方面有助于技术输出、技术转让，从而为垃圾的产生者、处理者提供了全国范围内的信息和技术的合作。

此外，德国政府一直通过教育和宣传方式提高国民的环境保护意识和节约资源意识。政府每年投入大量的资金用于公民的环保教育，促进全社会环境意识的形成，促使全社会对各种垃圾处理方式环境效果的关注，有助于垃圾处置处理的环境管理；另一方面鼓励人们使用再生产品和利用废物回收的能源，使全体居民都自愿加入循环经济系统。

4.1.4 德国垃圾焚烧管理中存在的问题分析

德国的垃圾焚烧管理政策体系及在此基础上建立的垃圾焚烧模式对于德国垃圾的减量化、无害化和资源化处理起到积极的促进和推动作用，德国每年的生活垃圾产生总量趋缓，垃圾的填埋量减少，垃圾的回收利用量(焚烧发电、堆肥等能量回收)逐年增加，企业更加注重清洁生产，居民对环境的要求日益高涨，从而为德国建立循环型的经济社会奠定了基础。

但是在德国的垃圾焚烧的管理中也存在许多问题，如填埋比例依然过大、焚烧处理成本过高等。

1. 填埋比例依然过大

近年来，德国的垃圾焚烧发展迅速，但填埋依然是最主要的末端处理方式，填埋比例占处理量的 60%左右，而焚烧只占 30%左右。

填埋占用大量土地，据初步测算，每填埋 8.25 万吨生活垃圾，就占用 1 公顷(1 公顷 =10000 平方米)土地。1992 年，法国关闭了德国的垃圾运送通道，德国不能再将本国的垃圾运往法国进行处理。2017 年，由于中国开始禁止洋垃圾进口，德国本土产生的废塑料、废织物大量滞留在国内，对环境造成了极大影响。德国必须利用自身的土地、资源进行垃圾处理。近年来德国城市扩张速度较快，能用于填埋的土地资源越来越少，垃圾填埋的处理方式正受到越来越多的质疑。此外，德国对垃圾填埋场的运营主要是通过收取垃圾填埋费(税)筹集建设和管理资金，填埋场的经营成本增高，也会增加企业和个人缴纳的产品费和垃圾处理费，过度增加企业和个人的负担，可能增大垃圾非法抛弃的危险，不利于整个社会环境管理目标的实现。

2. 焚烧处理成本高

尽管垃圾焚烧有诸多好处，但是由于垃圾焚烧成本过高，在许多地区其发展依然受到限制。在德国，对于垃圾焚烧，每处理 1 吨垃圾通常需要补贴 200 欧元，而填埋的费用通常只需要通过收取垃圾处理费就可以支持，对财政和居民的负担较小。例如，在新乌尔姆焚烧 1 吨垃圾的费用是 165 欧元，而运往法国填埋 1 吨垃圾只需 25 欧元。过高的处理费用制约了垃圾焚烧的进一步发展。其次，在德国的一些地区垃圾供应量不足焚烧设备设计容量的 50%，其一是地域政治原因，焚烧外来垃圾要受到本地市民的反对，每个市镇都在其境内处理自己的垃圾，既不向邻市输出，也不焚烧来自邻市的垃圾。其二就是经济原因，即垃圾处理成本过高。

德国近年来大力发展垃圾焚烧技术，力图通过技术的提高，在增加垃圾处理量的同时减少用于处理包括二噁英等二次污染需要投资的设备费用。这一方面说明垃圾焚烧处理成本过高，影响了这种处理方式的进一步发展，另一方面也说明德国对垃圾焚烧处理这种方式的重视程度，希望通过技术解决，进一步提高垃圾焚烧这种处理方式在德国垃圾末端处理方式中的比例。

3. 垃圾焚烧处置企业缺乏降低成本的动力

尽管德国积极推进包括垃圾焚烧在内的垃圾处理行业的市场化运程，由于垃圾焚烧处置的特殊性，德国的垃圾焚烧处置企业大多由政府投资建设和管理，以非营利的组织构成。近年来，德国垃圾焚烧处理成本不断增加，一方面是由于烟气排放的环境标准越来越严格，许多企业不得不将大部分资金投入设备改造中；另一方面是由于在政府投资主导以及政府高补贴的情况下，缺乏利益的刺激。对于垃圾处理企业来说，虽然承担着垃圾焚烧循环利用的责任，但没有降低成本的动力。

小结：德国生活垃圾焚烧管理的事实和经验证明，在现有的技术经济条件下，制定有效的垃圾管理法和合理的经济政策，全民积极参与，通过焚烧实现生活垃圾最终处理量降低，促进德国再生能源的发展是有可能的。垃圾焚烧处理在德国的发展极大地推动了德国垃圾减量化和资源化的进程，其功能的发挥也为实现整个社会的循环运转奠定了基础。虽然德国垃圾管理存在填埋比例过大、处理成本高等问题，但在立法管理、经济政策刺激等方面非常值得我们学习借鉴。

4.2 日本垃圾焚烧环境经济政策分析

日本是世界上垃圾焚烧比例最高的国家之一，2011 年日本国内的一般垃圾总量为5000 万吨，约 80% 的生活垃圾被焚烧，2% 被填埋，20% 被回收利用[①]。

在大量生产、大量消费、大量废弃的物质流向结构中，由于国土狭小，日本为了高效

---

① ［日］服部雄一郎.日本垃圾焚烧全报告(2013 年).

利用每寸土地，焚烧后填埋的方法符合节约原则。日本在焚烧的技术经济领域和运作模式上与其他国家相比有明显的优势。

日本和德国虽然经济都很发达，但由于资源、国情、政策体制和风俗习惯的不同，两国采取的具体管理措施和手段不尽相同，在实际效果和作用上的差别也很大。下面通过对日本的垃圾焚烧的环境经济政策体系进行分析，为相关的比较奠定基础。

4.2.1 日本垃圾焚烧的法律法规演进

日本垃圾政策的重点在于量削减和循环利用计划，同时重视资源的再利用，强调对垃圾的焚烧处理，回收能源，使用各种收费制度、押金返还制度、扩大生产者责任等，促进垃圾的减量化、资源化和无害化的实现。为推进废弃物等的合理循环利用及处理，根据日本循环基本法规的优先顺序，进行废弃物处理遵循下列顺序：①控制产生；②再利用；③再生利用；④热回收；⑤正确处理(如不按照此顺序更能降低环境负荷的问题，还可选用更适当的方法)。日本曾经一度是"被垃圾包围的国家"，对垃圾处理处置的管理体制和思想的变革相对于其他一些发达国家较晚，但通过近三十年的管理，根据国情制定适宜的路线，在"控制生产-循环利用-能源回收"的过程中注重发动全民参与垃圾的减量化生产，最终实现了全国范围内垃圾处理(处置)的循环发展。经过多年的发展，日本垃圾焚烧和废物回收比例一直在稳步增长，而垃圾填埋从 1988 年的 23%降低到 1999年的 10%。到目前为止，大约有 77%的生活垃圾被焚烧处理，每年约焚烧垃圾 3000 万吨，垃圾填埋比例为 10%。日本的许多焚烧厂也是发电厂，利用焚烧的余热发电，回收能源。其产生的电力并入电网，还可取得一定的经济收入。一些单位本身就有小型焚烧器，对于少量的可燃垃圾随时处理掉，这也是减少垃圾运输量的一个好办法。截至 2016 年，日本的焚烧设施已有 1200 余座，日处理能力达 200 余万吨，其中配备有余热回收利用的设施占 65%，总装机容量是 1.1192MW。但日本焚烧厂规模普遍很小，只有不到 3 成的厂可以发电，而在能发电的厂中，平均发电效率仅为 11.73%，远低于日本政府所设定的 23%的"高效"标准。

从 1963 年以来，日本政府已经实施了旨在发展废物处理设施的七个五年计划。已经实施的第八个五年计划目标是：促进废物进一步回收，加强能源生产中的废热利用以及热处理工艺过程中的残渣利用，并计划从废物中生产电力 5000 兆瓦。

为了减少对公众健康的影响，日本对垃圾焚烧产生的二噁英的控制最为严格。主要的控制措施包括：保持足够高的分解温度，一般在 850~1100℃，焚烧炉内烟气停留时间在2 秒以上；喷射活性炭等吸附剂；采用布袋除尘器对细微颗粒进行捕集。这样焚烧产生的二噁英就会富集在飞灰上。目前日本对飞灰处理新技术的研究和开发已经成为热点，包括表面熔融技术、JFE 高温气化熔融技术、飞灰煅烧技术等。

日本垃圾循环利用比例不断增加，从根本上讲，是生活垃圾处理的基本思想发生了变化。日本近期的垃圾管理目标是降低垃圾增长速度，加大垃圾回收比例以及增大残渣利用和热能回收。最近，日本已经开发出废物熔化和固化处理技术，并已制定和实施更加严格的污染气体排放标准，使日本空气污染气体排放标准和欧洲大体相同，符合日本废物焚烧法令草案中的废物焚烧标准。图 4-2 详细描述了日本垃圾管理的法律演进过程。

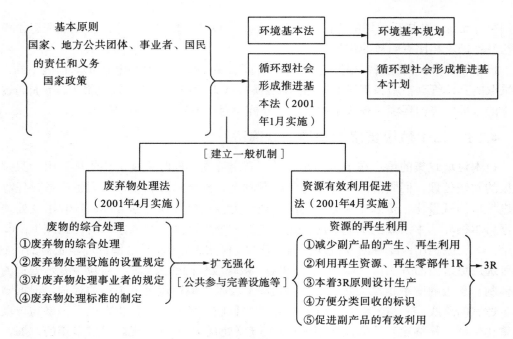

图 4-2   日本垃圾管理法规的演进标识

资料来源：废弃物学会（2004）。

日本不同于德国的特点在于积极开发原料、化学等高效利用技术的同时，大力发展低成本的代燃料利用，如发电、供热、烧水泥和石灰等。而德国因限制由于燃料代用导致再生费用过高受到多方批评。

4.2.2   垃圾焚烧环境经济政策分析

日本非常注重环境经济政策在垃圾处理处置领域中的利用，其目的不仅是为垃圾处理提供资金保障，同时也通过不同的环境经济约束政策改变企业和居民的生产和消费行为。尽管垃圾焚烧并未在法律中得到明确授权，而事实上在多个方面都预设焚烧是唯一方式。例如，日本所有焚烧厂的技术标准都在《废弃物管理法》中特别规定。其在"典型的废物流向"中列入了焚烧，而每个地方政府都会如此选择；"可燃垃圾"也被列入"常见源头分类项目"中。曾经投入焚烧厂建设的政府补贴如今被重新界定为"为推进循环导向型社会的补贴"，不仅焚烧厂和气化炉，甚至填埋场和所有循环利用设施都有权获得。在国家推进更高效（规模更大）处理厂的政策之下，可获得补贴的区域目前被限定在人口数量在 5 万以上或面积在 400 平方公里以上的地方。一般来说，补贴可覆盖 1/3 的建厂成本，但对于"最先进水平"的设施，比如高效焚烧发电厂（发电能效在 23% 以上），补贴可覆盖成本的 50%。总体而言，日本和德国都是把资源循环利用做到极致的国家，日本环境经济政策跟德国有很大的相似性（图 4-3）。对于相同作用的环境经济政策不再赘述，这里主要介绍补助金制度在日本的应用及效果，并在此基础上总结日本垃圾焚烧厂建设和运营的资金筹措模式。

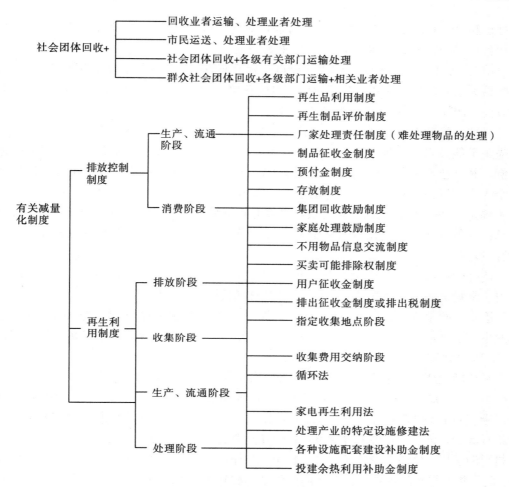

图 4-3 日本垃圾回收再利用系统中的各项制度

资料来源：废弃物学会(2004)。

1) 补助金制度的实施

对垃圾的处理和处置，政府在其中发挥制定政策和管理的作用，促进生产者和消费者最大限度地减少垃圾的产生量，节约资源，加快能源回收步伐。补助金制度就是一种非常重要的经济刺激方式。

第一，回收利用的补助金制度。日本通过立法的形式对垃圾的回收利用制定严格的技术等级，确定垃圾回收的目标，垃圾回收利用方式和目标在国家统一制定的基础上，由地方各级制订地方的控制排放政策和再生利用政策。但对群众性的回收来说，回收量会随着回收市场的变化起波动，为了控制这一波动，往往需要实施鼓励增加回收量的补助制度。然而，在回收资源物资市场不景气的前提下，只靠补助政策是不可能维持的，所以各级有关部门必须进行资源物资回收、处理和处置等方面的工作。在这种情况下，回收资源物资是在资金倒挂的情况下运作的。

第二，创新技术研发补助金制度。根据"中小企业基本法"等法律，对中小企业在废物处理和再生利用技术的大规模研发方面，对建设和开发费补助 1/2（直属项目）或 2/3（地区项目），补助金额为每件 500 万～3500 万日元。

第三，废物再资源化装置补助金制度。为了推动资源有效利用和环境保护，每年选定一些重大工程项目，对社会公开招标。对确有技术能力和一定经济能力的中标者（企业或地方公共团体），可补助机械设备费的 1/2。

第四，能源使用合理化事业者补助金制度。对节能较好的单位在再生利用工程中采用先进节能技术并有推广价值时，且可在半年内完成的条件下，从全部节能项目中选定一例，补助全部工程费的 1/3，上限为 2 亿日元。在日本，持有回收利用许可证的企业或个人也可以获得政府部门的补助金。如 1992 年，日本为推进《再生资源利用法》的实施确定了 39.5 亿日元的预算方案，对废弃物减量化、再资源化进行调查、指导及事业补助；农林水产省、建设省也拿出 84.8 亿日元和 6427 万日元预算支持有关综合利用技术开发项目。

此外，对于商业化的垃圾能源利用设施，还有一个补助项目叫"从废弃物中获得能源"，不限于常规焚烧厂，还支持生物质能、垃圾衍生燃料和厌氧消化设施。2012 年，政府引进了固定上网电价政策（feed in tariff），垃圾发电（包括厌氧消化）和太阳能发电、风电、地热发电、小水电一起，被总括为"可再生能源"。2012 年的城市生活垃圾焚烧购买价格为 17.85 日元/kW·h。

对垃圾焚烧企业来说，补助金制度的使用，可以鼓励更多的企业采取先进的生产方法进行生产，通过经济措施引导生产者的行为，引导生产企业最大限度地回收能源，减少环境污染。同时鼓励更多的社会资金进入垃圾焚烧行业，达到改进消费模式、调整产业结构、筹集资金的目的。实行补助金制度，企业在利益驱动下，愿意使用再生物资，从而减少原生材料的使用，最终减少垃圾的处置数量。此外，由于回收量会随着回收市场的变化起波动，为了控制这一波动往往需要实施鼓励增加回收量的补助制度，从而促使消费者积极参与物资回收的行动。

2）投融资政策

日本垃圾焚烧厂的建设以政府投融资为主：建设主体以地方政府为主，中央政府通过转移支付给予支持。

日本垃圾焚烧厂建设和运营的主要资金来源是政府发行的市政债券和收取的垃圾费。与美国采取的备案制相反，日本地方政府发行市政债券由中央审批，日本中央政府根据地方政府财政收入和支出情况，以及当地经济和社会发展情况，审批每个地方政府每年或每个项目可以发行的市政债券规模。这种方式可以使中央政府在一定程度上控制和掌握地方的经济发展情况，又可以给地方政府一定的融资手段，帮助解决在发展垃圾焚烧厂这类公共事业中常常遇到的"资金瓶颈"问题。日本地方政府发行市政债券的方式显著体现了亚洲中央集权国家的特点。

在日本，垃圾焚烧厂的运行和维护费用 50%以上来自地方政府的财政预算内资金，其余部分来自向产业部门和居民收取的垃圾处理费。而德国的主要费用大都来自垃圾处理费。

在日本，以前对垃圾的焚烧主要侧重单纯的减量化。根据 1990 年 10 月世界环境保护会议上签署的"防止地球温暖行动计划"，政府通过发行电业债券的形式(1993 年地方债券计划额为 81 亿日元)支持垃圾发电事业。

国家和企业共同投资运行垃圾焚烧厂，不仅可以克服企业单纯追求经济利益忽视环境影响的后果，而且获得了足够的资金保证，特别是对垃圾焚烧这种需要大量建设资金和运营资金的行业，资金的获取显得非常重要。此外，通过收取垃圾处理费运营垃圾焚烧厂，一方面减轻国家财政负担，鼓励居民注重物资回收，多使用再生产品；另一方面对生产者而言可进一步扩大产品链条，减少原生材料的使用，从而减少资源的使用，减少垃圾填埋的数量。

垃圾焚烧是建立循环社会的一个重要组成部分，中央政府除了制定相应的政策，还根据自己的职责，发挥信息收集、发布的功能，为实行垃圾焚烧的地方和企业提供技术、资源等信息的交流，同时提供相应的资金支持。

经过多年的发展，日本利用经济手段推进垃圾焚烧的减量化、资源化、无害化目标的实现，建设垃圾焚烧等废弃物处理公共设施减轻环境压力。积极推行垃圾分类、回收，全面支持垃圾收费政策。此外，采取合理的财政、金融政策，为垃圾焚烧等市政设施的建设筹集资金，为建立循环型社会提供资金和技术保障。

4.2.3　日本垃圾焚烧管理中存在的问题

1) 高成本的综合利用

在进行综合利用过程中，企业花费了大量资金。日本连锁店协会一年内对全国 3104 家商店实施了牛奶纸盒、泡沫塑料容器、塑料瓶等废物的回收再利用，其结果详见表 4-3。以塑料瓶为例，每回收再利用一只塑料瓶要花费 18 日元(合人民币 1.2 元)，这个数字表明，与再利用相比，使用最初原料制造的成本更低。另外，分析综合利用成本的内容，其中九成是劳务费。可见，在劳动者佣金昂贵的日本，以企业经营的形式加以推广是有较大难度的。

表 4-3　回收 1kg 废物的平均成本

种类	平均成本(日元)
牛奶包装纸筒	123195
泡沫塑料包装	657141
铝罐	231103
铁罐	212155
一次性塑料瓶	406117

资料来源：国家自然资源部委托项目课题报告：中国电子废弃物回收利用政策研究，2010.

2) 对垃圾焚烧的建设和运营过度依赖政府，增大了政府的财政支出

在日本，垃圾焚烧厂的建设和经营属于公共事业，多由政府投资。政府不仅提供建设

费用，同时还要保证大部分的运行费用。根据日本国内对包括垃圾焚烧在内的公共事业的投资效果分析表明，由政府投资建设、管理的国有企业普遍存在企业效益低、资源浪费严重等缺点，并日益成为国家的财政负担。政府补贴大量流向焚烧，替代措施有名无实。报告指出，日本废弃物管理法律名义上规定了类似于欧盟垃圾指令中的管理措施优先次序，即垃圾的发生抑制、分类回收、循环利用应得到优先的重视，政府补贴原则上也可以惠及非焚烧技术，但在实用性的管理指南中，焚烧厂却似乎成了唯一可操作的方式，得到最大篇幅的技术介绍，也最容易获得补贴。如此偏重焚烧的政策导向，实际抑制了更可持续的替代措施的发展。

2010 年，日本城市生活垃圾的平均管理成本高达每吨 537 美元（折合人民币 3000 多元，这个数字不仅包括焚烧成本，还有填埋、收集和回收利用的费用），人均城市生活垃圾管理成本为 180 美元（折合人民币 1000 多元），意味着一个四口之家每年要支付760 美元或每月支付 63 美元（体现为用在废弃物管理的税金）。所有这些费用基本都从普通基金或政府补贴里支出。目前，垃圾按量收费的收入只够日本垃圾处理费用的一小部分。尽管越来越多的日本城市开始把垃圾管理的一部分工作外包，但大多数地方政府还是自己拥有和运行着完整的废弃物处理系统（包括焚烧厂和填埋场），甚至卡车司机都是政府直接雇佣的。根据测算，在日本，建造一个焚烧厂的平均成本大约为每吨垃圾52.5 万～65 万美元[①]。

近些年导致日本垃圾焚烧处置成本迅速上升的一个主要因素是对焚烧厂的排气净化设备改造和更新费用，大致占焚烧厂投资项目的 2/3。而垃圾焚烧后的烟气排放标准都是日本新颁布的垃圾焚烧法草案对垃圾焚烧后烟气的基本要求。此外，为降低焚烧灰渣的毒性和环境风险，日本许多焚烧厂开始对灰渣进行熔融处理，而处理后的玻璃体熔融渣可被用作道路建筑材料。虽然这可以算作是一种"回收利用"，但其过程能耗巨大，从生命周期评价的角度看实际是"得不偿失"。如此昂贵的焚烧成本，一些经济发达国家都难以承受，也不符合可持续和经济性的原则。

改变日益增长的财政支出，最好的办法就是改变目前垃圾焚烧厂的传统投融资模式，提高垃圾收费标准。运用部分社会资金建设垃圾焚烧厂，同时新的垃圾收费标准能很大程度上补充垃圾焚烧的日常经营费用，以减轻财政压力，促使垃圾产生者更加注重垃圾的分类回收和再利用，减少垃圾的排放。

3）垃圾处置方式过于依赖垃圾焚烧，二噁英污染仍难以得到有效控制

日本每年 80%以上的垃圾采用焚烧处理方式。由于垃圾焚烧成本过高，也主要集中在一些大城市和成熟社区中，并且有相当一部分的垃圾焚烧厂规模小或者设备陈旧，许多用于垃圾最终处理的资金都用于设备改造，不利于大规模的技术改造。垃圾焚烧是主要的末端处理方式，而其他类型的处理技术发展相对比较滞后。尽管日本的垃圾焚烧厂总数超过德国和美国的垃圾焚烧厂总数之和，但很多垃圾焚烧厂都面临着严重的生产能力不足现象，有的日焚烧量不足 50 吨/日。在日本大力发展焚烧综合利用的今天，上述现状无疑增

① 由日本环境省测算。http://www.env.go.jp/recycle/waste_tech/setti/index.html.

加了垃圾处理成本，也增加了政府和居民用于垃圾处理费用的支出。从长远看，不利于垃圾焚烧这种热回收方式的持续发展和有效推广。此外，食物垃圾大量焚烧、垃圾循环利用率低下。报告显示，日本各地普遍将食物垃圾(或称"餐厨垃圾""有机垃圾"等)划入"可燃垃圾"的类别，不做生化处理，而是大量焚烧，这自然导致垃圾整体的循环利用率很低(一般不超过20%)。可见，过度依赖焚烧技术，其实就是阻碍垃圾更好的分类和循环利用的重要原因。

日本在控制生活垃圾焚烧厂二噁英污染方面做出了巨大的努力，该行业大气年排放总量从1997年的5000克(毒性当量)，迅速降至2011年的32克(毒性当量)。尽管如此，其目前排放量相比德国的水平(年排放不足0.5克)还是高出了几十倍，同时也占日本二噁英大气年排放总量的20%以上，说明垃圾焚烧仍然是日本二噁英污染的主要原因。

综上，日本的垃圾焚烧处理方式与德国相比更具有广泛性。日本通过将整个垃圾的处理纳入日本循环社会的建立中，强调垃圾焚烧作为垃圾资源回收的一种有效方式，在全国推广，并通过法律来保障。通过各种经济政策组合，加之全社会的参与，日本的循环社会正在逐步建立。虽然日本的垃圾焚烧处理存在成本过高、过度依赖政府，以及焚烧比例过大的问题，但其建立循环社会的思想、各种法律法规和经济政策值得我们学习和借鉴。

4.3 国外生活垃圾焚烧处理/处置的政策差异比较

垃圾焚烧处理是一个系统工程，每个环节都不可忽视。西方国家对垃圾焚烧处置管理模式的选择，同该国的资源禀赋、经济发展状况和环境质量要求等因素以及建立在这些因素基础之上的垃圾焚烧环境经济政策相关。政策的差异对垃圾焚烧的发展方向有较大的影响，但各国普遍都通过制定相关的法律法规和符合本国国情的政策，促进垃圾焚烧处理减量化、资源化、无害化目标的实现。

通过对西方国家生活垃圾焚烧的研究结果和实践整理分析，可以归纳出近年来国外关于生活垃圾焚烧处理的一些政策经验。

4.3.1 国外主要垃圾焚烧处置政策及作用分析

1. 德国、日本两国垃圾焚烧主要环境经济政策总结对比

综上分析，如表4-4所示，发达国家在生活垃圾焚烧再利用领域的实践各有特色，日本偏重于立法推动；德国的主要特点是实行抑制其产生为目标的治理技术和连接社会活动的生产消费者双方的综合计划。美国是环境设施领域市场化改革最为完善的国家之一，更偏重于利用政策手段和市场机制。以上所述的法律法规政策支持体系、管理经营模式、经济措施、技术开发模式在发达国家的生活垃圾焚烧再利用工作中并不是各自独立存在和运行，而是交织在一起，组成一个庞大的网络，构建成了整个生活垃圾焚烧再利用的总体系，并取得了良好的效果。

表 4-4　政策总结对比

国别	特点	差异	实施效果对比	类似国家
德国	1. 严格的垃圾分类标准；2. 垃圾收费制度的运用；3. 实施不同形式的补贴制度；4. 严格的环境标准，强有力的环境监督；5. 积极推进市场化改革；6. 以全社会的循环型社会的建立为基础，推进垃圾焚烧的资源化利用；7. 信息平台的建立；8. 法律制度给予保障	1. 垃圾焚烧比例还较低；2. 全成本收费，基本能满足日常焚烧的运营费用；3. 补贴以直接补贴为主，辅以税收优惠、低息贷款等方式；4. 市场化运作制度比较完善；5. 鼓励垃圾焚烧发电，和国家的新能源政策密切相关	处理效果较好，多是规模化的多元性、多功能的处理企业，市场化改革比较成功。	欧洲许多国家多采取类似政策，主要特点是在全成本垃圾收费制度下，辅助以政府政策支持，推进市场化，实施最严格的环境标准，并力求在整个欧盟区域内达成一致
日本		1. 焚烧比例较高，但是综合化利用比例较低；2. 定额收费为主，不足以支撑整个垃圾处理企业的日常运营；3. 补贴形式较多，多以税收优惠、低息贷款为主，同时发行市政债券筹集资金；4. 市场化程度较低	处理量较大，但以简单处理为主，能源浪费比较严重，政府投资为主，市场化效果较差，政府负担重	亚洲许多国家，如韩国、新加坡等，一方面强调法律的推进，严格的环境标准，另一方面政府以强有力的面孔出现在整个投资和运营过程中

资料来源：作者整理。

2. 基本经验总结

首先，制定必要的法律、法规来对垃圾焚烧进行管理。无论采取哪种处理方式，都不可避免地会对环境产生二次污染，垃圾立法对生活垃圾处理起着保护和环境强制作用，也是各国垃圾焚烧管理体系中的关键部分。德国垃圾法从第 1 款到第 3 款都加强了对垃圾焚烧处理方式的推广和管理，同时强调了对尾气的强制性环境标准。完善的法律法规是垃圾焚烧环境目标实现的基本保证。

其次，建立合理的分类制度。垃圾焚烧的前提和基础是必须进行垃圾分类，以确定需要回收利用、焚烧和填埋的垃圾种类。如日本都是将垃圾分为可燃和不可燃两类，荷兰、德国等国在焚烧之前同样必须进行合理分类才能确定采取什么处理方式。在焚烧之前进行分类，一是可以提高资源的回收利用，减少资源的浪费；二是可以提高垃圾焚烧的可燃性，减少不可燃垃圾对垃圾焚烧炉的损害；三是可以减少最终的垃圾填埋量。正确的分类有利于节约原材料、土地资源，同时许多国家的垃圾焚烧被认为不仅可以将产生的热量当作新热源，更重要的是还可以通过充分利用热能的办法，达到减少向大气中排放二氧化碳数量的目的。

第三，建立完善的收费制度。在大多数国家，垃圾焚烧企业的运行费用大多是由完善的垃圾收费制度保障的，因此这些国家很注重垃圾收费政策的制定。许多国家的垃圾收费并不是只针对居民，对于产品的生产商和销售商征收的垃圾处理费也同样占很大比例，例如德国的"绿点"许可费。垃圾收费制度全面地体现了"污染者付费原则"，对垃圾产生者在经济上和意识上都起到了一定约束作用。另外，国外的垃圾收费制度也并不是一成不变的，经常根据具体情况做出调整。许多国家会根据不同的时期和不同的需要做出更有利于垃圾处理方式发展的调整和变化。

第四，制定合理的产业发展政策，吸引社会资本的进入。许多国家正将垃圾焚烧处置企业推向市场，让更多的社会资本进入该领域，以减少政府的财政支出。从许多国家的管理经验来看，制定合理的产业发展政策有助于垃圾焚烧市场化程度的提高。垃圾焚烧具有正外部性、公益性和低收益性的特征，而低收益的状况不利于垃圾焚烧行业的健康发展，其正外部性、公益性的特点也不易得到发挥。社会资本如果不能保证有合理的利润是不会进入该领域的。各国对垃圾焚烧的产业发展政策大多以经济刺激政策为主，如垃圾收费制度、产业补贴政策等，通过经济利益的引导，促进垃圾焚烧的产业化和市场化，吸引更多的社会资本进入。尽管在国外，对垃圾焚烧处理产业很强调公益性，很多垃圾焚烧处置企业都是非营利的，但在市场条件下实现垃圾焚烧处置企业的微利或者平均收益率是发达国家推动垃圾焚烧处置产业时的主要选择。当垃圾焚烧产业发展到一定程度时，许多国家都制定了更加严厉的环境政策和处置标准，进一步改善垃圾焚烧处理效果，成为产业发展政策的重心。

4.3.2 垃圾焚烧处置政策差异分析

1. 垃圾焚烧厂建设及运营的投融资模式有一定差异

许多国家对垃圾焚烧处理企业的建设投融资多采取市场化手段，政府利用公共财政资金进行支持，但各国由于经济发展的主导政策不同，投融资模式存在一定差异。

1）美国的投融资模式

美国对垃圾的处理以卫生填埋为主，其次是焚烧和堆肥处理。近几年，由于许多垃圾填埋场的使用寿命都即将到期或已经超期，许多大城市已经没有足够的土地去建填埋场。故垃圾焚烧逐渐受到各方面重视，比例不断上升。

垃圾填埋场多由企业经营，处理设施的建设完全由企业投资，而垃圾焚烧和垃圾堆肥等垃圾公共处理设施一般是由地方政府（县/市/镇）负责建设和运营。其建设资金和运行经费有着不同的资金来源。在建设资金方面，以各级政府的公共财政支出（包括债券支出-发行市政债券）为主。与日本地方政府发行市政债券的中央审批制度相反，美国采取的是备案制，美国联邦政府鼓励地方政府发行市政债券用于公用事业的发展，如提供各种资金机制等（担保或直接购买地方政府发行的用于公用事业的市政债券），所筹集的资金主要用于道路、污水处理和垃圾处理等方面；在运行经费上，依照美国《综合环境法》建立超级基金，基金来源是财政拨款和几种固定的税收注入，运营费及投资收益依靠向居民收取垃圾处理费和超级基金的支付，不足部分由地方政府从其财政中补贴，联邦和州政府在这方面没有资金支持。

2）欧洲发达国家的投融资模式

与美国和日本相同，欧洲国家的垃圾焚烧处理系统的建设和运营主要由地方政府负责，绝大部分的资金由地方政府资金筹集，剩余部分则来自中央政府的转移支付手段。

在欧洲国家，地方政府筹集公共垃圾处理建设和运行费用的一个最主要手段就是收取垃圾处理费。政府利用向居民收取的垃圾处理费（或一部分为财政拨款）将设施发包给企业进行运营，如澳门的垃圾焚烧发电厂采用的就是这种欧洲模式。与日本和美国不同，欧洲许多国家是按照全成本计收垃圾处理费的，即所收取的垃圾处理费不仅能够保证运行和维护，而且还要满足设施建设的需要。此外，欧洲的一些国家还通过新的基础设施建设融资方式（以 BOT 及其衍生的方式为主）以及对现有的国有基础设施进行私有化以变现融资。

目前，英国等国家在对国有基础设施私有化方面有较多的经验。

通常来说，垃圾焚烧的主要目的是进行垃圾的减量化处理，其他相关的经济行为并不是主要目的。但如果涉及垃圾焚烧发电，就需要就上网电价的问题与相关企业及部门协商。随着城市现代化进程的加快，各国对环境卫生设施建设的要求越来越高，多种形式的补贴制度通常都在政府通过市场进行融资还贷的过程中体现其作用。垃圾焚烧厂发电产生的电能，由于其成本高，同时受垃圾供应量和季节变化的影响，发电量也不够稳定，要想上网售电，各国的经验都是给予常规发电的电力公司一定的补贴，由电力公司承担垃圾焚烧厂的售电风险，包括各种技术故障和市场价格变化。但无论各国的常规电力公司承担何种风险，政府都必须在有能力控制各种经济和政治风险的情况下（如有能力保证垃圾处理费的收取、有能力控制通货膨胀、有能力控制汇率变化等），减少相关的法律风险（如法律更改、法律不适用等），以促使电力公司愿意承担垃圾焚烧发电的上网电价带来的经营风险，从而增加垃圾焚烧厂的收入，减少政府的财政补贴，也可使垃圾焚烧厂更倾向于市场化的经营。

2. 垃圾收费政策承担的责任和范围不同

根据各国的经验，不论采取何种相关的经济支持措施，垃圾处理费始终是各国支撑垃圾焚烧综合利用产业正常运转的重要经费来源，是发达国家管理生活垃圾的重要手段。

很多国家都采取了法律法规等限制手段、命令及控制手段与经济手段相结合的方式来解决环境问题。作为经济手段之一的垃圾收费制就受到了世界各国政府越来越多的重视。垃圾收费制最大的特征是可以给地方政府带来大量的财政收入，以保证垃圾的妥善处理。同时，也可以通过市场机制，使各国地方政府采取经济上合理的行为，自主选择最具经济性的垃圾削减对策，降低垃圾处理成本，减少垃圾对环境造成的负荷。另外，它也具有持续性的刺激效果，对于开发具有长期效果的垃圾减量化、无害化及资源化处理技术有很好的促进作用。

垃圾收费制的目的大致有以下几种：一是增加财政收入。这是获得财政收入的有效途径。二是促进垃圾的减量化。但采取垃圾收费制能否达到减量化目的，还要看所采取的垃圾收费制的具体做法，做法不同，获得的效果也不同。三是提高居民的环境卫生意识。适当的收费，可使居民关心居住环境的卫生状况，提高居民的环境保护参与意识。四是实现垃圾处理费用的公平负担。主要是保证垃圾公共收集处理服务的公平性。五是促进垃圾的分类收集和再循环运动，提高垃圾的资源化效果。各国政府或各城市地方政府根据不同的收费目的采取不同的收费方法与取费标准，在实施过程中，有的为多种措施并施。

通过垃圾收费制获得维持垃圾焚烧运行资金来源的过程中，一个焦点问题是这种垃圾处理服务的性质及收费制本身的特点，也就是说垃圾处理服务是公益型还是市场型，垃圾收费制本身是否能够完全按照价格规律来运行。它决定着收费标准的确定及整个垃圾收费制的运行机制。通过对国外环卫运行机制的大量调查研究发现，国外垃圾焚烧处理服务仍然是以公益型为主，有的具有公共服务和市场化的双重性质，而不完全是市场型的，不能完全按照市场的运行机制来调节。垃圾焚烧处理服务大都是承包性质的，一般是由政府拨款，国营或私营企业承包来经营垃圾焚烧处理，而不完全是按照市场化来运行，垃圾收费制只是政府获得垃圾治理资金的一种渠道。其次是垃圾收费制在城市财政中的地位问题，也就是说垃圾收费占垃圾治理经费的主体地位还是占辅助地位，垃圾收费金额能否满足垃圾收运处理的成本。国外垃圾收费一般只占环卫经费的一部分，特别是实行从量收费制的城市，收费金额不稳定，不可能占环卫经费的主体地位。如新加坡全年的环卫经费在 3 亿新元左右，而每年的生活垃圾、非生活垃圾的收费金额为 6000 万～7000 万新元，只占总经费的 1/4。日本很多城市的垃圾收费也是以补充财政收入为目的。爱尔兰的收费金额只能满足垃圾收运费用，但不能满足垃圾焚烧和填埋费用。法国东部的汝拉特的一个垃圾处理中心的日常经费来源为居民垃圾收费（75%），回收废品收入（15%），政府补助（4%～5%），供热卖电（5%～6%）。韩国实施垃圾从量收费制所获得的收入是实际垃圾清运处理成本的 30%。尽管如此，收费制度仍然是许多国家垃圾焚烧处理设施的建设和运营的重要资金基础。通常这种费用的收取，不是让生产者或者消费者一次性缴纳，而是多采取分期支付或者根据排放量支付，从而减少了生产者、消费者的缴费负担。此外，利用垃圾处理费可以集中处理垃圾，避免垃圾产生者数量多、分散性、不能集中资源进行处理的特点，提高了资源利用，减少了环境污染。

垃圾收费制度在垃圾焚烧处理过程中也存在以下弊端，由于垃圾焚烧是一项持续的经济行为，需要保证垃圾处理费的持续获取以支持垃圾焚烧企业的运行。因此，垃圾收费额度的变化必须和垃圾焚烧的经营成本变化相一致。但目前大多数国家对垃圾收费额度长期未做调整，各国的垃圾收费标准不高，无法和日益增长的经营费用相一致，没有从根本上改变人们目前的生活习惯及消费观念，不能从根本上抑制住垃圾不断增长的趋势。垃圾收费即使在筹集资金的低层次上，也只能提供其中的一部分，不能完全解决政府的财政负担，因此，确定合理的收费率是保证实现垃圾管理目标的方式之一（谭灵芝等，2008）。

4.4　发达国家垃圾焚烧政策经验对我国垃圾焚烧发展启示

各国对利用焚烧处理垃圾的政策制订由本国垃圾处理处置的技术等级和目标所决定。在强调源削减和资源循环利用的国家，多注重生产的循环。更多的是将垃圾焚烧当作一种能源的回收过程，减少垃圾最终填埋量（如日本、德国、荷兰等国家）。这些国家在垃圾源头削减过程中，注意建立和完善行业内部及行业间的产业链和产品链，在各产业间建立起多通道的产业连接，并形成互动关系。从长期看，也减少了企业的生产成本和垃圾处理成本。在能量回收过程中，注重通过焚烧发电、供热等方式进行能量回收。

不同于国外，虽然我国垃圾焚烧设施建设取得了很大的发展，但总体来说，我国对生活垃圾污染防治起步较晚。长期以来，我国生活垃圾的处置主要是以寻找合适地点加以"消纳"为目的。根据 2000 年《城市环境卫生设施规划规范》编制组对 49 座代表性城市的生活垃圾处理调研的统计资料可反映出我国在该领域的现状（表 4-5）：①生活垃圾人均日产量已接近 1kg，尚处于高速增长期；②可回收物含量增长速度远高于垃圾产量增速；③相当一部分垃圾未经压缩运输，致使容重偏低；④除个别城市局部区域开展生活垃圾分类收运试点工作外，其余均为混合收运方式；⑤生活垃圾焚烧和堆肥合计处置率仅占 6.6%，填埋处置方式占有压倒性比例。

表 4-5   部分城市垃圾处理现状统计表

垃圾日产量(t)	人均日产量(kg)	有机质含量(%)	无机质含量(%)	可回收物含量(%)	容重(t/m³)	热值(kJ/kg)
60987	0.54~1.67/0.96	20.0~80.7/54.4	5.6~70.0/28.1	4.1~53.2/16.5	0.22~0.82/0.49	550~8630/3458

分类收运比例(%)	中转运输比例(%)	平均运距(km)	垃圾填埋处置率(%)	垃圾焚烧处置率(%)	垃圾堆肥处置率(%)
≈0	0~100/63	5.0~32.0/15.7	32.0~100.0/93.4	0~68.0/5.6	0~13.6/1.0

注：含分式者，分子为最小值和最大值，分母为平均值。

此外，垃圾焚烧只是在少数经济比较发达的地区使用。但是很多垃圾焚烧处理企业产权模糊，责权不明，缺乏活力，独家经营，无法充当市场竞争主体、自负盈亏、自主经营的垃圾焚烧处理企业，对政府的依赖过重。垃圾处理资金严重不足，来源渠道单一化，绝大部分来自政府拨款，政府财政压力大。同时开征城市垃圾处理收费制度未建立，导致垃圾处理资金无法收回，不利于贯彻"产垃圾者付费"思想和提高居民的环保意识，不利于从垃圾生产源头减少垃圾产量。面对资源短缺甚至耗竭的威胁，如何改革我国垃圾焚烧的管理模式，充分实现我国垃圾焚烧处理的资源化已成为当务之急。

因此，从我国目前垃圾处置发展的现状来看，必须根据本国发展实际及所确定的垃圾处理技术等级框架下进行垃圾焚烧处置的发展，从而引导整个国家垃圾处理的循环发展，最终实现垃圾的减量化、资源化、无害化。在借鉴国外垃圾焚烧的管理经验中，必须结合我国实情，制定适合我国国情的垃圾焚烧处置政策。

1) 制定法律引导垃圾焚烧处置的经济、环境效益的双赢

许多国家的经验表明，垃圾焚烧处理处置的管理大多是在垃圾立法的基础上建立的，法律的演变推动了垃圾处理处置方式和管理方法的发展，也赋予了垃圾处理处置的强制性特点。特别是在西欧国家和日本，对垃圾焚烧的处理处置的管理多是在法律的框架下进行的，同时辅以相应的政策，形成本国的垃圾焚烧管理模式。我国的垃圾焚烧管理还处于初级阶段，政府在管理上缺乏经验，没有形成适宜我国垃圾焚烧管理的政策：一方面生产者、消费者没有足够的动力自觉参与垃圾的减量化排放，从而造成我国能源浪费严重，垃圾产生量逐年递增，并在很长时间难以消除垃圾对环境的影响；另一方面，许多地方对垃圾焚烧存在不顾及本地实际，盲目上马，同时又不能保证环境管理目标实现的现象。借鉴发达国家立法管理垃圾焚烧处理领域的经验，对于我国垃圾焚烧处理处置减量化、资源化和无害化的实现具有很强的现实意义。

1995 年制定的《中华人民共和国固体废物污染环境防治法》是我国第一个全国范围的垃圾管理法律，其对防治我国生活垃圾及其污染做出了全面的规定，是我国生活垃圾管理的基础。今天，我国政府大力提倡循环经济的思想，这种思想将成为我国垃圾处理处置的指导思想。但是我国目前还没有相关的法律法规保证国家建立循环型社会，给依法管理带来了困难。此外，我国的垃圾管理法和其他一些法律缺乏相关性联系，所以必须进一步建立健全相关法律法规体系。

2) 垃圾焚烧的目的

从发达国家实践的经验来看,把垃圾焚烧作为能源回收的一种方式,其处置效果最优,也最符合循环经济的思想。在现有技术经济条件下,这种综合处理类型的发展还具有环境的持续性。多数国家都采用焚烧能源回收处理方式,除强调垃圾的减量化和无害化,也重视在现有技术经济条件下选择合理的综合利用方式,实现垃圾处理的资源化。回收一定量的能源,在垃圾处置成本上获得明显优势,对于希望持续改善垃圾治理效果,提高垃圾循环利用率的国家有较强的借鉴意义。

我国是人均资源紧缺的国家,资源的再利用有利于我国经济的持续发展。根据我国目前社会经济发展状况来看,现阶段应该采用德国的垃圾焚烧综合利用模式。首先,因为我国部分城市垃圾处理场地有限,填埋难以满足垃圾增长的需求。另一方面,目前中国的电力事业发展滞后,电力在近几年需求缺口较大,垃圾焚烧发电可在一定程度上补充我国电力资源的不足。此外,我国自主开发的垃圾焚烧技术的迅速发展也为垃圾焚烧创建了条件,国内设备不仅比国外设备便宜、适用范围广,排放也可能达到国家标准。因此,在未来,垃圾焚烧的综合利用将成为我国垃圾处置的重要方式之一。

3) 垃圾焚烧厂的建设和运营费用的承担方

发达国家对垃圾焚烧厂的建设多由政府支持,通过财政补贴和垃圾费的收取保证运营资金,发电企业还可以获得一部分售电收入。许多国家还普遍通过实施再生能源政策推动本国垃圾焚烧发电的发展。近几年,随着一些国家国有化改革的进程,许多国家把垃圾焚烧的建设和运营通过各种方式交给社会资本进行,政府更多是利用各种财政税收政策鼓励社会资本的进入。这些改革已经取得了明显的经济效果:政府减少了投资和管理成本,企业获得了利润,同时也促进了本国环保产业的发展。

我国在垃圾焚烧厂建立的初期,大多是由政府承担建设和运营费用。表4-6是我国生活垃圾焚烧开展早期的资金来源,可以发现从垃圾收运到垃圾焚烧处理发电,政府几乎包揽了全过程。提供产品服务需要增设机构和人员编制,而政府公共产品存在价格过低,收入尚不足以支持日常的运转费用的现象,导致财政赤字循环积累不断扩大,根本无法满足社会的需求。垃圾焚烧厂的建设和管理赶不上城市建设的发展,最后成为政府的负担。近年来,随着我国市场化程度的提高,我国政府正把许多原来由政府投资、政府管理的公共事业推向市场,通过制定各种优惠政策鼓励社会资本的进入。

表4-6 中国生活垃圾焚烧处理建设工程造价表 （单位：万元）

资金组成	焚烧处理
全部国内资金	3500~5000
60%内资+40%外资	6000~8000

资料来源：张越(2004)。

确定我国垃圾焚烧的建设和运营的管理模式,不仅有助于借鉴国外对垃圾焚烧厂投融资政策,而且有利于我国相关政策的制定。在借鉴他国经验时,必须考虑我国目前的经济发展现状，不能采取一刀切的模式，应因地制宜地推动我国垃圾焚烧产业的发展：东部地区可以全面推进市场化，西部地区有步骤有计划地逐步推进。东部地区由于拥有许多资金雄厚的大企业，市场化程度也比较高，政府越来越多地把一些称为"准公共产品"的行业让渡给企业经营。

4）将垃圾焚烧作为垃圾处理产业的一部分，确定相应的产业政策

日本通产省产业结构审议会在《80 年代通商产业构想》中提出政府干预产业调整的四项原则：第一，干预的经济效率性原则；第二，对市场机制的补充性原则；第三，临时性的干预原则；第四，政策范围与内容的明确性原则。垃圾焚烧既是城市公共事业，也是新兴高新技术产业，既需要弥补市场缺陷（市场失败）而实施的间接干预的产业政策，也需要保护、扶持高新技术产业的激励型产业政策。

目前我国的垃圾焚烧还处于发展阶段，国内制定的有关垃圾焚烧处置的政策经验较少，现阶段也不可能制定完善的产业政策体系，而全盘挪用西方国家的产业发展政策也是不科学的。因此需要分析目前我国垃圾焚烧处置产业发展中面临的主要问题，明确我国垃圾焚烧处置的发展目标，选择并实施有利于推动我国垃圾焚烧处置发展的政策组合。

5）充分利用第三方力量

除去政府、市场的力量，许多国家政府经常有意识地对一些公共问题不予理睬，因为他们相信家庭、自愿组织是解决问题的最佳渠道。这些自愿组织是自愿运行的非政府组织，他们的成员并不是在政府强制的情况下进行的。即使他们做了一些为公共目标服务的工作，也是出于自身利益、道德或者情感上的满足（豪特利·迈克尔和拉米什·M，2006）。这种政策工具的成本非常低，与个人自由主义的社会文化相适应。特别是近几年私有化的迅速扩展，许多社会都愿意采用这样的工具。这种政策工具对家庭和社区联系来讲非常重要。

在垃圾焚烧领域，充分利用第三方力量，可以为垃圾焚烧提供信息交流平台，包括技术交流（如德国的做法）、资金交流、产品交流等，同时推进垃圾焚烧处置的规模化和市场化，提高垃圾焚烧处置的环境标准。充分发挥社区的监督和宣传作用，一方面监督垃圾焚烧处置的环境达标状况，另一方面可以起到宣传环保、节约资源的作用。

4.5　本章小结

（1）国外的垃圾焚烧处理注重通过法律规范引导，制定合理的政策保证垃圾焚烧环境经济效益的实现。积极推动本国垃圾焚烧处置的市场化。

（2）我国在垃圾焚烧方面的影响因素主要是制度性障碍，需要充分学习国外经验，结合本国实际进行相关的改革。

5 我国垃圾焚烧处置的案例研究

我国垃圾处理原则是按照减量化、资源化和无害化的顺序提出，但目前几乎所有的地区在垃圾处理中都以无害化处理为基础。这与我国垃圾管理方式、处理技术简单有关，也与处置成本和地方财政支付能力有关。随着我国垃圾处理技术的提高，高效处理成为可能。此外，我国经济高速发展，市场化程度不断完善，地方财政有能力拿出更多的资金发展先进的垃圾处理技术，使我国垃圾处理减量化和资源化的目标成为可能，为我国垃圾处理重心的前移奠定了技术和资金基础。

根据我国环境管理的长期目标，解决垃圾对环境的污染，实现垃圾处理中的资源、能源回收成为我国垃圾处理的主导思想。在几种主要的垃圾处理方式中，垃圾焚烧能够较好地实践我国垃圾处理原则。但我国垃圾焚烧处置还处于发展的初期阶段，有关管理政策、市场运作还缺乏经验，也缺乏针对垃圾焚烧系统的环境经济政策和相关技术的环境经济分析。这种状况不适合社会发展对垃圾处理的要求。因此，研究我国垃圾焚烧发展中面临的问题以及政策的重点，以便制定积极的环境经济政策引导我国垃圾焚烧的发展是十分必要的。

根据我国目前垃圾焚烧的发展现状，垃圾焚烧处置企业主要集中在经济发达地区，如上海、天津、北京等地。本章选取上海和天津两个城市的垃圾焚烧厂进行案例调查，分析在垃圾焚烧中的管理措施、经济效益、二次污染控制、政府的管理政策等，探索我国垃圾焚烧发展过程中的主要问题及管理经验。

5.1 上海市浦东新区御桥生活垃圾发电厂案例研究

5.1.1 御桥生活垃圾发电厂基本情况

1. 概况

在上海，对生活垃圾的处理已经成为继交通、土地等之后的又一制约城市发展的重要因素。上海市国民经济的快速发展和城市人口的急剧增长，直接导致了资源需求和垃圾排放量的日益增长。2016 年上海市生活垃圾清运量为 629.4 万吨。生活垃圾污染农田、水体和空气，滋生蚊蝇，成为影响上海市生态环境和市民生活质量的因素之一。上海作为现代化大城市，垃圾成分趋于复杂且潜在经济价值较高，从资源化和保护自然环境与生态平衡的角度来看，传统的以垃圾填埋方式和简单堆放后再采用土地还原法处理垃圾的处置管理模式，已难以适应城市建设的需要，在保证垃圾处理无害化前提下，如何能最大限度地实现垃圾处理的资源化是发展方向。

为了解决上海市垃圾处置设施和技术的发展严重滞后于经济发展的现状，减少生活垃圾对城市环境的影响，根据《上海市固体废弃物处置发展规划》，从 2000 年起，上海市新建设了两个垃圾焚烧发电厂和一个垃圾生物综合处理厂,和已有的两个生活垃圾填埋场一起,承担了上海市 60%以上的生活垃圾处理量,缓解了上海市日益增长的垃圾量和垃圾处置设施严重不足的矛盾。2016 年已有垃圾焚烧厂 7 座,垃圾焚烧处置量 272.9 万吨,占垃圾清运量的 50%以上。垃圾焚烧厂和垃圾生物综合处理厂的建立,为实现上海市垃圾废物资源化再利用奠定了基础。

上海市浦东新区御桥生活垃圾发电厂,是经国家发改委(原国家计委)批准兴建的,我国大陆地区第一家日处理垃圾两千吨级的大型现代化城市生活垃圾发电厂。全厂共占地 120 亩(约 8 万平方米),设有三条垃圾焚烧线,配备两套 8500kW 的汽轮发电机组,设计垃圾年处理能力为 365000 吨,设计年发电能力为 1.36 亿千瓦时。可以使 120 万~150 万城市居民当天产生的生活垃圾得到及时处理,同时通过余热利用,每年可以上网售电 1 亿千瓦时左右,完全采用欧洲现行环保标准。

2. 垃圾处理基本状况

1)处置的生活垃圾基本情况

(1)上海市生活垃圾基本状况。

近些年来,随着上海市经济的快速发展以及居民生活方式和消费的变化,上海市的垃圾物理组成状况也有了明显的变化,主要表现为工业制成品和包装商品的废弃物迅速增长,从而引起生活垃圾中的与废品类有关的各物理组分出现了组成分率的上升,同时上海市的垃圾焚烧热值也普遍超过垃圾焚烧要求的最低热值。2016 年上海市生活垃圾密度年均 154kg/m^3,含水率年均 58.10%,低位发热量年均 5 700kJ/kg,元素总和 28.55%。垃圾物理组分中厨余类、纸类、橡塑类含量相对较高,尤其厨余类即易腐有机物含量年均达到 60.40%,其次橡塑类 17.56%及纸类 11.88%,此三类物质总和已近 90%(表 5-1)。

表 5-1　上海市生活垃圾组成变化

	2007	2008	2009	2010	2011	2012	2013	2014	2015	2016
密度(kg/mr)	188	176	173	166	161	189	166	190	177	154
含水率(%)	58.98	57.51	56.97	57.01	54.62	59.94	59.73	60.25	59.28	58.10
低位发热量(kJ/kg)	4790	5250	5470	5600	5750	5080	5680	5580	5800	5700
厨余类(%)	67.37	63.47	63.69	63.51	61.66	64.97	62.21	65.07	61.10	60.40
纸类(%)	9.01	10.19	11.71	11.90	13.31	9.57	12.66	10.58	12.07	11.88
塑类(%)	15.67	18.26	16.66	16.75	17.11	15.71	16.56	15.99	16.57	17.56
纺织(%)	2.58	2.57	2.38	2.29	2.12	2.31	2.14	2.03	2.57	2.85
木竹类(%)	1.10	1.09	1.24	1.48	1.60	2.69	1.49	2.70	4.52	1.95
灰土类(%)	0.19	0.10	0.06	0.01	0.12	0.00	0.05	0.08	0.02	0.02
砖瓦陶瓷类(%)	0.44	0.46	0.51	0.35	0.45	0.51	0.40	0.45	0.44	0.41
玻璃类(%)	2.35	2.50	2.84	3.03	2.98	2.53	2.29	2.31	2.10	3.57
金属类(%)	0.50	0.34	0.52	0.48	0.32	0.33	0.35	0.54	0.51	1.08
其他(%)	0.04	0.06	0.07	0.07	0.21	0.05	0.05	0.15	0.08	0.09

续表

	2007	2008	2009	2010	2011	2012	2013	2014	2015	2016
混合类(%)	0.74	0.97	0.33	0.13	0.12	1.31	2.09	0.11	0.03	0.19
可回收物(%)	31.21	34.94	35.35	35.94	37.44	33.13	35.48	34.15	38.33	38.90
可燃物(%)	28.37	32.10	31.90	32.42	34.14	30.27	32.84	31.30	35.73	34.24
氢(H)(%)	2.54	2.60	2.53	2.77	2.61	2.35	2.33	2.05	2.33	2.20
碳(C)(%)	17.53	17.45	16.69	18.84	18.29	16.53	16.46	16.29	18.19	17.35
氮(N)(%)	0.39	0.36	0.31	0.31	0.28	0.34	0.31	0.30	0.33	0.34
硫(S)(%)	0.33	0.36	0.35	0.36	0.32	0.31	0.31	0.26	0.29	0.30
氧(O)(%)	10.28	8.54	8.56	11.50	11.28	9.75	8.76	9.49	10.30	8.22
氯(Cl)(%)	0.39	0.32	0.38	0.40	0.33	0.25	0.16	0.14	0.15	0.15
总和(%)	31.46	29.63	28.82	34.18	33.11	29.53	28.33	28.53	31.59	28.56

资料来源：程炬和董晓丹(2017)。

2016 年上海市生活垃圾低位发热量 11 月最小(5120 kJ/kg)，1 月最大(6100 kJ/kg)，年均 5 700 kJ/kg(图 5-1、图 5-2)，可以满足垃圾焚烧要求。

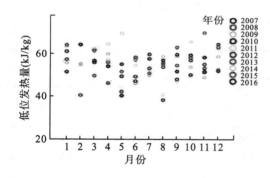

图 5-1 上海市生活垃圾含水率月度变化   图 5-2 上海市生活垃圾含水率年度趋势变化

资料来源：程炬和董晓丹(2017)。

(2)处理生活垃圾的来源。

上海浦东新区在全区推行垃圾分类制度：有害垃圾丢入红色垃圾桶，废玻璃丢入黄色垃圾桶，可焚烧垃圾丢入绿色垃圾桶。从而避免了将所有生活垃圾装入一个垃圾袋的现象，避免了不能焚烧的垃圾(如玻璃等)对焚烧炉的伤害，从源头上保证了焚烧垃圾的质量。

御桥焚烧发电厂的服务范围涉及浦东新区城区 13 个街镇和农村 4 镇的所有居民小区和企事业单位。

(3)生活垃圾处理量。

根据御桥生活垃圾发电厂数据统计，该厂日进垃圾量为 1300～1400 吨，其中 1200 吨左右来自垃圾转运站，由政府调运，其余全部直接来自居民小区。全年垃圾进厂量约为 400000 吨。进入焚烧厂的垃圾大致流向是：进厂的垃圾除去 12%～15%的渗滤液外(上海夏季垃圾的渗滤液占垃圾的比例达到最大值，达 20%)，通常经过一天的堆放后再进入焚烧炉。焚烧后剩下的灰渣占垃圾进场量的 20%，飞灰占垃圾进场量的 3%（具体生产数据见表 5-2、表 5-3）。

表 5-2　2015～2016 年垃圾焚烧量及发电量

指标	2015 年	2016 年		说明
	7～12 月	1～6 月	7～12 月	
设计垃圾进厂量(吨)	184000	181000	184000	设计量大于进厂量
垃圾进厂量(吨)	212012	201710	212012	
设计垃圾焚烧值(kJ/kg)	1450	1450	1450	
垃圾焚烧热值	—	—	—	
设计发电量(万 MWH)	6300	6300	6300	
发电量(万 MWH)	5041	5103	6243	垃圾含水量较高,垃圾热值偏低,蒸汽量达不到设计值,发电量较低
渗滤液(吨)	25991	23760	25991	
渗滤液占进厂垃圾百分比(%)	12.3	11.8	12.3	
灰渣(吨)	42157	43596	42157	
灰渣占进厂垃圾百分比(%)	19.9	21.6	19.9	
飞灰(吨)	9050	7546	9050	
飞灰占进厂垃圾百分比(%)	4.3	3.7	4.3	

表 5-3　2016 年垃圾焚烧量及发电量

指标	2016 年							均值	说明
	1～6 月	7 月	8 月	9 月	10 月	11 月	12 月		
设计垃圾进厂量(吨)	182000	31000	31000	30000	31000	30000	30000	30417	设计量大于进厂量
垃圾进厂量(吨)	220618	43827	41641	29883	35887	33920	38378	37012	
设计垃圾焚烧值(kJ/kg)	1450	1450	1450	1450	1450	1450	1450	1450	
垃圾焚烧热值(kJ/kg)	—	—	—	1278	1309	1214	1128	1128	借由蒸汽产生数量和垃圾焚烧量精确计算垃圾热值
设计发电量(万 MWH)	6300	1050	1050	1050	1050	1050	1050	1050	
发电量(万 MWH)	5552.4	920.1	1093.9	773.6	1086.3	865.5	1054.2	932.5	垃圾含水量较高,垃圾热值偏低,蒸汽量达不到设计值,发电量较低
渗滤液(吨)	25902	8819	6919	5183	4767	5669	5543	5233.5	
渗滤液占进厂垃圾百分比(%)	11.7	20.1	16.6	17.3	13.3	16.7	15.3	15.9	
灰渣(吨)	43596	8462	7835	8731	8392	8678	7795	7790.8	
灰渣占进厂垃圾百分比(%)	19.8	19.3	18.8	29.2	23.4	25.6	20.3	22.3	
飞灰(吨)	4601	1442	1462	1319	1318	1278	1226	1053.8	
飞灰占进厂垃圾百分比(%)	3.5	3.3	3.5	4.4	3.7	3.8	3.2	3.6	

全厂实行 24 小时不间断工作制，三台垃圾焚烧炉每天保证两台正常运转。从实际进厂量看，日处理能力约为 1000 吨，日设计发电量为 30 万～35 万千瓦时，由于上海垃圾含水量较高，垃圾热值偏低，使得蒸汽量达不到设计值，发电量较低，目前日均发电量在 31 万～32 万千瓦时。

2) 生活垃圾处理工艺、流程及特点

生活垃圾的处理流程如图 5-3 所示。

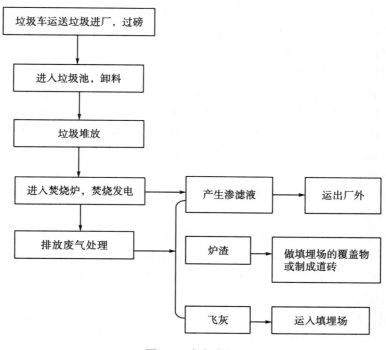

图 5-3　生产流程

(1) 垃圾的收集。

该厂所处理的垃圾主要由浦东新区环保局下属的固体废物管理署保证垃圾的供应量。焚烧厂不参与垃圾的收集，也不接受社会其他个体和单位收集的垃圾。

(2) 垃圾的运输。

上海市浦东新区环保局固体废物管理署负责把从居民小区、企事业单位收集到的生活垃圾运送到垃圾焚烧厂，垃圾焚烧产生的灰渣、飞灰以及处理的渗滤液也由环保局负责运出，并承担所有运输费用。与御桥生活垃圾发电厂同属一家的还有三家清运公司，由中介公司负责清运公司，清运公司的清运路线和垃圾也由固体废物管理署确定，垃圾运入垃圾焚烧厂。

(3) 垃圾的计量。

垃圾入厂后首先需要计量。政府和企业在垃圾运入量的核算过程中，采取了第三方介入的办法，即政府和企业都不直接参与垃圾的运送量的称重，而是由中介公司进入御桥生活垃圾发电厂进行计量称重。政府、企业和中介公司互相监督。

在御桥生活垃圾发电厂区门口的地磅间,由一名来自中介公司的工作人员进行垃圾运入量的过磅、计量和统计。车辆进厂会自动刷卡登记,称重后计算机自动记录重量,司机拿到相应的记录收条,以便核对工作量。

(4) 入厂后垃圾的堆放和存储。

垃圾进厂后就直接进入全封闭垃圾池。垃圾池深 12.5m,可堆放 6000～7000 吨垃圾。由于我国的生活垃圾中有许多诸如瓜皮、果壳之类含有水分的东西,在垃圾进入焚烧炉前,还要经过预烘干处理。预烘干之后,经过磁选,吸走垃圾中不能燃烧的金属部分。每天垃圾池中渗出的渗滤液约为 150 吨,由政府提供专门的设备回收,进入污水处理厂处理后排入城市污水管道。卸料间的清理外包给私人。

(5) 垃圾焚烧和最终处置。

垃圾在堆放 1～2 天之后进入焚烧炉。全厂共有三座焚烧炉,其中一号炉从法国进口,二、三号炉为国产。焚烧炉采用倾斜往复式排炉,生产线配置三炉两机,设计使用年限为 25 年。对垃圾的进料和燃烧过程的监控全部在中央控制室完成。炉排面积为 60～70m²,每小时可分别处理 15.2 吨生活垃圾。焚烧炉通过蒸汽推动两套 8500kW 汽轮发电机组发电。

垃圾焚烧后剩下的灰渣每天为 200～300 吨,由出渣口直接进入专门的运输车辆,由政府负责运送,或者成为填埋场的填埋覆盖土,或者制作成道砖。焚烧后剩下的飞灰每天约为 30 吨,直接进入填埋场。

烟气净化区是全厂的核心部门之一,共占设备投资的 1/3。部分设备由法国进口。烟气处理采用"半干式洗涤塔+布袋除尘器工艺"。垃圾焚烧过程排放的废气中,以二噁英对环境的危害影响最大。其排放指标是每立方米 0.1 纳克毒性当量。粗略换算一下,在 100 亿立方米的外排烟气中,只有 1 克二噁英,其对空气的影响却超过排放的任何一种烟气,是对垃圾焚烧厂环境监测的最重要指标之一。这座发电厂采取两个步骤消除二噁英:首先是提高焚烧炉炉温,在炉温高于 800℃的情况下,燃烧过程中生成的二噁英就会分解;其次用活性炭吸附烟气中的二噁英。御桥生活垃圾发电厂二噁英排放检验由比利时一家公司完成,排放量为国家标准的 1/3。

全厂的各种运行状况每两个小时巡检一次。

3) 环境污染的控制

从垃圾焚烧厂的厂址选择、生活垃圾处理工艺的设计和处置效果来看,该厂对垃圾焚烧过程中产生的二次污染问题解决得较好,达到或者超过了国家规定的现行环境标准。焚烧厂对各类污染实施实时监控,同时向社会公布各种排放数据,接受社会监督。

御桥焚烧发电厂远离市区,厂区内种植了大面积的林木和花草,对污染物和噪声起到一定的防治和吸附作用。厂址的选择避开了居民集中的地区,避免了二次污染对居民的居住环境造成影响。同时,焚烧厂建在工厂集中的经济开发区,焚烧后产生的部分废料可以直接就近利用,如利用垃圾焚烧后产生的灰渣就被临近的制砖厂直接利用,减少运输中的二次污染。

(1) 炉渣。生活垃圾焚烧后产生的炉渣经过检验不含有毒物质,可以送填埋场作为垃坂层覆盖土，也可以作为建筑材料和填充材料。该厂自投产至今产生的 23 万余吨的炉渣，除约 7 万吨作为道砖生产原料以外，其余都送入了上海黎明填埋场填埋。

（2）飞灰。飞灰含有重金属和二噁英等有害物质，飞灰和活性炭一起经过水泥固化后深埋。目前产生的飞灰全部送往上海市固体废物处置中心安全填埋。

2004 年初，该厂配合浦东新区政府主持的科研项目（学术配合单位为同济大学和上海大学）进行飞灰性质及再利用相关课题研究，现在对飞灰已能做到全部资源化利用。

（3）渗滤液。渗滤液的处理在初步设计过程中同时采取两个处理方案：一是渗沥水回喷焚烧炉；二是从法国引进成套处理设备。但由于浦东垃圾热值远低于设计值，不宜将垃圾渗沥水回喷焚烧炉，第一种方案无法落实。而第二种方案，由于原建厂厂商的技术原因终止从法国进口设备。该厂目前所有的渗滤液全部运到上海黎明填埋场处理。

（4）烟气排放。焚烧厂设计烟气排放标准为烟尘 30mg/m^3，HCl 50 mg/m^3，SO$_2$ 200 mg/m^3，NO$_x$ 400 mg/m^3，CO 150 mg/m^3，Pb 1mg/m^3，Hg 0.05 mg/m^3，Cd 0.5 mg/m^3。根据国家环保部门的规定，该厂的生活垃圾焚烧项目符合环境保护验收条件，工程环境保护验收合格。

御桥生活垃圾发电厂拥有连续监测装置，根据欧洲标准定期检验，并且与烟气处理系统连锁自动监控，以保证排放标准。除二噁英外，烟气里的其他有毒气体以及飞灰不会逃逸散发。电厂采用先进工艺处理烟气，对烟气层层过滤。电厂的烟囱高达 80 米，排放的烟气可迅速被气流吹散稀释；烟囱里还安装有烟气分析仪，可以随时报警。

（5）二噁英。工厂采用垃圾焚烧"3T"控制，即烟气温度、停留时间和燃烧空气的充分搅拌，使垃圾焚烧产生的二噁英 99.99%得以充分分解。垃圾焚烧首先保证垃圾均匀给料，使垃圾在炉排上充分燃烧，炉内二次燃烧室内的烟气温度高于 850℃，并保证烟气在该温度下保留 2 秒。由于一氧化碳的浓度与二噁英的浓度有一定线性关系，通过设计调整空气速度、空气量和注入位置，保证炉中烟气和二次风充分混合，减少一氧化碳，从而减少二噁英的排放。

反应塔出口设置活性炭喷射口，去除烟气中的重金属和二噁英。反应塔出口的烟管处喷射活性炭，活性炭的加入量为 50mg/Nm^3，可以使烟气中的二噁英被吸附在活性炭上，能有效去除二噁英。该厂的布袋可以过滤粒径大于 1μm 颗粒污染物，因此烟气中 99%以上的颗粒污染物均被收集，并作为危险废弃物送往上海市固体废弃物处置中心填埋。

我国 2015 年将二噁英排放限值从 1ngTEQ/m^3（2000 年国家标准）提高到 0.1ngTEQ/m^3。御桥焚烧发电厂经过技术改造，在最近的一次二噁英监测中（委托浙江省环境监测中心在 2017 年 8 月 21 日至 22 日取样），二噁英含量最小值为 0.01I-TEQng/m^3，最大值为 0.09 I-TEQng/m^3，全部达标。

（6）臭味。垃圾卸料区采用室内密闭布置。进出口设置了两台空气气幕机，以防止卸料区臭气外逸。设计时，考虑使垃圾坑内保持一定的负压，防止臭气外逸，同时将这部分臭气送到焚烧炉焚烧。因此，垃圾卸料区及储坑内的臭气不会对环境造成影响。

为了降低恶臭指标，厂里对渗沥液系统、垃圾坑等所有的漏气和漏水点进行封堵。安排专人定期现场检查，发现磨损、堵塞、臭水外逸等现象，能及时检修。渗沥水外运点由专人管理，定期冲洗卸料点。

垃圾运输车途经的厂区地面每天冲洗，尽量减少臭气外逸。为防止垃圾车渗沥水滴漏污染环境，对进厂的垃圾车进行严格监督，一发现滴漏立即呈报政府主管单位。在浦东政府环卫局的严格要求下，垃圾车自 2004 年起逐年更新，杜绝滴漏的发生。

4）组织结构

御桥生活垃圾发电厂属于中外合资企业，是一家由国有、外资共同持股的股份制企业集团。中方和外方各占 50%的股权。中方由浦东发展集团公司（简称浦发集团）参与运作，外方是意大利的 Impregilo china investments N.V（英波基洛公司）。通过 2003 年的企业制度改革，强化市场化经营和引进新的管理体制，集团形成了以董事会、总经理、副总经理、部门和生产车间（生产线）为基本框架的组织管理体系，如图 5-4 所示。

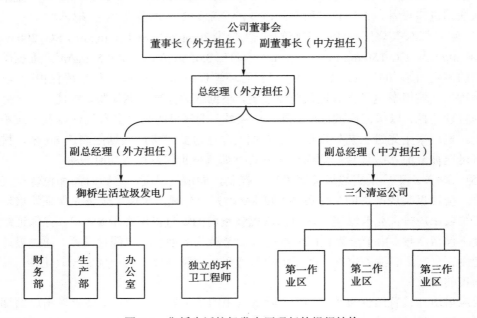

图 5-4　御桥生活垃圾发电厂现行的组织结构

目前集团除了御桥生活垃圾发电厂外，还有下属的三个垃圾清运公司。

集团的董事长目前由外方担任，副董事长由中方任职，中方的董事长由浦发集团公司总裁担任。公司总经理由集团总公司任命，目前总经理由外方担任，主要管理御桥生活垃圾发电厂的生产经营活动；中方的副总经理主要负责集团下属的三个清运公司。由于中方和外方各占 50%的股权，以上职位四年轮换一次，由中方和外方轮流任职。

御桥生活垃圾发电厂的处理工艺自动化程度比较高，车间工作按照岗位责任进行标准化或类标准化操作。日常的培训和管理重点在于使工人熟悉各自的岗位责任和操作。焚烧厂采用多种方式引导工人，比如专门培训、在工作间张贴责任制度和操作守则，以减少工人在生产中的失误，保证生产的连续性。发电厂的管理权相对集中，全厂设有三个部门和一个独立的环卫工程师。三个部门分别是财务部、生产部、办公室。独立的环卫工程师 1 人，主要负责全厂的生产安全。除一名副总经理外，全厂共有其他工作人员 48 人。

5)产权变迁

御桥生活垃圾发电厂前身属于上海浦城热电能源有限公司，是由一家带有"公有制"性质的企业发展起来的。在合资前，上海浦城热电能源有限公司是垃圾焚烧厂的唯一股东，并负责日常运行，该公司为上海浦东发展(集团)有限公司的全资子公司。电厂由浦东发展集团参与运作，启动资金2亿元，其中政府出资1.7亿元，浦东发展银行出资3000万元，之后向法国政府贷款3000万美元，再由浦发集团向商业银行贷款将近2亿元，最终筹集到了足够的资金。御桥生活垃圾发电厂的商业运作是上海垃圾处理市场化的一个开端。

在随后的发展过程中，在原有的环卫系统改革的基础上，浦东新区政府决定退出最初的出资人、管理者和经营者的角色，将御桥生活垃圾发电厂的管理和经营交由市场，让社会资金进入该领域，政府只起监督和宏观管理的作用。为了引进国外的先进管理经验和技术，2003年上半年，浦东新区政府将按照国际惯例和市场化、法制化的运行原则，将御桥生活垃圾发电厂项目导入国际市场，并将采取授予特许经营权、提供运营补贴、建立垃圾供应保障机制、给予经营优先权等扶持措施，鼓励在环保方面富有经验和实力的专业投资者和战略投资者进入浦东的环保产业。在这种思想的指导下，新区政府对御桥生活垃圾发电厂实行网上公开国际招标，从来自新加坡、法国、日本、意大利、美国等国家的十几家国际大公司中精选出6家国际公司递交了投标书，其中包括该领域全球排名第一、第二和第四的公司都参与了招投标，最后意大利的英波基洛公司(Impregilo china investments N.V)中标。2003年11月26日，上海浦东发展有限公司(浦发集团)与英波基洛公司签订合资合同，上海浦东发展有限公司同意以约4.5亿人民币(股票面额50%溢价)之股权转让价款，转让上海浦城热点能源有限公司50%的股权给英波基洛公司。在合同签署之后，政府退出了经营领域。目前该厂属于中外合资企业，中方和外方各占50%的股权。

御桥生活垃圾发电厂产权演变过程为：①1998~2002年，御桥生活垃圾发电厂属于浦发集团，国有股占100%。②2003年上半年，国际招标，意大利的英波基洛公司中标。③2003年11月26日，浦发集团与英波基洛公司签署股权转让合同，各持50%的股份，政府退出，产权改革完成。

6)御桥生活垃圾发电厂生产和经营情况

垃圾发电厂在生产经营中除了提供环境质量改善服务之外，主要提供以电能为主要能量形态的产品，同时焚烧后剩下的灰渣制成道砖。

(1)发电厂发电量。

御桥生活垃圾发电厂主要通过对生活垃圾焚烧发电，从而实现垃圾处理的减量化、资源化和无害化。上网电价为0.5元/千瓦时。自用电量和上网电量比例约为1:4。

(2)企业的外包项目。

企业外包项目共有三项：卸料平台的清扫——承包给私人；渗滤液的运输和处置——政府部门负责；废渣和飞灰的外运和处置——政府部门负责。

(3) 企业的效益状况分析。

A. 成本分析。

a. 基建成本：御桥生活垃圾发电厂是浦东新区对环卫系统进行市场化改革的产物。基建成本主要包括土地投资、厂房投资、设备投入费用等，共计 6.7 亿元（由专业评估公司和世界银行共同评估的结果）。

b. 运营成本：发电厂进行日常运营的费用包括水、电、生产原料、人工、设备折旧等几方面。

焚烧发电厂投资 6.7 亿元，配 1.7 万 kW 发电机，年发电量约 1.1 亿千瓦时，按 20 年折旧期计算，6.7 亿元投资如通过发电来回收成本，每年的运行费用为 6.7 亿元（1.1 亿千瓦时）（20 年），折合为 0.3 元/千瓦时，取贷款利率为 5%，则每千瓦时电分摊的折旧费为 0.45 元。

生活垃圾焚烧处置运营成本（不包括还本利息）为 101.8 元/年，其构成如下：原辅材料、原料动力占 7.59%，工资福利占 9.69%，修理费占 50.73%，填埋费占 22.17%，管理费占 9.82%。每年的运行费用需 101.8×1000×365＝3715.7 万元，根据计算，分摊在每千瓦时电上的费用为 3715.5÷(1.1×10⁹)＝0.3378 元/kW·h。

每千瓦时电总成本为 0.7878 元：①在现行财务核算体制下，垃圾焚烧上网电价由以下部分构成，即上网电价＝发电成本＋税金＋利润（税后）。②人工费用包括管理人员工资、人员消耗、总公司提取、劳保费用和材料消耗等。③根据《关于部分资源综合利用及其他产品增值税政策问题的通知》（财税〔2001〕198 号），对利用城市生活垃圾生产的电力实行增值税即征即退的政策，在计算成本时按即征即退考虑。④所得税税率为 33%，但根据财政部、国家税务局《关于企业所得税若干优惠政策的通知》（财税字〔1994〕001 号），企业利用废水、废气、废渣等废弃物为主要原料进行生产的，可在五年内减征或者免征所得税。在计算成本中，按五年内免征所得税考虑。⑤垃圾的运入以及最后剩余残渣和渗滤液的运出成本都由政府承担。

尽管上海市垃圾由于季节不同含水率变化较大，影响垃圾燃烧热值，进而影响垃圾的发电量。但垃圾总的运行成本变化不大，主要是由于：①通过几年的生产实践，积累了丰富的生产经验。②尽管垃圾的季节性波动大，但根据技术上的改进尽可能减少垃圾质量对发电量的影响。③垃圾的供应量高于工艺的设计处理量，保证设备按照设计容量正常运营。④管理费用降低。⑤电价方面受到国家的优惠政策。

B. 发电厂主要收入分析。

垃圾焚烧发电厂正常运营的情况下，收入主要包括以下两个方面：处理生活垃圾政府支付的处理费，上网售电收入以及废旧金属回收。

a. 由于垃圾焚烧发电厂具有社会公益性质，政府必须给予垃圾焚烧发电厂一定数额的补贴才能保证电厂正常运营。按照《城市生活垃圾焚烧处理工程建设标准》规定的建设标准和资本回收率（按照行业基准收益率一般应大于等于 8%）以及御桥生活发电厂的垃圾处理情况，给予每吨垃圾 240 元的处理补贴。全年共计 10646.592 万元。

b. 电能是垃圾焚烧发电厂的主要产品。2016 年上网售电 12000 万千瓦时，每千瓦时电 0.5 元，共计 6000 万元。

c. 废金属回收年收益 35 万元。其中一部分废渣用作道砖生产，由生产厂家免费拉走，二者之间既不付费也不缴费。

d. 未来发展项目列举如下。

道砖生产：发电厂 2016 年焚烧后产生的炉渣约为 88695 吨。自 2004 年 3 月，配合浦东新区政府主持的科研项目，该厂的炉渣送往上海环保渣业处置公司处理。该公司在发电厂的北墙外建立了一座炉渣综合利用的制砖厂，目前已经综合利用炉渣约 101 万吨。根据炉渣的使用和道砖的销售情况，浦东新区政府正积极推动两公司的合作，二者出资建立合资公司生产道砖。

污水处理系统：目前渗滤液的处理都是由政府主管部门处理。2003 年 11 月，御桥生活垃圾发电厂厂内渗滤液处理站项目建设书经批准立项，2004 年 9 月完成公开招标，最后由中船上海第九设计研究院牵头的承包联合体中标(其他成员包括江苏建业建筑安装工程集团有限公司和北京天地人环保科技有限公司)。项目投资 2387.67 万元，采用国际先进的专业审理水处理工艺，膜化生物处理以及碟管式反渗透处理。设计处理能力 300 吨/日。项目于 2003 年 10 月 15 日开工，2005 年 7 月竣工。

7) 政府管理政策

近年来，上海市在市场经济体制下，对环境保护的投资除了政府持续增加投入外，还探索建立了一种有效的多元化投资机制，运用市场的资金运作方式来确保今后几年上海市环境保护投入占地区生产总值 3%以上。根据上海市《"十三五"环境保护规划》，"十三五"期间，上海将在环保上投入约 4400 亿元，比"十二五"期间增加了 37.5%。在生活垃圾的处理上，规划要求，到 2020 年，上海生活垃圾分类要基本实现全覆盖，绿色账户激励机制要覆盖 500 万户以上的家庭；人均生活垃圾末端处理量要在 2010 年的基础上减少 25%，100%实现生活垃圾无害化处置。探索再生资源回收与生活垃圾清运体系的"两网协同"，逐步推进再生资源回收设施与市容环卫设施的规划与建设衔接。优化固废综合利用和循环经济产业园区布局，推进现有企业产业聚集和能级提升。

御桥垃圾发电厂的运作方法正是上海政府加大环保产业投资力度，促进环保产业市场化改革在垃圾处理领域的有效尝试。

为了促进本地区垃圾处理产业的发展，根据垃圾处理产业具有一定的公益性、投资巨大、回收期长等特征，上海市政府在财政、税收、土地等经济政策方面给予支持，促进社会资金的进入。

(1)优惠政策。

①土地方面。浦东新区政府以低于市场的价格批租给发电厂土地 120 亩，并免收 20 年的土地使用费。

②税收方面。执行国家有关税收优惠政策。

③财政政策方面。提供财政补贴政策。每吨垃圾补贴处理费 240 元。

(2)实行招投标制度，提高资金使用效率。

国家已规定大型基础设施、公用事业等项目，全部或部分使用国有资金或国家融资的项目，使用国际组织或外国政府贷款、援助资金的项目必须进行招标。上海浦东御桥垃圾焚烧厂利用法国政府混合贷款，引进世界先进的城市生活垃圾焚烧技术，通过招投标，由法国 INGEROP/ALSTOM 公司中标。

(3) 管理体制。

浦东新区将垃圾的处理从最初的收集到随后的垃圾中转、运输、处理都交由市场运作。政府主管部门只起监督和管理的作用。对垃圾运输路线做统一的部署，每运一车垃圾补贴 200 元左右，垃圾通过规定路线进入各个处理厂。

对于垃圾焚烧厂，垃圾的称重不是由政府或企业完成，而是借助第三方(即中介机构)来完成，政府管理部门和企业都可以通过设备监控到垃圾运输量，以便月底结账时核对。政府每个月给予的 240 元/吨的处理费用都会被扣除 2% 作为保证金，通过对企业进行考核，分数在 85 分以上的企业就全部返还预先扣除的保证金，并根据考核分数评选先进，每半年评选一次，政府部门对优秀的职工和企业都给予一定的物质奖励。如企业获奖，政府奖励 10 万元；驾驶员获奖，政府奖励 2000～3000 元，本企业也会给予一定奖励。

管理体制的特点为：①给予较为完善的优惠政策鼓励社会资金进入。②既借助市场化手段，又将整个运作纳入政府的合理管理之中。③借助第三方(中介机构)，避免了人情关系和腐败，更有助于合理管理。④利用经济手段设置合理的奖惩措施，有利于调动企业和个人的积极性。

3. 调研分析

1) 与关联单位的关系问题

生活垃圾焚烧厂并不是一个封闭系统，它是以生活垃圾为原料输入端、以电力产品为输出端构成的一个物流循环体系，焚烧厂处于这个物流体系的中间环节，与相关横向单位如电网管理部门、生活垃圾收运公司等关系密切，如何有效连接输入、输出端，对焚烧厂将起决定性作用。因此，衔接好与输入、输出端单位的关系，显得尤为关键。具体表现为以下几个方面。

(1) 与电网管理单位的关系。集中体现在生活垃圾焚烧发电上网电价。售电收入是焚烧厂主要收入来源，按每千瓦时电售价 0.5 元计算，焚烧厂一年的售电收入为 5359 万元，占总收入的 94%。利用焚烧生活垃圾余热发电，有别于一般的火力发电和核能发电，它利用城市废弃物替代正在日益减少的煤、石油等天然燃料，具有积极的绿色环保意义，符合可持续发展战略，是一种应积极鼓励发展的新能源形式。为表现对该新能源的积极扶持，其收购电价也应有别于一般火力或核能发电的电价。国外将生活垃圾焚烧列入可再生能源范畴。可再生能源系指利用太阳能、风、地热和生物质能(指能源作物，包括焚烧垃圾)等非矿物燃料作能源，具有循环再生的特性，符合可持续发展战略要求，正日益受到关注。法国则采取政府收购垃圾焚烧所发电量，避免了焚烧厂与电力部门的矛盾，也显示了政府对生活垃圾焚烧发电项目的支持。我国政府也开始重视可再生能源项目发展。国家计委、科技部于 1999 年联合发文，要求国家有关部门在安排财政性资金、国家科技攻关项目时，积极支持可再生能源发电项目。根据 2006 年 10 月 1 号开始实施的《国家鼓励的资源综合利用认定管理办法》，其中将垃圾焚烧发电列入认定范围，垃圾焚烧炉建设及其运行符合国家或行业有关标准或规范；使用的垃圾数量及品质需有地(市)级环卫主管部门出具的证明材料；每月垃圾的实际使用量不低于设计额定值的 90%；垃圾焚烧发电采用流化床锅炉掺烧原煤的，垃圾使用量应不低于入炉燃料的 80%（重量比），必须配备垃圾与原煤自动给料显示、记录装置。并"按国家有关规定申请享受税收、运行等优惠政策"。目前，该垃圾焚烧厂按平均上网电价收购垃圾焚烧厂发电电量。售电收入是垃圾焚烧厂的主要收入来源，收购电价对焚烧厂运作起关键作用。它不仅是一个价格问题，还反映出执行可再生能源政策的情况，是实施可持续发展战略的一次具体行动。如果按平均上网电价收购，则有悖于国家扶持可再生能源的政策规定，势必延长焚烧厂还贷期和加重政府补贴负担，也将影响焚烧厂运作，是焚烧厂运行将要遇到的主要问题。

（2）与垃圾供应单位的关系。主要表现为如何实现生活垃圾焚烧厂原料连续、稳定供应，是一个"保量"问题。焚烧厂一旦点火工作，其所依赖的原料——生活垃圾供应不能间断，数量必须确保，否则会影响焚烧炉工作寿命和向电网稳定供电。要实现"保量"供应，必须依赖于一个完整、高效的生活垃圾收运系统，将生活垃圾源源不断地送进焚烧厂。但目前浦东新区这样的收运网络尚未构筑完善，对焚烧厂的运作也将带来很大的影响。

（3）与垃圾产生者行为的关系。主要体现在垃圾产生者丢弃生活垃圾的行为上，是一个"保质"即保证焚烧厂原料质量的问题。目前，整个新区尚未实行真正的生活垃圾分类丢弃和分类收集，这势必影响垃圾焚烧热值，降低焚烧、发电效率，其中的可回收资源还会被白白浪费，如玻璃、废钢铁等。因此，如何规范垃圾产生者丢弃生活垃圾的行为，建立适合垃圾焚烧处置的分类回收制度，也是焚烧厂运营后将面临的重要问题。

2）企业经营中存在的问题分析

（1）政府资金如何给予，对企业的发展会造成一定影响。对于垃圾焚烧发电厂，提供环境改善的服务是最主要的目的。企业承担了原来由政府提供的公共服务，政府必须通过各项财税政策给予相应的支持。从目前的情况看，浦东新区每个月能够按时按量的给付焚烧厂补贴金额，以支持企业的正常生产经营。但企业担心这种资金的给付是否具有长期性和稳定性。根据企业和政府签订的协议，每年确定一次补贴额度，并且补贴额度将会逐年降低。企业则认为随着免税优惠的结束以及设备的折旧而增加维修成本，这些都会增大企业的生产成本，如果政府减少了补贴，会减少企业的盈利，对企业的持续性发展不利。另外，根据计算结果，如果政府不给予补贴，仅依靠售电收入企业无法获取足够利润，不利于社会资本的进一步进入。从政府的角度出发，过高的补贴是否适合，是否有助于相关产业的持续发展是值得商榷的。继续给予企业财政补贴，增加企业的依赖性，还是从制度上给予保证，如结合我国目前的再生能源政策，在电价上给予优惠，这都是需要政府在和企业进行补贴协议过程中亟待考虑的问题。

（2）垃圾分类收集，居民的认可不足可能会造成资源浪费。尽管浦东新区要求居民实施垃圾分类，但是我国居民普遍没有养成这种习惯，进入垃圾焚烧厂的垃圾多是以混装为主，提高了处理的人力成本，延长了生产时间，缩短了机器寿命，最终对企业垃圾处理成本造成一定影响。尽管在垃圾焚烧之前还会进行一定的磁选，但只是选出部分金属等回收价值高的垃圾和特种垃圾，有时候特种垃圾（如塑料、易拉罐、其他杂物等）也没有得到有效回收，而是直接进入生产的下一阶段。分类标准的不完善，也增加了二次污染的可能性，增加了企业的污染控制成本。

（3）运营成本还有降低的可能。焚烧电厂的运营费用主要是由电、水、人工、维修费用、管理费用等构成，每千瓦时电总成本为 0.7878 元。目前我国火力发电的不完全成本为每千瓦时 0.2～0.3 元，水电为 0.25 元，均低于垃圾发电的价格，说明比起水电、火电，垃圾发电在价格上一点优势都没有，所以降低成本非常重要。发电厂核心设备是法国进口，所以许多零配件也需要从法国进口，维修成本过高。随着我国焚烧设备技术的不断发展，维修费用下降是有可能的。近几年，该厂将一部分设备全部实现国产化，从而在一定程度上降低了维修成本。此外，目前电厂对渗滤液的处理以简单处理为主，没有对渗滤液处理再利用。随着厂内渗滤液处理站项目建设的批准，渗滤液的回收再利用成为可能，一方面减少了污染处置费的缴纳，另一方面还可以将渗滤液用于中水回用，减少水费支出（2016 年耗水 80.3 万吨，价格 2.5 元/吨，其中使用费 1.1 元/吨，排污费 1.4 元/吨。共计水费 200.75 万元）。

（4）企业的发展模式和技术推广容易受到集团决策的影响。在电厂发展早期，集团看到了垃圾焚烧发电带来的巨大经济收益，决定发展以垃圾焚烧发电为主的环保产业。但是随着集团高层领导的更替，发展环保产业的计划被搁置，企业也因此失去了宝贵的发展机会。目前，该厂只与江苏省常熟市签订了垃圾焚烧技术培训计划，推广自己的设备和技术。但没有在自身发展的基础上扩大再生产，从而限制了企业的进一步发展。企业许多先进的管理经验和生产技术也无法推广，造成了信息资源、技术资源的浪费。

（5）垃圾焚烧是否经济还值得商榷。垃圾焚烧发电厂建立的初衷是为了更好地消纳垃圾，实现"三化"，但建成后发现投资巨大，同时必须持续性地给予企业巨额补贴。浦东新区转而又建了美商垃圾生化厂。该厂每处理 1 吨垃圾，只需要政府给予 50 元的补贴，其中很多资源还得到回收，所生产的肥料作为绿化和园林用肥销量很好。相比之下，垃圾焚烧需要政府给予的财政支持较大。当然生化处理也有其本身的局限性，需要另行研究分析。

3）政府支付的垃圾处理费分析

焚烧厂和上海市浦东新区政府以处理成本为支付垃圾处理费的依据。目前政府给付焚烧厂的垃圾处理费为 240 元/吨。这种定价除了补充垃圾处理成本，还反映了焚烧厂在垃圾处置过程中所提供的社会服务。首先，焚烧厂处理垃圾向社会提供了优质的环境，居民在消费这种优质环境时应对焚烧厂支付一定的费用。其次，焚烧厂在处置生活垃圾的过程中减少了最终垃圾填埋量，减少了政府填埋处理垃圾的支出，政府应给予一定补贴。最后，采用原生材料的生产企业的生产过程是对自然资源的开采加工的过程，而焚烧厂的生产过程除了实现环境效益外，还伴随着资源的循环利用和能源的回收。社会应支付企业节省自然资源开采的费用。因此，焚烧电厂的垃圾处理费应该包括三部分内容：出售环境服务而获得的市场收益；减少最终垃圾处置量而获得收益；减少自然资源开采所节省的资源费用。这三部分收益可以通过垃圾处理费支付或政府补贴来获得。

目前，焚烧发电厂和政府协商的垃圾处理费基本反映了该厂所提供的社会服务和收益，增加了企业的合理收益。在制定垃圾处理费时根据垃圾处置企业给社会提供的三种不同贡献给予相应的收益，将企业垃圾处置过程中的外部正效应内部化。

根据上海市环卫体制改革的目标，对焚烧电厂的补贴来源之一就是垃圾处理费的收取。根据国外的经验，收费的目的除了解决部分经费不足之外，还有加强居民环保意识、规范垃圾投放和推动垃圾的减量化。据了解，目前国内其他城市在解决垃圾处理费用时，基本规划都采取了"政府补贴+收取垃圾处理费"的办法。

上海市对居民生活垃圾收费尚未出台细则标准，部分小区会将其与保洁费或物业费一起收取，但对单位和饮食业有具体收费标准，同时规定单位和饮食业产生的餐厨垃圾费按容量 240 升/桶，基数内最高 60 元/桶，基数外最高 120 元/桶收取。单位生活垃圾处理量基数一年核定一次。近年来，为了进一步推进生活垃圾减量化，《上海市生活垃圾管理条例》（以下简称《条例》）经上海市第十五届人民代表大会第二次会议于 2019 年 1 月 31 日通过，自 2019 年 7 月 1 日起施行。《条例》"计量方法和标准"中增加了"单位生活垃圾产生量按干垃圾、湿垃圾、有害垃圾三类分类计量，可按分类质量实行差异化收费"的内容。其并没有对生活垃圾收运和处理费提出具体标准，但逐步从定额计量向定量计量转变。以中心城区为例，每 1 吨垃圾的处置费为 221 元；没有垃圾处置设施的中心城区，因为要将垃圾送至其他区处置，还要支出每吨 100 元的环境补偿费给接收垃圾的区。2018 年上海垃圾处置费（包括环境补偿费）为约 3 亿元，"如果不由区政府托底，就能省下钱用到其他民生改善的方面"。目前上海市垃圾处理费制度没有得到完全的贯彻实施，原因主要有三个：一是居民缺乏交费意识，认为垃圾处理是政府的事情，费用应该完全由政府承担；二是收费单位认为目前费率过低，收费成本过高而不愿意去收取；三是收费标准的设定缺乏合理性，对居民的费用交纳也没有强制性。

根据《上海市固体废物处置发展规划》，上海市将加大垃圾处理费的收取，同时加强垃圾分类的推广。垃圾处理费的收取不仅缓解政府的财政支出，起到筹集资金的作用，也提高了公民的环保意识。

5.1.2　焚烧发电厂运营的环境经济效益分析

垃圾焚烧发电厂的建立，其根本作用在于提供环境服务，由此产生的经济收益并不是采用焚烧发电的最终目的。所以在分析焚烧发电厂的效益时，最重要的是计算产生的环境效益。环境经济效益分析是建设项目环境影响评价的一个重要组成部分，是综合评价判断建设项目的环保投资是否能够补偿或多大程度上补偿了由此可能造成的环境损失的重要依据。环境经济损益分析与工程经济分析不同，除了需计算用于治理、控制污染所需的投资和费用外，还要同时核算可能收到的环境经济效益、社会环境效益和环境污染损失。

利用计算北京市不同垃圾处置方式环境经济效益的方法，计算得出各项环境经济效益如表 5-4、表 5-5 所示。

表 5-4　焚烧厂每年环境经济效益

项目	经济效益(万元/年)
热能发电	5000.00
废金属回收	35.00

续表

项目	经济效益(万元/年)
节省土地使用费	3072.53
节省垃圾填埋运输费	3939.20
环境效益指标	12046.73

表 5-5　垃圾焚烧厂的年净效益和环境经济效费比

环境经济参数	经济效益(万元/年)
环境费用指标	9085.79
环境损失指标	789.36
环境效益指标	12046.73
年净效益	2171.64
环境经济效费比	1.40

　　上述环境经济效益分析结果表明：御桥生活垃圾焚烧发电项目的投资方案从环境经济角度来讲是可行的，其投资能获得每年净效益为 1985.55 万元的较好的环境经济效益，环境经济效费比为 1.3，大于 1。因此该投资项目的环境控制方案在环境经济上也是合理的。

　　据上海市环保局统计，上海市每年用于垃圾处理的费用约为 15 亿元，包括垃圾的收集、运输、焚烧或综合处理及最终的垃圾填埋。目前上海正处于经济快速发展期，生活垃圾产生量还呈继续增长的趋势，过高的垃圾处理费用的支出将成为政府沉重的财政负担。根据《上海市固体废物处置发展规划》预测，在目前人均 0.84kg/d 垃圾产生量的基础上，至 2020 年将达到人均 1.5kg/d，如果将这些垃圾全部填埋，需要大量的土地资源。垃圾填埋大量占用土地的传统处理方式是不可持续的，转变垃圾处理主要依靠填埋的传统模式已刻不容缓。垃圾焚烧发电能带来良好的环境和经济效益，将会切实地转变上海市的垃圾处理方式，更好地实现上海市的环境管理目标。

5.1.3　垃圾焚烧发电厂管理的几点启示

　　上海市根据城市发展需要而实行的垃圾处理模式是通过市场化的运作，政府提供各种优惠政策(包括土地、财政、税收等方面)，采取国际招投标引进社会资本，其中政府只起管理监督的作用。通过统一收集、统一运输、统一调度，对垃圾进行集中处理。垃圾焚烧发电厂就是上海市新的垃圾管理思路和管理模式的产物。上海市的实践证明这是一种可供选择的生活垃圾处理方式，同时上海市的垃圾管理模式也值得借鉴。

　　(1) 及时处理日常生活垃圾，减少二次污染。根据上海市生活垃圾统计数据，全市每年产生固体废弃物约 630 万吨，平均每天 2.3 万吨。如果这些垃圾得不到及时处理，将会对环境造成严重的污染。垃圾中的渗滤液、臭气将会对空气、周围环境造成破坏作用，重金属还可能污染土壤和地下水。垃圾焚烧必须每天保证一定的焚烧量才能维持设备的正常运转，可以做到当天的垃圾当天进厂，及时处理。此外，垃圾焚烧厂对渗滤液进行处理，解决填埋场渗滤液污染地下水的难题(这种污染在目前的技术条件下常常是不可逆的)。

(2)实行管理方式的改变,转变政府职能。在中国,传统上生活垃圾都作为社会福利事业管理,政府管理部门既是管理者,也是执行者。如前分析,在垃圾焚烧厂建立的早期,政府不仅承担建设责任,还承担管理责任。随后政府推动了市场化改革,从管理者和执行者的角色退出,只承担管理和监督责任,能交给市场的就交由市场处理。一方面转变政府的管理职能,实行"管理"前移,"堵""疏"结合,全面推行生活垃圾资源化利用,无害化处置。通过焚烧生活垃圾,从原生垃圾填埋向残渣填埋发展。改造和提高填埋技术,发展高标准的焚烧技术,适度推进堆肥和生化技术,积极探索二次资源开发利用新技术,同时加强垃圾处理中的环境监督。另一方面发挥市场的资源配置作用,让市场解决垃圾焚烧处理中的资金短缺的矛盾,政府所要做的只是提供良好的经济环境,如各项政策的制定和实施。

初步看来,目前上海市实行焚烧法处理垃圾有下述特点:一是可以使政府部门从垃圾管理的繁重事务工作中摆脱出来;二是通过垃圾焚烧,大大减轻了卫生填埋的压力,节约了填埋所需的土地资源,同时回收了能源;三是通过垃圾焚烧促进垃圾收费制的推广和实施,提高公众的环境参与意识和资源保护意识。

(3)推动上海市垃圾处理产业的发展,为其他城市相关产业的发展提供示范。中国现行的生活垃圾管理体制一定的时期、一定程度上,在生活垃圾的管理中起了积极的作用,但随着城市化的发展和生活垃圾产生量的不断增加,现行的管理体制存在的诸多弊端逐渐显露出来,尤其是垃圾处理由政府单一管理、运营的局面是阻碍我国城市生活垃圾处置产业化发展的一个主要因素。上海市浦东新区御桥生活垃圾发电厂作为具有一定资质的垃圾处理公司,就是通过社会资本参与垃圾处理领域,以市场机制推动垃圾处理产业的发展,从而实现资源回收利用、降低处理成本、减轻政府负担。在大力推进垃圾处理市场化改革的今天,该厂的建设、运营、管理模式都对其他相关产业的发展具有借鉴作用。但同时,垃圾焚烧需要大量的资金投入,对垃圾焚烧厂的运营需强有力的财政支持,如何结合自己的实情选择适合自身特点的处理方式仍然需要认真的分析和研究。

5.1.4　政策和建议

1)建议政府实施合理补贴方式

焚烧厂日常运营成本较高是一个不争的事实。据测算,在33年还贷期内,投产第一年的总成本为317元/吨,以后随利息费用降低而递减,年平均处置成本为219.97元/吨,是目前填埋处置成本的2~3倍。若按售电价0.5元/千瓦时计算,年平均利润总额为-3244万元,投资利润率为-4.62%。从以上数据不难看出,焚烧厂仅靠售电和出售废钢铁收入是难以维持基本运转的。评价生活垃圾焚烧处置应从其系统效益出发。填埋处置生活垃圾虽然运营成本较低,但其占地面积大,对环境影响也较大。焚烧处置生活垃圾有明显的垃圾减容率、低微的环境影响率和良好的能源产出率,系统效益十分明显,符合可持续发展战略要求,因此,目前仍不失为一种较好的生活垃圾处置方法。由于生活垃圾焚烧厂建设投资较大,日常运营成本较高,为使浦东生活垃圾焚烧厂建成后能维持正常运行,妥善处置浦东新区生活垃圾,参照国内外经验,建议政府对焚烧厂进行合适的补贴。建议方案如下。

（1）市、区两级政府分级补贴。目前城市生活垃圾的收运、处置由市、区两级政府分工负担。区级环卫管理部门负责生活垃圾的收集、运输至中转码头（或中转站），中转场所至填埋处置场的运输和生活垃圾的处置由市级环卫部门负责。整个收运、处置成本约120 元/吨（车吨），其中前段收集、运输成本约为 70 元/吨（车吨），后段运输、处置成本约为 50 元/吨（车吨）。焚烧厂建成运营后，新区将承担全区范围内生活垃圾收集、运输，包括处置全部职责。按焚烧厂年平均利润-3244 万元计算，平均处置 1 吨生活垃圾将亏损约 90 元。因此，建议市政府有关部门将原用于生活垃圾后段运输、处置的经费，仍按原 50 元/吨（实吨，下同）补贴给新区政府，差额部分由浦东新区政府承担，然后再按焚烧厂实际处置量，将两级政府的补贴一起结算给焚烧厂。即对焚烧厂来说，与政府签订焚烧处置生活垃圾合同，按实际处置量，每处置 1 吨生活垃圾，政府补贴相应资金，焚烧厂定期向政府结算。运作初期，由于还贷负担较重，补贴金额应略高，以后可逐年相应递减。

（2）政府还贷，焚烧厂自主运作。据测算，生活垃圾焚烧处置运营成本（不包括还本付息）为 101.8 元/吨，其构成如下：原辅材料、燃料动力占 7.59%，工资福利占 9.69%，修理费占 50.73%，填埋费占 22.17%，管理费占 9.82%。而生活垃圾焚烧处置年平均总成本为 219.97 元/吨，即在处置总成本构成中，50%以上为还本付息。若仅按营运成本计算，焚烧厂年运营经费只需约 3700 万元。若按售电价 0.5 元/千瓦时计算，焚烧厂年发电收入就可达 5300 万元，再加上废金属等资源回收收入约 300 万元，总收入可达 5600 万元，因此，若能实现 0.5 元/千瓦时售电价格，焚烧厂仅负担营运成本，还是可能维持正常运作的。所以，建议由浦发集团通过贷款等融资手段，先行投资建设焚烧厂，以减轻政府一次性投资负担。投入营运后，再由政府分年偿付贷款本金及利息。若按 20 年还贷期限计算，政府每年需负担还贷资金约 3450 万元。另一种方案，建议将建设贷款本息总额按还贷年限和处置的生活垃圾总量，摊销到每吨生活垃圾处置费中，由政府再按年实际处置生活垃圾总量补贴给生活垃圾焚烧厂，再由焚烧厂分年偿付贷款本金及利息。若按 20 年还贷期限计算，建设投资本息平均摊销到每吨生活垃圾的费用为 94.5 元。即焚烧厂每处置 1 吨生活垃圾，政府补贴 94.5 元，以分期偿还建设投资本息。而焚烧厂日常运作成本由厂方自行解决。

2）建议实行"绿色电价"制

若上海市电网管理部门按平均上网电价收购焚烧厂所发电量，即使建设投资由政府分年偿还，焚烧厂还是难以维持正常运转。因此，建议电网管理部门按照国家有关支持可再生能源的有关政策，对生活垃圾焚烧余热所发电量实行特殊的"绿色电价"制，提高其上网收购电价。建议方案如下。

（1）政府收购。

可再生能源是今后全球能源发展方向。焚烧垃圾发电作为生物质能的一部分，其技术已相当成熟，政府无须投入大量资金开发研究。因此，它是一种更为现实的可再生能源形式，易于采用和推广。上海市是一个高能耗城市，推广可再生能源更具现实意义。作为生物质能的生活垃圾焚烧项目，运用条件成熟，可以作为上海推广可再生能源的启动点，因此，建议政府予以高度重视，重点扶持。

为体现上海市政府对可再生能源的重视和扶持，建议对浦东生活垃圾焚烧厂所发电量采取政府收购的办法，由政府向焚烧厂以 0.5 元/千瓦时的电价收购。这样既可免除焚烧厂与电网管理部门沟通的矛盾，实现焚烧厂收入渠道单一化，又可体现政府对可再生能源的扶持，迈出实施可持续发展战略的实质性的一步。

(2) 电价摊销。

据统计，1998 年度上海市发电量为 429.6 亿千瓦时。焚烧厂投入运行后，上网电量可达 1.07 亿千瓦时，约占全市发电量的 1/430。从目前的情况看，运用可再生能源技术复杂，成本高昂；但从长远效益、发展前景看，可再生能源将逐步成为今后获取能源的主流，随技术发展成本最终将低于现用能源。要实现这样的转化，必须从系统效益出发，加大投入，用于扶持可再生能源发展，最终使可再生能源低成本化而达到普及。因此，建议遵循系统效益原则，在全市范围实行电价加价，将实行"绿色电价"后与现行平均上网电价之间的差额向全市电网摊销，即在现行用户电价 0.61 元/千瓦时的基础上加价。焚烧厂年上网电量 1.07 亿千瓦时，建议向焚烧厂收购的"绿色电价"为 0.5 元/千瓦时，与现行平均上网电价 0.313 元/千瓦时之间的差额为 0.187 元/千瓦时，总差价为 2000 万元。将这 2000 万元摊销于 430.2 亿千瓦时用电量上，每千瓦时电需加价 0.00046 元。因此，只要将现行电价增加 0.01 元，即为 0.62 元/千瓦时，每年就可增收电费 4.3 亿元，将其中 3000 万元用于补贴生活垃圾焚烧厂，4 亿元可作为可再生能源发展基金，鼓励开发研究其他可再生能源。

3) 建议保证生活垃圾优质、定量连续供应

(1) 保质供应，建立适合生活垃圾焚烧处置的分类收集体系。

生活垃圾成分复杂，且不稳定，其热值变化幅度也较大。生活垃圾成分直接影响焚烧效率。将生活垃圾中不可燃成分在焚烧前剔除，能保证生活垃圾热值稳定，提高焚烧效率，是一项十分重要的前道工序。这将依赖于生活垃圾产生者的分类丢弃行为和环卫作业部门的分类收集。焚烧厂范围生活垃圾分类收集与资源回收分类收集有所不同。资源回收分类收集要求将可回收利用的废纸、废塑料等分类，然后分拣出回用。但这些物质是焚烧获得热值的基本原料，对焚烧处置而言分类收集方式需作调整。建议在焚烧厂服务范围内，建立适合生活垃圾焚烧处置的分类收集制度。即要求居民、单位将生活垃圾分成可燃与不可燃两类。可燃垃圾包括废纸、废塑料、厨余等，不可燃垃圾包括废玻璃、铝罐废铁等。按要求将其投入不同的收集容器，或由专业人员上门收集，以确保焚烧厂原料质量。

实行生活垃圾分类收集是一项十分艰巨的工作。建议首先要加大宣传力度，使居民、单位了解其重要意义，愿意积极配合。二是要做好试点工作，选择有条件的社区进行小规模试点，取得经验，逐步推广。三是要制定奖惩措施。因为焚烧厂运作具有不可间断性，原料质量甚为关键，因而要带有一定的强制性，不像资源回收分类收集是带有自觉自愿性的。

(2) 保量供应-建立收运网络，确保连续供应。

对焚烧厂而言，不仅要求保证原料质量，而且要求原料定量连续供应。因为焚烧厂一经点火运转，即要保证向电网连续供电，不能停止运转。做到生活垃圾定量连续供应，关键在于要建立一个科学合理的生活垃圾收运网络。由于焚烧厂无水路运输条件，焚烧厂垃

圾收运将以陆运为主。因此，建议构建一个以小型压缩式垃圾收集站、后装压缩车为主的收集体系，以各管理片设一个大型压缩式中转站为主的中转体系，以大吨位(10 吨以上)车辆运输的转运体系合成科学的收运网络，以确保生活垃圾定量连续供应。

4) 建议妥善解决最终处置问题

生活垃圾经焚烧处置后，仍会有约 20%的残渣飞灰产生。据测算，焚烧厂全年将产生灰渣 7.67 万吨，飞灰 9336 吨，但焚烧厂没有能力解决最终处置问题。建议政府落实灰渣最终处置场地，其选址、建设、处置运作均应由政府专业部门承担。建立专业灰渣运输队伍，由专业运输公司负责定期将灰渣运往最终处置场。由于焚烧厂不宜建立独立运输车队，且运作成本已经很高，建议仍由政府部门负责安排，可利用现有环卫运输公司收运。

5) 建议制定和执行相关扶持政策

(1)尽快出台生活垃圾处置费征收办法。

市民有享受良好环境的权利，同样有保护环境的义务。这种义务体现在环卫行为上，应积极配合做好垃圾分类丢弃工作；体现在经济行为上，应承担一定的生活垃圾处置费用。经济措施在某种程度上能唤醒人们的环保意识，规范人们环保行为。

我国已有许多城市开征生活垃圾处置费。如北京、南京、深圳等城市已经取得明显的环境效益和经济效益。

建议政府有关部门尽快出台生活垃圾处置费征收办法。据测算，若按每户每月 5 元征收，上海浦东新区全年可征收约 2000 万元。若将这笔征收费用用于补贴焚烧厂运作，足可抵消政府收购"绿色电价"的差价。同时也建议生活垃圾处置费开征后，保证其全部落实到焚烧厂，确保新区生活垃圾处置正常进行。

(2)执行相关优惠政策。

许多国家对生活垃圾焚烧发电采取税收刺激等政策优惠，以鼓励其发展。如美国对购买和安装可再生能源设备的企业，减免个人收入税；对拥有可再生能源设备的企业，减免企业所得税；对制造、安装、运行可再生能源设备所需材料、设备的销售税予以抵扣。

生活垃圾焚烧发电也属资源综合利用范畴，国家已制定了相关的优惠政策，包括税收减免政策，但在具体执行中，有关政策过于笼统，常会遇到范围界定问题。因此，建议有关部门制定相应优惠政策的实施细则，进一步细化、完善资源综合利用目录范围，认真执行有关政策，使生活垃圾焚烧发电项目能享受国家已制定的优惠政策。

(3)尽快制定生活垃圾分类收集办法。

为使上海市浦东新区实行适合生活垃圾焚烧处置的分类收集有法可依，建议政府部门尽快制定适合新区生活垃圾焚烧处置的《生活垃圾分类收集办法》，以确保焚烧厂建成运营。居民、企事业单位能积极配合做好生活垃圾分类丢弃、环卫作业部门分类收集工作，保证焚烧厂原料优质供应，提高焚烧发电效能。

以上是通过对上海市浦东新区生活垃圾焚烧厂建设项目作调研后，提出焚烧厂运作的一些初步设想方案。上海市浦东新区生活垃圾焚烧厂建成后，将是全国最大的生活垃圾焚烧厂，具有一定示范效应，对全国将产生一定的影响。因此，除结合国内外生活垃圾焚烧厂运作经验，制定周密稳妥的运作方案外，还可探索一些新的运作方法，如可通过资本运作方法，组合新区生活垃圾收运、焚烧处置系统优质资产，注入环保理念，经过包装后，在我国创业板证券市场上市，从资本市场融资，促进生活垃圾焚烧处置事业，进一步带动新兴"垃圾产业"发展、壮大，为新区环境保护事业做出贡献。

5.2 天津双港垃圾焚烧发电厂案例研究

5.2.1 基本概况

天津双港垃圾焚烧发电厂坐落于津南区双港镇，占地面积 6 万平方米，是天津市"十五"首批重点项目之一，被建设部定为 2003 年科技示范工程。这是全国垃圾发电领域第一个国家级科技示范工程，也是 2005 年天津市经济技术开发区循环经济示范基地和 2008 年北京奥运会重点协办项目。

泰达环保垃圾电厂由天津泰达环保有限公司和天津市市容环境卫生工程设计院共同投资 5.7 亿元建设，由泰达股份以现金方式出资 37636 万元用于增资天津泰达环保有限公司，全面启动天津双港垃圾焚烧发电项目。其中，用配股资金投入 24600 万元，其余 13036 万元用公司自有资金支付。

天津泰达环保有限公司的核心设备来自日本田熊公司。全厂采用日本 TAKU-MA 公司 SU 型炉排焚烧技术，由三条 400 吨/日的焚烧线组成，每天可处理生活垃圾 1200 吨，该电厂用连续运行的方式，全年处理垃圾能力达 40 万吨。发电机组装机容量 18MW，设计年上网电量 1.2 亿 kW·h。利用焚烧产生的热能发电，每年可以节约标准煤 48000 吨。工程建成后，25%市区生活垃圾通过焚烧无害化处理，而排放烟气浓度比普通家庭烹调烟气浓度还低。

天津双港垃圾焚烧发电项目 2 号汽轮发电机组在 2005 年 5 月 13 日经过连续 72 小时试运行获得成功。这样泰达股份双港垃圾焚烧发电厂三台垃圾焚烧炉、两台汽轮发电机组全部完成试运，标志着双港垃圾焚烧发电项目胜利竣工，正式进入商业运营。

5.2.2 生产流程

由表 5-6 可见，2018 年天津市年处理垃圾 290 余万吨。2005 年以前，天津市的垃圾处理以填埋为主。随着经济的发展，用地紧张成为垃圾处理的主要瓶颈，寻求合理的垃圾处理方式成为天津市垃圾处理规划发展的主要动因。双港垃圾焚烧发电厂的建成，不仅能够处理天津市 25%的生活垃圾，还可以节约大量的土地资源，同时，约有 30 万 kW·h 的电量每日并入天津城市电网。

表 5-6 天津市 2016 年垃圾处理基本状况

地区	生活垃圾清运量(万吨)	无害化处理厂数(座)	处理厂数(座)			无害化处理能力(吨/日)	处理能力(吨/日)		
			卫生填埋	堆肥	焚烧		卫生填埋	堆肥	焚烧
全国	22801.8	1091	657	0	331	766195	373498	0	364595
天津	294.8	9	4	—	5	10600	5100	0	5500

数据来源：国家统计局网站。

1. 垃圾的收集和运输

双港垃圾焚烧发电厂处理的生活垃圾由天津市农委下属的生活垃圾处理中心统一运送,焚烧厂本身不参与垃圾的收集和运输,也同样不接受其他企事业单位收集的垃圾。处理中心负责将从各个居民小区、企事业单位收集到的生活垃圾运输到垃圾焚烧发电厂,并承担所有运输费用。

垃圾焚烧厂的垃圾每天由垃圾运送车送入厂区,平均每 10 分钟有一趟垃圾运送车进入厂区。在厂区入口有自动称重台对进厂的垃圾进行称重,称重台的工作人员由物业公司派驻,费用由焚烧场统一支付。如果是第一次来的垃圾车,通常需要记下车牌号,便于以后可以直接称重。

2. 入厂后垃圾的存贮和堆放

根据垃圾焚烧的工艺要求,垃圾运入厂里,必须经过一定时间的堆放,目的是提高垃圾的燃烧值。垃圾称完重后,经高架桥直接进入厂房,通过自动显示系统,进入需要倾倒的垃圾卸料间。垃圾池共有六间垃圾卸料间,卸料间一半用于堆放垃圾。在垃圾进入焚烧炉前,在这里经过四天的干燥发酵后才进入焚烧炉进行焚烧。干燥发酵后再经过磁选,吸去垃圾中不能燃烧的金属。卸料间垃圾的清理工作外包给物业公司,每天垃圾池中渗出的渗滤液也由其他公司提供服务回收。

3. 垃圾焚烧发电

全厂共有三座焚烧炉,位于厂房底楼。对垃圾的进料和燃烧过程的监控全部在中央控制室完成。焚烧炉将通过热交换器把热能转变为水蒸气,推动汽轮发电机发电,把垃圾转化成源源不断的电能。

4. 垃圾处理后的成分流向

焚烧发电厂日焚烧垃圾 1200 余吨。垃圾焚烧后剩下的灰渣每天为 100～300 吨(约占焚烧量的 8%～12%),焚烧后由出渣口直接进入专门的运输车辆,送进制砖厂制作成道砖。焚烧后剩下的飞灰每天为 30～60 吨(约占焚烧量的 3%～5%),直接进入填埋场填埋。工艺流程如图 5-5 所示。

5. 垃圾焚烧污染控制

和上海御桥生活垃圾焚烧发电厂一样,双港垃圾焚烧发电厂在厂址的选择、厂区的环境绿化、生活垃圾焚烧工艺、处置效果等方面对处理过程的二次污染问题都解决得很好,达到或超过了国家对垃圾焚烧处置企业的环保标准,除了对污染进行定期检测外,还添加了在线检测系统,目的都是充分保证垃圾焚烧后对环境的污染控制在环保标准范围以内,同时接受社会的监督。

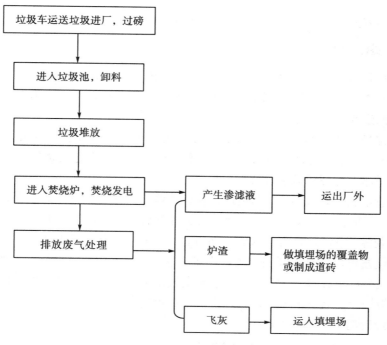

图 5-5 工艺流程图

（1）对渗滤液的处理。通常垃圾焚烧厂需要大量的水用于冷却，但目前产生的渗滤液没有在厂内回收利用。整个生产过程的废水主要来自垃圾本身携带的水分，其中多数挥发，其余垃圾的运入过程和存放过程产生的垃圾渗滤液有专门的公司收集运出焚烧厂，进入污水处理厂处理后排入城市污水管道。整个生产过程所产生的废水不对周边环境造成影响。但从实际运行来看，由于废水收集系统不够完善、设备的密闭性不足等问题，还是有少量的垃圾渗滤液流出，主要污染区域是厂区内土地，厂区外植物没有出现因垃圾渗滤液外泄而大面积死亡的现象。由于该厂 2005 年正式运营，没有进行专门的废水污染评估，缺乏统计数据，其隐性污染没有具体的测算结果。此外，在泰达环保公司内，日常的绿化和清洗用水都是利用回用的中水，回收管道都埋在地下，上面种植有大量的草坪。

（2）对尾气的控制。采用日本田熊公司世界领先水平的废弃物焚烧技术，除了通过控制焚烧炉温度的方式来减少二噁英和氮氧化合物的产生以外，垃圾焚烧产生的烟气经过"半干法+袋式除尘+活性炭系统"三重处理。烟气处理后排放量完全达到 2015 年排放标准，其中二噁英排放量低于 $0.1ngTEQ/m^3$。烟囱出口还专门安装了烟气排放自动监测系统，以便随时掌握数据，调节到最佳焚烧状态。同时，竖立在厂门口的电子屏幕与主控室电脑相连即时反映各项化学指标，向大众公开信息。

（3）对废渣的处理。垃圾焚烧后的残余物是该厂的主要生产废渣，经过高温处理，基本上达到无害化处理，剩下的少量无害废渣用于烧制公共设施用地砖。焚烧后剩下的飞灰没有经过重金属的测定，无法另作他用，直接进入填埋场填埋。

（4）对噪声的控制。整个工艺现代化程度较高，厂房的设计比较合理，垃圾处理系统完全运转起来所产生的噪声并不是很大，对周围的影响很小。厂区附近很少有居民居住，厂区内种植的大量的林木也很大程度降低了噪声污染。

5.2.3　组织结构

泰达环保垃圾电厂由天津泰达环保有限公司和天津市市容环境卫生工程设计院共同投资 5.7 亿元建设，集团形成了以董事会、总经理、副总经理、部门和生产车间(生产线)为基本框架的组织管理体系。

泰达环保垃圾电厂是天津市大型国有上市公司天津泰达投资控股公司的第四级子公司。泰达环保垃圾电厂隶属关系如下：天津泰达集团—天津泰达投资控股公司—天津泰达环保公司—天津泰达环保垃圾焚烧发电厂。

全厂设董事长、副董事长、总经理、副总经理，以及下设的各个职能部门，包括研发中心、建设部、运营部、保卫部、综合办公室等各部门。董事长由来自天津泰达环保的一位副董事长兼任，总经理负责日常的一切事物。全公司共有员工 108 人，包括为即将建设的另一个焚烧发电厂进行培训的职工。焚烧发电厂是独立的核算单位，主要的生产、研发都由自己负责，厂里设有研发中心，自主研发技术创新成果如全自动擦窗机器人、全自动卸料门、垃圾池除臭装置等大量应用，为其他城市发展相关业务提供了技术支持，也成为企业扩展和经营的一个经济增长点。

5.2.4　发电厂的生产和经营情况

垃圾焚烧发电厂采取国际通行的 BOT 模式进行招投标，与政府签订了 25 年的合约，投资回收周期为 10 年左右，预期投资回报率 10%左右。垃圾发电项目正式进入商业运营阶段，其中垃圾处理费用及上网电价费用等将有望给公司每年带来非常稳定的收入。该厂年发电量预计在 1.2 亿度，上网电价为 0.5 元/千瓦时。政府目前承诺垃圾补贴金额为 167 吨/元。

1)企业的外包项目

企业外包项目主要有五项：称重台的管理——承包给物业公司；卸料平台的清扫——承包给物业公司；渗滤液的运输和处置——其他公司负责；设备维修——其他公司负责；日常保洁——承包给物业公司。

垃圾焚烧发电厂的主要收益通常由两部分构成：一是上网发电；二是政府补贴。由于焚烧场试运行不足两个月，对成本的计算无法得到翔实的数据资料，只能粗略估计收益。

2)成本与收益

建设成本以及发电厂进行日常运营的费用包括水、电、生产原料、人工、设备折旧等几方面。

发电收入(假设发电量全部上网)：$1.2 \times 10^9 \times 0.5 = 6000$ 万元；政府补贴：$1200 \times 365 \times 167 = 7314.6$ 万元；少量废旧金属和废旧物资出售。

其中：①对废旧金属和废旧物资的计算缺乏具体数据。②砖厂对废渣无偿使用。③政府补贴的计算。按照《城市生活垃圾焚烧处理工程建设标准》规定的建设标准和资本回收率(预期投资回报率 10%)以及发电厂的垃圾处理情况，给予每吨垃圾 167 元的处理补贴。

3）企业后续发展成就

在进行了一系列申报、立项工作之后，天津泰达环保集团垃圾发电二期项目——日处理 1000 吨城市生活垃圾的贯庄垃圾焚烧综合处理项目于 2018 年 10 月 10 日在天津市东丽区赤土镇贯庄现场举行点火仪式。天津贯庄垃圾焚烧综合处理项目是实施天津市总体目标和环卫规划，创建卫生和生态城市的一项重点工程。厂区占地面积 120 亩，采用两条日处理 500 吨的生活垃圾焚烧线，焚烧设备采用比利时西格斯炉排，年处理生活垃圾 36.5 万吨。余热锅炉为中温中压，额定蒸汽参数（4.0MPa 400℃），额定蒸发量每小时 43.39 吨，配置 2 台套额定功率 10MW 凝汽式汽轮发电机组，年上网电量约 1 亿千瓦时。烟气处理采用带 SNCR 的"半干法旋转喷雾脱硫反应塔+活性炭吸附+干法脱酸+袋式除尘"工艺，焚烧烟气排放指标全面严于国标《生活垃圾焚烧污染控制标准（GB 18485—2014）》，NO_x、二噁英等污染物排放指标达到欧盟 2000 标准。

同时泰达股份已在江苏高邮、安徽黄山、辽宁大连等地投资建设了垃圾焚烧发电项目。由于有大量的垃圾发电项目储备，泰达环保垃圾发电行业已经形成了较大规模，规模经济性的效益逐步到体现，比如可以大大优化供应商的采购成本，可以统一建设施工技术标准和设计方案，缩短垃圾发电厂的建设周期，获得与更为强大的议价能力等。

除了专注于垃圾发电，公司还将进行产业链的延伸，在创造关键性的研发能力，促进关键设备、关键技术的国产化，垃圾发电管理模式输出三方面加大力度，以增加新的利润增长点。

在产业链延伸方面，垃圾焚烧只是最终处理的一个环节，其上游还有垃圾收运系统和垃圾转运系统，下游还有灰渣的综合利用。这些环节都蕴含着一定的商业运作空间。目前泰达股份已经将垃圾焚烧后的残渣制成砖等建材，并通过了技术鉴定，将逐步走向市场。在创造关键性的研发能力，促进关键设备、关键技术的国产化方面，泰达股份先后与国内高校和科研机构合作，已成功研发了自动擦窗机、全自动卸料门、除臭装置等，获得了数项专利，其中全自动擦窗机目前已和国内五家垃圾焚烧厂签订了供货合同。在垃圾发电管理模式输出方面，国内的光大环保、绿色动力、中国节能等大型垃圾焚烧发电集团，控制了国内 50%以上的垃圾焚烧发电业（林晓珊，2019）。天津泰达环保集团通过建设双港垃圾发电项目，基本掌握了关键核心技术和降低投资成本的一些规律，并积累了一大批国内外技术资料、设备合作伙伴，逐步拉近了与上述企业的差距，为下一步投资建设垃圾焚烧发电厂打下坚实的基础。

5.2.5 调研分析

1. 政府在双港焚烧发电厂建设和运营期间发挥的作用

许多国家和城市的垃圾焚烧发电厂建设和运营的经验表明，政府必须在财政、资金等方面给予支持，才能保证垃圾焚烧厂的正常运转。

天津市政府在焚烧发电厂的发展中起到重要的作用，主要表现在以下几方面。

(1)实行了垃圾收费，并由地方政府组织征收。天津市生活垃圾处理费征收标准为：城市居民每户每月交纳 3 元，办理暂住户口的外地进城人员每人每月交纳 2 元。规定垃圾处理费由政府负责征收，避免了由企业直接征收垃圾处理费带来的成本提高、市场风险增大等不利因素，同时也减少了政府的财政支出。

（2）免除了企业的部分税费。根据《关于部分资源综合利用及其他产品增值税政策问题的通知》（财税〔2001〕198号），对利用城市生活垃圾生产的电力实行增值税即征即退的政策以及财政部、国家税务局《关于企业所得税若干优惠政策的通知》（财税字〔1994〕001号），企业利用废水、废气、废渣等废弃物为主要原料进行生产的，可在五年内减征或者免征所得税。天津市政府按照国家的政策，在泰达生活垃圾焚烧发电厂运营五年内免除了其增值税、营业税等。

（3）给予企业财政补贴。政府的财政补贴是保证企业正常运营的条件之一，也是吸引社会资本进入的优势之一。天津市政府给予企业167元/吨的处理费。

（4）在宣传上给予支持。各级政府在宣传上给予天津双港生活垃圾焚烧发电厂较大的支持，对该公司做了大量的报道，这对于企业形象的树立、产品的市场推广及产品的知名度等方面都有较大的帮助。该厂优美的厂区环境及高科技处理方法对大众极具吸引力，还被确定为天津又一新的科普基地。

2. 企业经营中的困难和问题分析

（1）补贴的给付。如前分析，政府支付的补贴是企业的一项重要收入来源。补贴是否合理、是否到位都关系到企业的正常运转，也关系到是否有更多的社会资本愿意进入该领域。不同于上海采取国际招投标进行焚烧厂的管理，天津市主要是通过政府出面寻找有实力的国有企业承担焚烧厂的建设和运营业务。在这种建设和运营管理模式中，政府必须承诺给予足够的补贴才能劝说企业愿意承担这种责任。目前，政府和焚烧厂确定的补贴费用协议是以该厂的处理成本为准，忽略了处理垃圾这项环境服务的收入，只计算了垃圾处理成本，没有体现出焚烧厂提供优质城市环境这项服务的收入。此外，企业尚处于发展初期，许多方面还需要在以后的发展过程中与政府协商，尤其是如何确定补贴给付方式和比例，以及上网电价的分担等方面都要继续细化和分解。

（2）垃圾处理费额度的确定。对政府来说，希望给予企业的补贴资金主要来自收取的垃圾处理费。但是居民在垃圾的处理责任和垃圾收费的认识上还存在一定的不足，还停留在"政府负责处置垃圾"的观念上，这严重影响了垃圾收费制度的推广。而垃圾焚烧厂的日常运营需要大量的资金支持，仅靠政府的财政支持运转，一方面增大了政府的财政负担，另一方面也无益于居民培养良好的环保习惯。

（3）垃圾的混合收集。居民混装垃圾的习惯，对企业人员的增加、生产时间的延长、机器的寿命，以及最终对该厂垃圾处理成本都造成一定的影响。

目前天津市双港生活垃圾焚烧发电厂正式运营时间较短，许多方面的优势和不足还没有完全凸显。但是和上海一样，双港生活垃圾焚烧发电厂在减少垃圾对环境的污染，节约土地资源，推动集团环保产业发展方面起到了积极而有效的作用。天津市垃圾焚烧厂不同于上海的是，从一开始政府就不是建设和运营者，而是通过政府的牵线搭桥，将一切交给市场来做，此做法同样具有典型性和可借鉴性。

5.3 我国生活垃圾焚烧处置的综合评价

1. 上海市和天津市的两个企业各具特色，对发展垃圾焚烧综合利用具有借鉴作用（表 5-7）

表 5-7　不同城市经验比较

城市	共同特征	自身特点	不足	适用地区
上海	1. 以综合化处理为主；2. 交由企业，积极推进市场化；3. 政府补贴是保证垃圾焚烧厂社会资本进入的重要因素之一；4. 收费水平普遍较低，不足以支撑企业正常运营；5. 垃圾分类率不高，增大企业焚烧成本	1. 采用国际招投标，企业主动找市场，市场化程度更为完善；2. 政府积极推动相关产业投融资，从垃圾分类、清运、处理等方面给予支持，同时联合企业、高校积极采取科技攻关，解决焚烧后废渣的处理问题	1. 市场主动性不强，依然需要政府在财政方面给予大力支持；2. 未及时将垃圾焚烧综合利用作为一种产业发展，失去很多商机；3. 垃圾收费制度仍需要进一步完善；4. 补贴制度是否合理，如何补贴还需进一步商榷	目前我国东南沿海土地资源稀缺、经济基础良好、市场化程度比较高的地区多采取这种模式
天津		1. 政府是中间人，撮合企业承担垃圾焚烧责任，市场化程度需要进一步提高；2. 已经把垃圾焚烧作为一种产业来发展，积极发展其他类型的相关产品，并取得一定效益	1. 对政府依赖过大，企业的选择还是通过政府"拉郎配"来实现，市场化不足；2. 垃圾收费制度和补贴制度需要进一步完善：增加居民垃圾收费征缴率，减少政府财政支出	我国大部分地区都可采取这种模式

从对上述两个企业（即从微观层次上）的分析，结合我国垃圾处置的发展现状，我国垃圾焚烧处置仍然处于较低的水平，这和我国经济发展水平、居民环境意识、处置技术的发展以及相关政策的制定和实施有密切关系。从我国目前经济发展的前景以及国家经济发展的目标和方向来看，正处于逐渐脱离传统的注重经济效益忽视环境影响的线性经济发展模式，逐步走可持续的发展道路。而垃圾焚烧在一定程度上符合我国发展循环经济的基本思路。

分析目前我国垃圾焚烧处置发展比较缓慢或者发展过程中存在的一些问题，目的是为随后的相关环境经济政策的制定提供相应的依据。

2. 垃圾处理理念的逐渐改变，奠定了我国垃圾焚烧处置的思想基础和政策导向

随着我国经济的发展和垃圾产生状况的变化，传统的仅仅注重"销纳"管理思想指导下的垃圾管理体系不再能适应垃圾管理的要求，而其中矛盾最大的就是管理体系中的处置部分，因而刺激了我国处置技术方面一系列的新技术发展，根据对这些新技术的技术特征和应用特性的总结，推动了我国垃圾处理的无害化、资源化和减量化的原则的重新认识和确立。我国 2016 年新修改颁布的《中华人民共和国固体废物污染环境防治法》明确指出：国家对固体废物污染环境的防治，实行减少固体废物的产生、充分合理利用固体废物和无害化处理固体废物的原则。任何单位和个人应当遵守城市人民政府环境卫生行卫生标准。这一法律规定生活垃圾处置按照减量化、资源化、无害化的原则，加强对生活垃圾产生的全过程管理，从源头上治理生活垃圾的产生，并积极进行无害化处理和回收利用，防止污染环境，明确法律依据。也就是说在对垃圾本质认识的深入和对垃圾管理实践的发展和环

境管理思想上，总体上趋于抛弃"唯末端处理为重"的认识上的进步，对垃圾管理的"三化"原则有了新的发展。

我国对"垃圾"内涵的认识以及垃圾处置思路的改变，改变着我国的垃圾处置结构和处置方式。垃圾逐渐作为一种资源得到广泛的认同，以此为基础展开的一系列资源化处理方式得到实践和推广。这也是垃圾焚烧综合利用在我国部分地区得到发展的思想基础。

3. 我国垃圾焚烧处置已经具备了全面发展的条件

我国是个人均资源占有率较低的国家，自然资源与环境资源的稀缺与工业高速发展形成了矛盾，成为我国经济持续高速增长面临的重要问题之一。资源的稀缺必然要求资源的高效利用与循环利用，以及相应技术的研发和使用。一方面是资源稀缺已经成为我国经济发展的重要瓶颈，另一方面大量资源没有得到有效利用。寻求合理的资源利用方式不仅是我国转变经济增长方式的重要任务之一，也是我国垃圾处置方式选择的决定因素之一。根据国内研究结果，近年来，我国垃圾焚烧厂的建设发展迅速。一方面因为我国部分地区垃圾处理场地有限，填埋难以满足垃圾增长的需求；另一方面我国自主开发的垃圾焚烧技术的迅速发展也为垃圾焚烧创建了条件，国内设备不仅比国外设备便宜，适用范围广，而且排放也可能达到国家标准。发展垃圾热电站与本地区人口数量也有一定的关系，因为电站的生产是连续性的，需要有足够数量的垃圾才能保证连续运行。同时，还要考虑垃圾数量与质量会随季节的不同而变化。按城市人口平均每人每天产生垃圾量约为 1kg（发达国家稍多）计算，城市人口大于 100 万，则每日产生城市垃圾在 1000 吨以上，就可以保证稳定发电。根据第 2 章的分析，我国许多地区的垃圾产生量和垃圾热值都足以满足垃圾焚烧的要求。我国上海、广州、北京等许多城市的焚烧发电厂正在或即将投入运行，这些现代化大型垃圾焚烧厂早期主要通过利用国外资金、引进关键技术或设备、按照欧盟标准标准来建设。近年来随着我国生活垃圾焚烧发电业的迅猛发展，核心技术和关键设备国产化成为趋势，国内垃圾焚烧污染控制主要指标接近或超过欧盟标准（王沛立，2019）。垃圾焚烧在这些地区，已经和当地垃圾的收运、堆肥、填埋密切联系在一起，形成了生活垃圾处理的完整链条，一系列相关经济活动也围绕此展开，包括业务的拓展、环保设备的经营和销售、科技的发展等。

上海和天津的垃圾焚烧厂都有专门的处理公司和专门的垃圾处理人员，同时采取现代企业的产权形式和融资模式，并保证一定的盈利水平。这些都表明我国垃圾焚烧处置正逐步向产业化、规模化发展，政府应加快管理体制的改革和相关政策的制定，以规范和支持垃圾焚烧的发展。

4. 目前我国生活垃圾焚烧处置多以综合处置为主，但整体处于发展的初级阶段

从第 2 章的基本情况分析和案例比较，我国垃圾焚烧处置总体上还处于发展的初级阶段。焚烧法的起始规模则分为两种情况进行分析，一是不需要资源回收利用或简单利用余热的，这种情况下的起始规模取决于焚烧炉的最小容量和烟气处理系统的最低经济规模；二是可以回收资源的 Waste-to-Plant，这种情况应该考虑回收热能或其他资源的最低经济

规模，否则回收资源不足以补偿整个系统运行成本。

一般小型焚烧炉为 50～150 吨/日，国内中小城市使用较为普遍；中型炉 150～300 吨/日，大型炉 300 吨/日甚至更大，国外特大型炉在 800～1000 吨/日的水平上。目前在国内新建的大型垃圾焚烧发电厂多采用这种大型或者特大型的焚烧设备，例如重庆同兴新建的垃圾焚烧厂引进法国技术，焚烧炉处理量可达到 600 吨/日，上海江桥垃圾焚烧发电厂焚烧炉处理量可达 1000 吨/日。由于焚烧处置垃圾仍有残余物，需要特殊处理，因此，还要考虑部分燃烧残余，灰、炉渣等的处置设施或费用。

现阶段我国垃圾焚烧处置主要有以下两种形式。

(1) 以垃圾的减容处理为主，焚烧炉以小型或者中型炉为主。这在我国垃圾焚烧发展的早期，由于技术比较落后，通常无法实现垃圾焚烧的后续资源利用或者只能简单地利用。焚烧的主要目的是通过焚烧消纳垃圾，减少垃圾的填埋量，是一种简单的以减量化为主要目的的处理模式。对垃圾焚烧后的二次污染，如二噁英、NO_x 等污染物的控制效果不佳，焚烧数量最高一般不超过 150 吨/日。即使能够部分回收资源，也是简单的余热利用，如小范围的供热、供暖等。许多能够回收的物资，由于没有相关的设备(如对金属的磁选功能)，都被直接焚烧，造成了一定程度的资源浪费。综上所述，已经历近 20 余年发展的我国垃圾焚烧处理方面尚存在以下不足之处：①垃圾焚烧前需要进行人工分拣；②投资过高，焚烧炉的性能价格比太小，需要大量的财政支持，但处理效果不好，同时许多核心技术来自国外，增大了设备的投资成本；③由于余热利用时中间转换环节太多，且均以水蒸气为热能中间载体，从而使效率低下，垃圾热量资源利用率太低；④不少垃圾焚烧炉炉温偏低，且内置大量吸热降温的余热锅炉导致部分二噁英未能充分分解逸出炉外。就废弃物处理技术水平而言，垃圾焚烧炉余热利用的方式有着极重要的作用。余热利用方式合理与否直接决定着投资成本及日后运行成本和经济效益，同时也影响着烟气净化方式的选择及效果。尽管如此，20 世纪 90 年代初，在广州、北京等地建设了一批这样的垃圾焚烧装置，虽然规模不大，仍然为我国发展垃圾焚烧处置积累了丰富的技术和管理经验。目前这种处理模式在我国部分城市仍有小部分存在，但都是以早期建设的项目为主。我国垃圾焚烧发展的早期，其处理方式和处理思想都仅仅是一种末端处理思想的体现。

(2) 目前国际通行的利用垃圾焚烧余热发电或者供热的资源利用模式。通过垃圾焚烧发电综合利用不仅可将以后产生的生活垃圾全部焚烧发电降容处理，而且可能部分地消化多年以前遗留下的未处理的垃圾。除发电外，还可以为垃圾焚烧处理厂附近的企事业单位或居民提供热源(如冬季供暖)，焚烧后的灰渣可以制成建筑材料或作为筑路材料。目前我国新建的垃圾焚烧项目都以这种模式为主，如上海市御桥生活垃圾焚烧发电厂及北京市高安屯生活垃圾焚烧发电厂，不仅具有焚烧垃圾的功能，还具有发电、供电、供热、供气、制冷以及区域性的污水处理、附带娱乐设施和宣传展示等多种功能。这种模式目前在我国的发展有如下特点：①垃圾处理量大，炉型以特大型为主。如上述两个焚烧厂的垃圾处理量可达到 1200 吨/日；②核心设备仍然来自国外，设备投资占整个投资的比重较大；③对二次污染的控制普遍较好；④对余热利用程度较高，多以焚烧发电为主要利用形式；⑤对垃圾焚烧厂的市场化投资运作逐渐展开。

我国目前新建的垃圾焚烧厂大多是以资源化利用为指导思想，实现垃圾处理的循环再利用。从本质上讲，这是一种垃圾的综合处置企业，是垃圾处置领域中新兴的理念，将多种垃圾处理技术和处理目标紧密结合起来对垃圾进行处理，企业大多具有技术水平高、运营成本低、环境经济效益好的特点。垃圾综合处置企业的业务范围既可以涵盖垃圾循环利用企业和垃圾末端处置企业二者的全部业务，也可以是两种企业业务范围的一部分，主要是由企业从自身技术、资金等条件考虑选择介入的范围。通常情况下，垃圾综合处置企业处于垃圾处置链的中下游，是对再生循环利用企业处理后的垃圾进一步处置，因此对企业的技术层次要求较高。其处置活动主要包括对垃圾的再分选及循环利用、对有机物的处理（主要是堆肥）和焚烧（多带有能量回收），一般情况下不从事垃圾填埋活动。

由于垃圾综合处置企业处于垃圾处置链的中下游，经其处理后的垃圾将进入最终处置系统，因此企业的处理处置效果直接决定垃圾的最终处置量。从目前已经投入运营的垃圾综合处理企业来看，能够很大程度上降低企业的垃圾输出量，同时也能实现垃圾资源的循环利用。如本书研究的垃圾焚烧的资源回收，包括能量和部分物资的回收再利用。

此外，从目前发展现状看，我国垃圾焚烧多以经济发达地区为主，这一方面说明发展垃圾焚烧需要足够的财力支撑，另一方面也表明我国大部分地区还是以垃圾填埋为主，发展垃圾焚烧的地区还比较少。

5. 我国垃圾焚烧发展的地区性特征表明，垃圾焚烧有很大发展空间，但制度性障碍成为进一步发展的最大瓶颈

垃圾焚烧的自身特点表明，政府实施有效的管理对于垃圾焚烧发展的推动是有积极作用的。我国现行垃圾管理政策体系多为原则性意见，多为单项指标，缺乏系统性，利益主体间的关系主要靠行政手段与道德意识联结，而非经济关系；垃圾处理尚无有效法规依据，无法适应主导社会运行的市场经济力量与市场经济运行规律。垃圾产业化、市场调控机制建立受制于垃圾管理体制改革、管理政策体系建设（谭灵芝等，2018）。现有许多垃圾焚烧处理企业产权模糊，责权不明，缺乏活力，独家经营，无法充当市场竞争主体、自负盈亏、自主经营的垃圾处理企业；垃圾处理资金严重不足，来源渠道单一化，绝大部分来自政府拨款，政府财政压力大（图5-6）。同时开征垃圾收费制度尚未完全建立，导致垃圾处理资金无法收回，不利于贯彻"产垃圾者付费"思想和提高居民的环保意识，不利于从垃圾生产源头减少垃圾产量。从两个垃圾焚烧处置企业的经营状况分析可以看出，垃圾收费制度和垃圾处理费支付制度的不完善是导致政府负担过重，企业信心不足的主要原因。我国目前正在加快垃圾收费制度的完善和实施，合理的收费和支付制度将极大缓解目前垃圾焚烧处置所面临的困境。

从我国现有的垃圾焚烧处置企业运行来看，其都面临着政府宏观管理不足、缺乏进一步发展垃圾焚烧处置行业经验的问题，对垃圾焚烧发展过程中存在的诸多问题准备不足。因此，政府加快垃圾管理体制和政策体系的改革是推动垃圾焚烧处置发展的关键因素之一。

目前影响我国垃圾焚烧处置行业发展的主要问题是制度性障碍，这就要求政府加快垃圾焚烧处置行业政策的研究和政策体系的改革，建立和完善垃圾焚烧处置政策体系，消除行业发展的制度性障碍，为垃圾焚烧处置行业提供一个优良的政策环境，以推动垃圾焚烧处置行业的健康、快速发展。

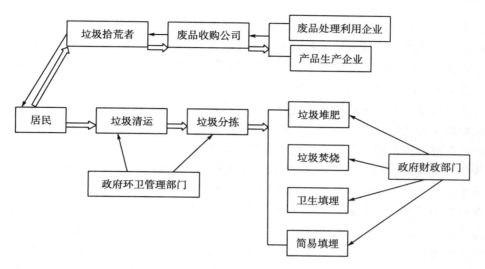

图 5-6　我国现有垃圾处理运作模式

注：——→表示资金流；⇒表示垃圾流向。

资料来源：作者整理。

6. 从企业的运行效果分析，垃圾焚烧能够较好地实现垃圾污染治理的环境及经济效益，但是垃圾焚烧企业的市场化程度不足

从两个企业运营的环境经济效益评估来看，其垃圾处置效果都优于传统的垃圾管理模式，以更低的垃圾处置成本实现了全部垃圾的无害化处理，通过资源回收的方式（包括物质和能量的回收）有效地降低了垃圾最终处置量，缓解了垃圾填埋厂的压力，很大程度避免了垃圾填埋过程中的垃圾渗滤液和大气污染的问题。此外，不仅节省了垃圾的直接处理费用，还因降低了垃圾最终填埋量而节约了垃圾填埋所需要的土地资源。在垃圾焚烧处置和管理模式下，政府由以往的垃圾管理者和处理者的双重身份转变为专门的管理者，改变了以往政府职能上"政企不分"的状况，而且在处置过程中很大程度上减少了政府支出，减轻了政府的财政负担。

我国垃圾焚烧处置的市场化和企业化运行实践证明，以企业为主体负责垃圾处置，其环境经济效益远远高于政府直接负责管理，因此有必要以产业化的形式在全国范围内推广和发展垃圾处置企业化，这样不仅有利于政府进行宏观管理，制定合理的环境经济政策和相关的产业政策，而且有利于垃圾焚烧处置企业的规模化、集约化发展，这一点在发达国家的垃圾管理实践中已经得到证实。

7. 垃圾焚烧发展环境经济政策的分析重点

总体来说，我国垃圾焚烧在实现垃圾处理的环境经济效益方面效果明显，但还是存在一系列问题，主要表现为处理的整体水平需要进一步提高，资金不足的现象急需解决，二次污染控制需要进一步加强，市场化需要持续推进。两个企业在运作过程中，都表现出对政府依赖过度，自我发展的能力需要提高，政府则体现在财政压力过大、负担过重。造成上述情况的原因是多方面的，有企业自身的原因，有政府政策制定的原因（如垃圾费额度太低，垃圾费收缴率过低等)，加之居民环境意识亟待提高，行业发展的市场化程度不足，这些都造成了我国垃圾焚烧处置发展不足和发展水平不高的现状。当前解决上述矛盾的方法应该是清除制约我国垃圾焚烧发展的制度性障碍，制定合理的环境经济政策，在完善相关政策的基础上推进垃圾焚烧的市场化运作，从而实现垃圾焚烧处置的环境经济目标。同时政府和环保部门应完善垃圾焚烧处置企业二次污染控制的法律、法规和排放标准，加强对垃圾焚烧处置过程的污染监测，约束企业管理人员加大二次污染的控制和投入，将二次污染控制在最小的范围，实现真正意义上的减量化、资源化和无害化。

我国有关垃圾焚烧处置的环境经济政策的发展和完善还需要很长一段时间。作为垃圾处置中的重要资金来源之一的垃圾处理费即使在我国不断完善收费标准、收费办法，征缴率很高的情况下，根据西方国家的经验也不足以解决我国垃圾焚烧企业建设和运营的全部费用，它还需要政府提供相关的财政、税收等优惠政策，同时要求全体居民具有良好的合作意识和参与意识，包括实施垃圾分类、监督企业的环境指标完成情况等。此外，作为生物质能利用的重要方式之一，我国发展可再生能源的相关政策对垃圾焚烧的推进也至关重要。也就是说，要实现垃圾焚烧处置的环境经济目标，政策的制定和完善需要多方面的合力。

目前资金不足制约我国垃圾焚烧的进一步发展。由于市场中的企业以营利为目的，垃圾焚烧处置企业也是如此，而营利能力不足的产业现状不仅无法吸引更多的社会资本参与，还会引起现有投资的外流，这种状况直接威胁着焚烧企业的市场化发展的基础。因此，解决垃圾焚烧处置企业的资金来源的政策和措施是实现垃圾焚烧处置市场化政策的重点和难点之一，本书将重点讨论在改进我国现有的垃圾焚烧处置环境经济政策基础上如何逐步提高我国垃圾焚烧处置市场化水平。

5.4　本章小结

(1)国内两个企业在发展垃圾焚烧过程中各具特点，都可为我国相应地区发展垃圾焚烧产业提供经验。

(2)国内两个企业也从微观层次凸显了我国发展垃圾焚烧处置过程的不足，还需要国家制定更为适合本国发展的环境经济政策以促进垃圾焚烧处置环境经济目标的实现。

6 垃圾焚烧处置环境经济政策在我国的适用性分析

在生态文明制度体系中,环境经济政策的杠杆作用越来越大。法律和行政手段具有直接刚性的优点,体现的是外部约束,环境经济政策则基于市场原理,是一种内在激励力量。让资源环境有价,以环境成本优化经济增长,环境经济政策通过激发节能减排的内生动力,有力推动了生态环境保护和高质量发展,也推进了生活垃圾焚烧处置的可持续发展。

6.1 生态文明视域下的环境经济政策

6.1.1 环境政策的分类

环境问题的经济特征揭示,由于环境外部不经济性的存在导致了社会整体福利的净损失,因此一个有效率的经济体系必然要求尽可能地减少这种外部性,即把环境外部性内化。从理论上说,只有全部消除了外部性的经济体系,才能达到理想的"帕累托"最优。这时候就产生了对能够消除环境外部不经济性的"制度"——环境政策的需求。消除环境外部不经济性,无法来自市场的自发作用,因为正是外部性的存在导致了市场失灵。因此,消除外部性的力量是国家,它是一种外生于市场的力量。在一定意义上,国家是为消除外部性而产生的制度,也就是说,国家必须为消除外部不经济性而采取行动,这种行动的总和,构成了通常而言的"环境政策"(夏光,2001)。

国内外学者由于研究内容侧重点不同,对政策的定义存在较大的差异。由此对环境政策含义理解上也会存在较大的差别。关于环境政策,一直有广义和狭义之分。广义说认为环境政策是指国家在环境保护方面的一切行动和做法,环境政策包括环境法规及其他政策安排;狭义说则认为环境政策是与环境法规相平行的一个概念,指在环境法规以外的有关政策安排。对环境政策的分类主要可以从政策纵向层次、横向部门、效力范围等几个方面来进行(表6-1)。而环境经济政策是环境政策按照横向部门分类标准中的重要组成部分。

王金南(1997)在《中国与 OECD 的环境经济政策》一书中对环境经济政策所给出的定义是"根据价值规律,利用价格、税收、信贷、投资、微观刺激和宏观经济调节等经济杠杆,调整或影响有关当事人产生和消除污染行为的一类政策"。在实施可持续发展的新形势下,其主要调控对象是社会物质资料再生产过程(经济再生产过程)和资源环境再生产过程(资源再生产过程)及两者之间的协调问题。即两者的结合部或两者相互联系、彼此作用的关系、过程和结果。其主要调控手段和政策目标是通过税收、费用、排污交易等经济杠杆来调节经济活动与自然资源开发利用、生态环境保护之间的矛盾,使经济活动带来的外部不经济性(资源环境损失)降到最低限度直至消除。根据以上定义,环境经济政策主要包括价格、税收、信贷、投资等政策。

表 6-1　环境政策分类

观点	文献来源
环境政策的不同认识	李康(1999)：环境政策是可持续发展战略和环境保护战略的延伸和具体化,是诱导、约束、协调环境政策调控对象的观念和行为的准则,是实现可持续发展战略目标的定向管理手段; 夏光在《中日环境政策比较研究》一书中提出,"从范围上讲,环境政策包括污染控制政策和生态保护政策,适当侧重于前者;从内容上讲,环境政策除指比较正式的、长期实行的各项环境管理制度外,还包括阶段性的重要环境保护措施和方案; 环境政策可以理解为在一定范围内发生作用的环境保护对策的总和
纵向分类	从政策纵向层次的角度,可将环境政策划分为总政策、各个部分或领域的基本政策、各个部分或领域的具体政策,并由这三个层次的政策构成环境政策体系的整体
从环境政策的效力范围角度	全国性环境政策和区域性环境政策
环境政策的横向部门	可以将环境政策分为环境经济政策、环境保护技术政策和环境管理政策(内含环境社会政策)。它们实际上是环境保护与经济、科学技术、科学管理活动相互交叉的结果,并与环境经济学、环境技术科学、环境管理科学等交叉科学或学科联系在一起,而且这三大类环境政策之间也存在着交叉和渗透

资料来源：作者整理。

　　对环境经济政策使用的分类,国内外学者和机构观点有所不同。经济合作与发展组织(Organisatin for Economic Co-operation and Development,OECD)在《环境经济手段应用指南》中把经济性规制手段分为三种：环境收费或税收、许可证制度、押金-退款制度(经济合作与发展组织,1994)。OECD 在《环境管理中的经济手段》一书中进一步将经济性规制手段确定为五种：收费、补贴、押金-退款制度、市场创建、执行鼓励金。这一分类在国内得到比较广泛的接受。哈密尔顿•K(1998)所著的《里约后五年——环境政策的创新》一书中将实施可持续发展战略的政策手段列成一个矩阵(表 6-2)。

表 6-2　政策矩阵-可持续发展的政策和手段

主题	政策手段			
	利用市场	创建市场	实施环境手段	鼓励公众参与
资源管理与污染控制	减少补贴 环境税 使用费 押金-退款制度 专项补贴	产权/分散权力 可交易的许可证 国际补偿制度	标准 禁令 许可证和配额	公众参与 信息公开

资料来源：哈密尔顿•K(1998)。

　　上述分类都具有国际权威性,国内学者大多接受上述分类。实际上,因为每种环境经济政策和方法之间没有明确的界限和作用范围,因此经常是多种政策混合使用。

　　从目前国内外关于生活垃圾管理的环境经济政策来看,发达国家对生活垃圾的管理经过了多年的实践,政府有了足够强大的调配能力,居民具有了一定的环境意识和支付意愿,其实施的环境经济政策已经逐渐从传统的资金配置让位于行为激励。从国外的经验来看,在政府有力的政策支持下,大力提高垃圾焚烧处置的市场化程度和产业化水平,建立合理的支付制度和垃圾收费制度是发展垃圾焚烧处置的较优方案。而我国等一些发展中国家,对生活垃圾管理所实施的环境经济政策多还停留在筹集资金的层面上,基础设施建设和运营的市场化程度较低,加之垃圾焚烧仍然属于低收益产业,其盈利水平大多保持在社会平均收益的水平上,对社会资本吸引力较小,垃圾收费制度还需进一步完善,政府财政支持力度仍然需要进一步加强和改进,这些因素都制约着我国垃圾焚烧处置的发展。大力发展我国的垃圾焚烧处置,就需要借鉴国外的基本经验,改变目前制约我国垃圾焚烧处置发展不畅的基本因素。因此,本章着重分析垃圾收费制度、补贴制度以及可再生能源发电配额制政策对我国垃圾焚烧处置发展的推动作用,同时通过相关的经济政策提高我国垃圾焚烧处置的市场化程度,目的是通过优化和改善现有的相关政策,最终提高我国垃圾焚烧的处置水平和发展程度。

6.1.2 与生活垃圾管理相关的生态文明环境经济政策发展历程辨析

坚持激励和约束并举,是生态文明体制改革六大原则之一。近年来,法律、行政手段在生态环境保护中不断彰显威力,经济手段也在不断发力。党的十八大以来,党和国家更加重视发挥环境经济政策在生态环境保护中的重大作用,深入推进政策改革与创新。仅2017 年,国家层面出台的环境经济政策相关文件就达 42 个。目前,我国环境经济政策框架体系基本建立,主要包括环境财政、环境价格、生态补偿、环境权益交易、绿色税收、绿色金融、环境市场、环境与贸易、环境资源价值核算、行业政策等内容。总体而言,近年来,我国环境经济政策向纵深发展,对污染防治、生态保护、高质量发展的拉动作用逐步加大。

1)《中共中央 国务院关于加快推进生态文明建设的意见》(2015 年 4 月 25 日)

关键词:生态文明。2015 年 4 月 25 日,中共中央、国务院印发《关于加快推进生态文明建设的意见》(下文简称《意见》)。《意见》是中央就生态文明建设做出专题部署的第一个文件,充分体现了以习近平同志为核心的党中央对生态文明建设的高度重视。《意见》明确了生态文明建设的总体要求、目标愿景、重点任务和制度体系,突出体现了战略性、综合性、系统性和可操作性,是当前和今后一个时期推动我国生态文明建设的纲领性文件。党的十八大和十八届三中、四中全会就生态文明建设做出了顶层设计和总体部署,《意见》就是落实顶层设计和总体部署的时间表和路线图,措施更具体,任务更明确。《意见》文件中,还对政绩考核和责任追究等内容做出了明确规定,强调"实行终身追责"。

2)《中共中央 国务院印发〈生态文明体制改革总体方案〉》(2015 年 9 月 21 日)

2015 年 9 月 21 日,中共中央、国务院印发中国生态文明领域改革的顶层设计——《生态文明体制改革总体方案》(下文简称《方案》)。《方案》细化搭建制度框架,进一步明确了生态文明体制改革的任务书、路线图,为加快推进改革提供了重要遵循和行动指南。中国生态文明体制改革的目标是:到 2020 年,构建起由八项制度构成的产权清晰、多元参与、激励约束并重、系统完整的生态文明制度体系,推进生态文明领域国家治理体系和治理能力现代化,努力走向社会主义生态文明新时代。

《方案》分为 10 个部分,共 56 条,其中改革任务和举措 47 条,提出建立健全八项制度，分别为健全自然资源资产产权制度、建立国土空间开发保护制度、建立空间规划体系、完善资源总量管理和全面节约制度、健全资源有偿使用和生态补偿制度、建立健全环境治理体系、健全环境治理和生态保护市场体系、完善生态文明绩效评价考核和责任追究制度。

3）《大气污染防治行动计划》（国发〔2013〕37 号）

关键词：大气污染防治。2013 年 9 月，国务院发布《大气污染防治行动计划》（下文简称《大气十条》），这是当前和今后一个时期全国大气污染防治工作的行动指南。《大气十条》按照政府调控与市场调节相结合、全面推进与重点突破相配合、区域协作与属地管理相协调、总量减排与质量改善相同步的总体要求，提出要加快形成政府统领、企业施治、市场驱动、公众参与的大气污染防治新机制，本着"谁污染、谁负责，多排放、多负担，节能减排得收益、获补偿"的原则，实施分区域、分阶段治理。

《大气十条》提出，经过五年努力，要使全国空气质量总体改善，重污染天气较大幅度减少；京津冀、长三角、珠三角等区域空气质量明显好转。力争再用五年或更长时间，逐步消除重污染天气，全国空气质量明显改善。具体指标是：到 2017 年，全国地级及以上城市可吸入颗粒物浓度比 2012 年下降 10%以上，优良天数逐年提高；京津冀、长三角、珠三角等区域细颗粒物浓度分别下降 25%、20%、15%左右，其中北京市细颗粒物年均浓度控制在 60 微克/米^{3}左右。2017 年是《大气十条》第一阶段目标的关键年。根据《大气污染防治行动计划实施情况考核办法(试行)》（国办发〔2014〕21 号）的要求，2018 年，生态环境部会同发展改革委等部门，对全国 31 个省(区、市)贯彻实施《大气十条》情况进行考核，并根据各省(区、市)《国民经济和社会发展第十三个五年规划纲要》约束性指标年度任务完成情况对《大气十条》考核结果进行了修正。经考核，北京、内蒙古、黑龙江、上海、浙江、福建、山东、湖北、湖南、海南、四川、贵州、云南、西藏、青海 15 个省(区、市)考核等级为优秀；天津、河北、辽宁、吉林、江苏、广东、重庆、新疆 8 个省(区、市)考核等级为良好；山西、安徽、江西、河南、广西、陕西、甘肃、宁夏 8 个省份考核等级为合格。

4）《水污染防治行动计划》（国发〔2015〕17 号）

关键词：水污染防治。2015 年 4 月 16 日，国务院正式印发备受业内期待的《水污染防治行动计划》（下文简称《水十条》）。《大气十条》落地一年半后，《水十条》重磅出台。《水十条》共 10 条 35 款 76 段 238 项措施，汇聚了政府、企业、公众力量，向水污染宣战：到 2020 年，七大重点流域水质优良比例总体达到 70%以上，地级及以上城市建成区黑臭水体均控制在 10%以内。到 2030 年，全国七大重点流域水质优良比例总体达到 75%以上，城市建成区黑臭水体总体得到消除，城市集中式饮用水水源水质达到或优于III类比例总体为 95%左右。

《水十条》提出了全部取缔"十小"企业，整治十大重点行业，清除垃圾河、黑臭河等众多亮点。而作为我国水环境领域顶层设计的又一大重要污染防治计划，它也带动了环境产业的快速发展。根据环境保护部环境规划院副院长吴舜泽在"2017（第十五届）

水业战略论坛"上提供的数据,预计完成《水十条》的全社会投资约 4.6 万亿元;通过加大治污投资将带动环保产业产出增长约 1.9 万亿元,在治理设备和运行服务里面有一些细分领域,其中直接购买环保产业产品和服务约 1.4 万亿元,间接带动环保产业产出增加约 5063.4 亿元。

5)《土壤污染防治行动计划》(国发〔2016〕31 号)

关键词:土壤污染防治 。2016 年 5 月 31 日,国务院印发《土壤污染防治行动计划》(下文简称《土十条》),对今后一个时期我国土壤污染防治工作做出了全面战略部署。与大气和水污染相比,《土十条》坚持问题导向、底线思维,重点在开展调查、摸清底数,推进立法、完善标准,明确责任、强化监管等方面提出工作要求。同时,提出要坚决守住影响农产品质量和人居环境安全的土壤环境质量底线。坚持突出重点、有限目标。《土十条》以农用地中的耕地和建设用地中的污染地块为重点,紧扣重点任务,设定有限目标指标,以实现在发展中保护、在保护中发展。同时,《土十条》坚持分类管控、综合施策。《土十条》的出台实施将夯实我国土壤污染防治工作基础,全面提升我国土壤污染防治工作能力。

6)《"一带一路"生态环境保护合作规划》(环国际〔2017〕65 号)

关键词:一带一路。2017 年 5 月 12 日,环保部发布《"一带一路"生态环境保护合作规划》(下文简称《规划》),《规划》指出,生态环保合作是绿色"一带一路"建设的根本要求,是实现区域经济绿色转型的重要途径,也是落实 2030 年可持续发展议程的重要举措。《规划》提出,到 2025 年,要夯实生态环保合作基础,进一步完善生态环保合作平台建设;制定落实一系列生态环保合作支持政策;在铁路、电力等重点领域树立一批优质产能绿色品牌;一批绿色金融工具应用于投资贸易项目;建成一批环保产业合作示范基地、环境技术交流与转移基地、技术示范推广基地和科技园区,形成生态环保合作良好格局。到 2030 年,全面提升生态环保合作水平,深入拓展在环境污染治理、生态保护、核与辐射安全、生态环保科技创新等重点领域合作,使绿色"一带一路"建设惠及沿线国家,生态环保服务、支撑、保障能力全面提升,将"一带一路"建设成为绿色、繁荣与友谊之路。

7)《中华人民共和国环境保护法》修订(2014 年)

关键词:新环保法。2014 年 4 月 24 日,第十二届全国人大常委会第八次会议审议通过了修订后的《中华人民共和国环境保护法》(下文简称新《环境保护法》),共 7 章 70 条,自 2015 年 1 月 1 日正式施行,至此,这部中国环境领域的"基本法",完成了 25 年来的首次修订。新《环境保护法》贯彻了中央关于推进生态文明建设的要求,最大限度地凝聚和吸纳了各方面共识,是现阶段最有力度的"环保法",因此,也被称为"史上最严的环保法"。

新《环境保护法》从三个领域做了重点突破:一是推动建立基于环境承载能力的绿色发展模式,二是推动多元共治的现代环境治理体系,三是加重了行政监管部门的责任。

不仅如此，新《环境保护法》还赋予环保部门许多新的监管权力和手段，按日计罚、查封扣押、限制生产、停产整治、移送拘留等措施使新《环境保护法》成为极具"杀伤力"的一把利剑，旗帜鲜明地提出"坚决向环境违法行为宣战"，加大了对环境违法行为的处罚打击力度。

8)《中华人民共和国环境保护税法》(2016年)

关键词：环保税。2016年12月25日，第十二届全国人民代表大会常务委员会第二十五次会议通过《中华人民共和国环境保护税法》，并于2018年1月1日起施行，这是我国第一部专门体现"绿色税制"、推进生态文明建设的单行税法，意味着我国施行了近40年的排污收费制度将退出历史舞台。环保税开征之后，我国现行的税种由18个增加到19个。2017年6月26日，财政部、税务总局、环境保护部联合发布《中华人民共和国环境保护税法实施条例(征求意见稿)》，向社会公开征求意见。据此，各地方政府也都开始紧锣密鼓地开展相关分析和论证，出台适用于本地的实施细则。

9) 中共中央办公厅、国务院办公厅印发《关于省以下环保机构监测监察执法垂直管理制度改革试点工作的指导意见》(2016)

该文件体现了党中央、国务院对环境保护的高度重视，对环境改善的殷切期待。主要内容包括：①垂直管理。省级环保部门对全省(自治区、直辖市)环境保护工作实施统一监督管理，统一规划建设环境监测网络；市级环保部门对全市区域范围内环境保护工作实施统一监督管理，负责属地环境执法，强化综合统筹协调；县级环保部门强化现场环境执法，现有环境保护许可等职能上交市级环保部门。②调整地方环境保护管理体制。调整市县环保机构管理体制，加强环境监察工作，调整环境监测管理体制，加强市县环境执法工作。③监测监管职能做出重要调整。明确界定了环境监管的两项基本职能和方法：对企事业单位等行政相对人的环境执法；对下级政府及其工作部门的监(督)察。④监测监管职能做出重要调整。将环境执法机构列入政府行政执法部门序列；尽快出台环保监测监察执法等方面的规范性文件；强化环境监察职能，建立健全环境监察体系。

10)《控制污染物排放许可制实施方案》(国办发〔2016〕81号)、《排污许可证管理暂行规定》(环水体〔2016〕186号)

关键词：排污许可。该方案有如下特点：一证式管理、精细化管理趋势、落实企事业单位治污主体责任、建立企事业单位污染物排放总量控制制度，有机衔接环境影响评价制度。2016年11月10日，国务院办公厅印发《控制污染物排放许可制实施方案》(下文简称《实施方案》)，控制污染物排放许可制(以下称排污许可制)是依法规范企事业单位排污行为的基础性环境管理制度，环境保护部门通过对企事业单位发放排污许可证并依证监管实施排污许可制。

2016年12月23日，为落实《实施方案》，环保部印发《排污许可证管理暂行规定》(下文简称《规定》)，规范排污许可证申请、审核、发放、管理等程序。《规定》是全国排污许可管理的首个规范性文件，要求从国家层面统一排污许可管理的相关规定，主要用于指导当前各地排污许可证申请、核发等工作，是实现 2020 年排污许可证覆盖所有固定污染源的重要支撑，同时为下一步国家制定出台排污许可条例奠定基础。《规定》明确了环境保护部按行业制订并公布排污许可分类管理名录，分批分步骤推进排污许可证管理。

11)《"十三五"生态环境保护规划》（国发〔2016〕65 号）

关键词：环保规划。2016 年 11 月 15 日，国务院常务会议通过《"十三五"生态环境保护规划》（下文简称《规划》）。《规划》是"十三五"时期我国生态环境保护的纲领性文件。《规划》提出"十三五"期间生态环境保护的总体思路和目标追求是：以改善环境质量为核心，以解决生态环境领域突出问题为重点，全力打好补齐生态环境短板的攻坚战和持久战，确保 2020 年实现生态环境质量总体改善的目标，为人民群众提供更多的优质生态产品。

为保障《规划》任务的落实，带动全社会环保投入，《规划》提出了"环境治理保护重点工程"和"山水林田湖生态工程"两大类 25 项重点工程。

12)《"十三五"全国城镇生活垃圾无害化处理设施建设规划》（发改环资〔2016〕2851 号）

关键词：2518.4 亿元。2016 年 12 月 31 日，国家发展改革委、住房城乡建设部联合发布《"十三五"全国城镇生活垃圾无害化处理设施建设规划》（下文简称《规划》，统筹推进"十三五"全国城镇生活垃圾无害化处理设施建设工作。《规划》提出"十三五"期间全国城镇生活垃圾无害化处理设施建设的五大目标，其中包括到 2020 年底，直辖市、计划单列市和省会城市（建成区）生活垃圾无害化处理率达到 100%；其他设市城市生活垃圾无害化处理率达到 95%以上；县城（建成区）生活垃圾无害化处理率达到 80%以上；建制镇生活垃圾无害化处理率达到 70%以上；特殊困难地区可适当放宽。到 2020 年底，具备条件的直辖市、计划单列市和省会城市（建成区）实现原生垃圾"零填埋"，建制镇实现生活垃圾无害化处理能力全覆盖。

同时，文件中的投资估算显示，"十三五"期间全国城镇生活垃圾无害化处理设施建设总投资约 2518.4 亿元。其中，无害化处理设施建设投资 1699.3 亿元，收运转运体系建设投资 257.8 亿元，餐厨垃圾专项工程投资 183.5 亿元，存量整治工程投资 241.4 亿元，垃圾分类示范工程投资 94.1 亿元，监管体系建设投资 42.3 亿元。

13)《生活垃圾分类制度实施方案》（国办发〔2017〕26 号）

关键词：强制垃圾分类。国务院办公厅转发国家发展改革委、住房城乡建设部《生活垃圾分类制度实施方案》（下文简称《方案》），部署推动生活垃圾分类，完善城市管理和服务，创造优良人居环境。《方案》明确，将在直辖市、省会城市、计划单列市以及第一批生活垃圾分类示范城市的城区范围内的 46 个城市先行实施生活垃圾强制分类。

《方案》提出，推进生活垃圾分类要遵循减量化、资源化、无害化原则，加快建立分类投放、分类收集、分类运输、分类处理的垃圾处理系统，形成以法治为基础、政府推动、全民参与、城乡统筹、因地制宜的垃圾分类制度。到 2020 年底，基本建立垃圾分类相关法律法规和标准体系，形成可复制、可推广的生活垃圾分类模式，在实施生活垃圾强制分类的城市，生活垃圾回收利用率达到35%以上。

14）《国家危险废物名录》（2016版）

关键词：危险废物。2016年6月，《国家危险废物名录》（2016版）由环境保护部联合国家发展和改革委员会、公安部向社会发布，自2016年8月1日起施行。新版名录修订坚持问题导向，遵循连续性、实用性、动态性等原则，不仅调整了危险废物名录，还增加了《危险废物豁免管理清单》。

本次修订将危险废物调整为46大类别479种（其中362种来自原名录，新增117种）。将原名录中HW06有机溶剂废物、HW41废卤化有机溶剂和HW42废有机溶剂合并成HW06废有机溶剂与含有机溶剂废物，将原名录表述有歧义且需要鉴别的HW43含多氯苯并呋喃类废物和HW44含多氯苯并二噁英废物删除，增加了HW50废催化剂。新增的117种危险废物源于科研成果和危险废物鉴别工作积累以及征求意见结果，主要是对HW11精蒸馏残渣和HW50废催化剂类废物进行了细化。

6.2　垃圾处理费

6.2.1　垃圾处理费的内涵

经济学的核心任务是研究稀缺资源的合理配置问题，而价格是优化资源配置的主要工具，公共物品也是如此。长期以来经济学家对在各种条件下如何有效利用价格工具实现公共物品最优配置进行了大量探索性研究，在价格机制的内容、作用和发生作用的条件等领域取得了很多研究成果。尽管如此，囿于理论条件的严格限制，有关公共物品价格理论应用于解决实际问题时面临诸多挑战和障碍，而公共物品价格与公众利益的密切关系又迫切需要解决公共物品定价理论的应用问题。

为了解决公共物品定价理论的应用问题，我国学者进行了许多探索性研究，但这些研究主要集中电力、铁路、通信和水价等问题，而有关生活垃圾收费定价问题的研究很少。与一般公共产品相比，生活垃圾定价环境有其鲜明的特点：①我国生活垃圾管理有其自身的历史沿革，并因此形成独特的制度安排；②生活垃圾的逆向物流特性，使许多城市居民受到生活垃圾处理设施的影响，形成较大的社会压力，进而影响生活垃圾的合理定价。这点与一般公众愿意为供水服务付费有很大的区别。

近年来，生活垃圾定价理论及模型大量涌现，不幸的是几乎所有的理论和实证分析都只是不完全参与者的探讨，而现实情况是政府通过项目审批、资金分配和定价等方式控制着生活垃圾处置产业的发展和改革路径，处置企业仅仅想实现经济收益最大化，并试图借助与其委托人（即政府）的博弈中的信息和市场优势，通过讨价还价，影响政府决策；公众在环境支付意愿上升的同时，更关注自身利益的环境权益，近年来围绕垃圾填埋场、焚烧厂建设选址、环评结果质疑的群体性冲突事件逐年增多。由此可见，生活垃圾处置服务价格的决定不是从上而下的政府单一决策过程，定价方程实质是包含多主体利益诉求基础上的一个多变量的多目标函数。现有实证结果也通常容易忽视其他成本，特别是环境成本。

尽管部分环境成本已被包括在垃圾处置系统的建造和运行中，并在价格中得以反映，但仍有其他环境影响并未纳入其中。此类环境影响虽难以精确估计却真实存在，世界银行(2005)在中国进行的一项关于生活垃圾污染成本的研究表明，生活垃圾处置不当对城市环境造成的直接损失每年高达 20 亿元，还尚未估算其他间接性影响及跨期、代际损害。以此为基础的各种政策措施的制定和实施也因此存在偏颇。

研究者采用普通公共产品定价模型给生活垃圾定价有其合理性，但生活垃圾毕竟有其特点，为使生活垃圾价格真正能够反映经济效率、环境保护和社会承受力之间的协调统一，很有必要根据生活垃圾管理特点，对现有生活垃圾价格模型进行回应和总结，以期为后续生活垃圾定价工具的使用提供参考。

事实上，对生活垃圾处置定价研究是伴随着公共产品的理论和实践分析而发展起来的。如果把税收看作是公共产品的价格，局部均衡分析可以把收益赋税当作对纯公共产品的投资。因此，当公共需求决定公共供给时，公共品的价格确定是十分简单的，因为价格是公众愿意支付的税收决定的。我国现阶段的制度背景与西方国家存在根本区别，因此，公共产品的价格制定规则和方法也有别于西方国家。一些学者从理论上专门研究了国内公共产品的价格制定问题，研究得以推向深入。王俊豪(1999)在借鉴英国基础设施产业价格制度改革理论与经验的基础上，对我国基础设施产业的政府价格制定与规制体制改革进行了专门研究；陈富良(2001)构建了转型经济中的政府对公共产品定价的基本框架；董大敏(2006)探讨了几种常见的价格模型；郭庆和姜楠(2006)分析了公正报酬率规制和价格上限规制、常用的两种价格规制模式，在激励强度、对信息的依赖程度和对被规制企业行为的影响等方面存在的差异；苏素和邓娟(2007)对投资回报率定价法和最高限价规制定价法进行了比较研究；赵燕菁(2010)指出产品的价格等于边际消费者愿意支付的最高价格，当市场上商品供大于求时，竞争发生在生产者之间，价格等于边际上生产者能够获得正利润时的最低价格。

上述定价理论及模型为中国生活垃圾处置服务定价提供了思路和可供借鉴的理论及方法。生活垃圾处置管理工具中，除了直接管制以外，价格性管理工具与数量性管理工具最为普遍。价格性管理工具通过所谓的庇古税(Pigo Tax)的实施，是存在外部性时的正确激励，从而使资源配置接近于社会最优，从另一个方面来看实际上是"庇古税规定了污染权的价格"，也就是对污染进行了定价。与其他环境经济手段相比，庇古税属于从价管制，政府仅决定税率，而受此税率影响的产业将视其边际排放效益与税率而决定排放水平。目前国内外针对生活垃圾处置定价的研究包含理论探讨、定价方式选择、价格与收费方式研究、最优价格水平的拟定、对居民消费模式和产业结构调整的影响等方面。

利用价格机制调整各国生活垃圾产生量和处理方式的议题极受重视，目前大多数国家(如美国、日本、法国、加拿大、荷兰等)都在自己国内执行这一政策，效果良好。

根据价值理论，对产品的定价形式概括起来不外乎有两种：成本定价原则和效用定价原则。虽然环境这种资源的消费不具有排他性，也不能单位化，但却能准确地确定环境这种资源的消费主体，同时可以通过污染治理成本来测量污染物对环境的破坏程度。生活垃圾排放进入环境以后，造成周边空气、土壤、水等污染，以及其他非舒适性污染(如气味、景观等)，这些污染很难直接用价格计量。如果能投入一定的成本来处理垃圾，消除垃圾所带来的污染,那么垃圾处置所带来的环境改善量就相当于生活垃圾进入环境后造成的环境破坏量,虽然不能测量垃圾给环境带来的破坏量,但是可以测量治理污染所消耗的费用,即所投入的治理成本是可以测量的,因而可以通过成本来对生活垃圾污染进行定价,其理论基础是成本定律。同效用定价相比,成本定价降低了效用定价的信息成本和交易成本,同时也对环保产业供给主体以经济上的激励作用。因此,成本定价原则是垃圾处置费用确定的主要方法。成本定价理论上大体有两种:边际成本定价和平均成本定价。

　　早期的生活垃圾定价理论及模型,多集中在如何实现财务成本的全部回收,主要是建立在一些关于投资者较强的假设基础之上。完全竞争市场下,企业通过调整产量来实现既定价格下的利润最大化,而垃圾处置市场无法实现完全竞争,属于垄断竞争市场,但它与完全竞争生产企业获得最大利润的条件相同,即边际成本等于边际收益(MC＝MR)。假定垃圾处置企业平均收益大于平均总成本。为便于此处研究,将垃圾处置企业的产品结构简化,假定企业只提供环境质量服务这一产品,而且是可以用货币度量的[①]。根据图 6-1,垃圾处置企业根据边际成本曲线 MC 和边际收益曲线 MR 的交点 e 决定产量轴上的均衡产量为 q,从这一产量在平均收益曲线 AR 上的对应点 a 可以确定价格轴上的价格为 p_0,在平均总成本曲线 AC 上的对应点 b 可以确定平均成本为 p_1。如果政府按照这个市场均衡价格制定垃圾处理费的话,垃圾处置企业的总收益为 $0p_0aq$,总成本为 $0p_1bq$,企业可以获得超额利润 p_0p_1ab。根据前文分析,垃圾处置产业如果以获得高额利润为目的的情况下,不利于整体经济发展,也违背了循环经济理论的核心内涵。所以说,边际成本定价虽然在理论上是最优的,但在垃圾处置这一公益产业中应用是不可行的。

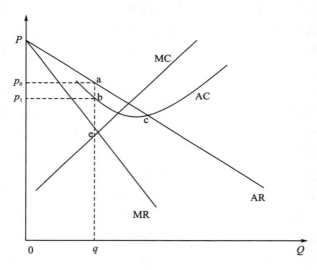

图 6-1　垄断竞争市场下企业的均衡

　　平均成本定价被认为是边际成本定价一个可能的替代办法。政府选择平均收益曲线(AR)和平均成本曲线(AC)的交点 c 所对应的价格为垃圾处置费,在这种情况下,企业盈

① 垃圾处置企业提供的其他产品(如回收物资),也减少了最终垃圾量而达到改善环境质量的目的,因此将企业产品单一化为环境服务质量是可行的。

亏相抵，经济利润为零，解决了边际成本定价的超额利润问题。但是这种定价最大的问题就是企业没有获得利润，缺乏经济刺激，很难吸引社会资本进入垃圾处置产业。因此，有专家学者在平均成本定价理论的基础上提出了平均成本加成定价方法，其定价原则为价格=平均成本+预期利润，即在平均成本的基础上，给予企业适度的利润，这个利润是政府对于垃圾处置产业整体利润率的一个预期。这种定价方式既解决了企业经营缺乏利润的问题，也能避免垃圾处置产业获得超额利润，有利于企业扩大生产规模，提高产业盈利水平，促进垃圾处置产业的良性发展。

平均成本定价是边际成本定价一个可能的替代办法。政府选择平均收益曲线（AR）和平均成本曲线（AC）的交点 c 所对应的价格为垃圾处置费，在这种情况下，企业盈亏相抵，经济利润为零，解决了边际成本定价的超额利润问题。但是这种定价最大的问题就是企业没有获得利润，缺乏经济刺激，很难吸引社会资本进入垃圾处置产业。因此，有专家学者在平均成本定价理论的基础上提出了平均成本加成定价方法，其定价原则为价格=平均成本+预期利润，即在平均成本的基础上，给予企业适度的利润，这个利润是政府对于垃圾处置产业整体利润率的一个预期。这种定价方式既解决了企业经营缺乏利润的问题，也能避免垃圾处置产业获得超额利润，有利于企业扩大生产规模，提高产业盈利水平，促进垃圾处置产业的良性发展。这种代表性投资者的定价模型具有很多优势：首先，简明的经济结构能清晰的获得资产定价解析解；其次，该模型得出的解析解或定价所满足的方程集中在单一的投资者目标函数上，易于实证检验。正因如此，围绕代表性投资者定价模型的实证工作大量涌现。但对于生活垃圾处置服务定价而言，这仅仅是一个临时性的目标，更长远的目标是让价格反映生活垃圾处置中渐增的长期边际成本，尤其要反映生活垃圾处置造成的环境损害成本和资源环境耗竭的机会成本。

政府确定垃圾处置产业的预期利润应来源于以下几方面的思考：首先是社会平均收益率的问题，作为资本的投入者，理性的投资人会根据最低能否获得社会平均收益率为主要的衡量标准。因此，政府制定垃圾处理费的时候必须先考虑社会平均收益率的问题，在结合其他因素的基础上，围绕着社会平均收益率来制定垃圾处理费。其次，政府要考虑企业外部效应的问题，在处置垃圾的过程中，企业向社会提供三种外部正效应，也是垃圾处置企业在生产过程中产生的社会效益的一部分，将外部成本内部化也是社会公共物品产业化的基础之一。最后，在制定垃圾处理费的时候还应该考虑图 6-1 中点 b 所对应的价格 p_1，因为这一点是企业获得超额利润和平均利润的分界点，高于 p_1 企业会获得高于平均利润的超额利润，当价格转嫁至居民时就会增加居民负担，减少了消费者剩余。所以政府在制定垃圾处理费时，应该以价格 p_1 为临界点，在点 c 和点 d 所对应的价格之间确定垃圾处理费。

政府在制定垃圾处理费时应综合考虑以上三方面的内容，不能仅仅根据垃圾处置成本来支付垃圾处理费，这违背了市场运行规律，也不符合"谁治理，谁受益"的原则。在制定垃圾处理费的过程中还要考虑居民的接收能力、环境意识等多方面因素，但一定要遵循"平均成本＋预期利润"的定价方法，使垃圾处理费的额度既能满足垃圾处置企业生存发展的需要，也便于政府、居民在现有条件下接受和支付。

此外，一些研究者认为，在发展中国家，生活垃圾处置的服务价格必须保证贫困居民和社区能获得足够的服务以满足其基本需求，"两步定价法"是依照此依据而生，第一级价格必须保证低收入人群的基本生活需求，而第二级价格反映真实的环境和经济成本。

另一方面，垃圾领域内实施的收费思想是以"污染者付费原则"为指导，把被称为外部性的污染费用和其他费用引入垃圾处理和服务的价格中，这是在废弃物价格管理中使用收费制度的主要经济原因。垃圾收费制本身是否能够完全按照价格规律来运行，决定着收费标准的确定及整个垃圾收费制的运行机制（OECD，2006）。

目前很多国家（如英国、加拿大、丹麦、意大利、比利时、法国等）都执行这一政策，效果良好。根据日本再生资源利用协会的统计，在日本采用垃圾收费制度初期的三年，生活垃圾产生量减少了 65%。但许多国家仍持存怀疑态度：收费制度固然可以增加财政收入，同时减少生活垃圾排放量，但是生活垃圾处置费对居民生活垃圾减排行为的刺激是短期的，一旦适应了之后，垃圾产生量仍会反弹。此外，工业发达国家一般都实行公民的纳税制度，纳税人缴纳的金额中应该包括垃圾收运处理服务的费用，因此纳税人有权享受垃圾收集、运输、处理等公共服务，故而废弃物的收费制度就有双重收费的嫌疑，有可能遇到来自城市居民的阻力。收费制度也可能增加不公平性，许多国家针对生活垃圾处置收费被认为是穷人补贴富人的不合理制度。

从各国实践看，收费方式主要有用户收费和产品费。实施用户收费，居民作为污染源，应该对排放的垃圾支付环境费用。通常，用户收费主要有三种类型：定额收费、计量收费和"两步定价法"收费。定额收费多由政府确定缴费标准，主要以家庭为单位征收，其费率变化与生活垃圾产生量无关。计量收费则按照垃圾产生量的多少来决定。"两步定价法"收费则是固定收费和计量收费的结合，产生的垃圾量在规定范围内支付固定费用，超过限额的部分则按量收费。目前各国采用的用户收费均未考虑环境成本和社会成本，多数只是收集、收运和处置等经济成本的反映。为评价用户收费制度的上述功能以及该制度的实施效果，许多国家通过以下两个标准进行评判：①用户收费对于环境污染或者稀缺资源使用的作用（环境效果）；②比较收费费率和边际污染削减费用的大小，或者作为替代，比较缴费人所支付的平均削减费用的大小（刺激作用）。这些标准可以用不同方式来评价类似的影响。第一个标准直接跟踪收费（税）对减少垃圾排放的贡献，第二个标准试图为缴费主体（纳税人）改变自身的行为而提供刺激机制，促使其消费行为、回收行为、废弃行为等对环境更有利（李大勇和郭瑞雪，2005）。

产品收费被广泛应用于电池、包装等产品中，是在产品出售时预先支付了产品废弃后的回收再利用费用以及相应的环境费用。产品收费类似于财政税，因此一定要在政府授权之下才可以直接管理，同时需要严格执法，以提高缴费率。但在信息不完全的情况下，政府很容易错估费率与排放量之间的关系，使得生活垃圾的管制量呈现不确定状态。信息不对称对于生活垃圾减量存在反向效果，使得生活垃圾减量的动机减少，主要原因有两个：一是信息不对称所带来的信息租金，将使投资厂商与政府负担更多的无谓成本，从而打击了企业和政府降低生活垃圾产生量和处理量的积极性；二是认为具生产效率的处置企业可自信息不对称中取得资讯，在现行的技术下，已可获得超额利润，故处置企业将降低改善污染处置技术的诱因，而减少相关的投资。

产品收费可能通过最终产品大部分传递给消费者，那么通过控制生产者行为而设计的源削减政策对提高再生资源利用比例和减少最终废弃物排放的数量没有明显作用。如果产品收费的数额不大，仅是最终价格的一部分，这个问题会更突出（丁纯，2007）。从实践上看，产品收费制度比用户收费更合适。用户收费的收取必须和生活垃圾回收计划和减量化行为相联系，以防止非法处理，因此如果一个社区没有这样的计划或者对于分散居住的居民来说，上述目标很难实现。而产品收费制度不仅和回收紧密相连，更重要的是在提高资源再生利用方面，不仅可以获得处理资金，还可以刺激企业多使用再生资源，提高资源再生利用率，避免了回收和再生利用脱节的矛盾。

押金返还制度也是生活垃圾管理中普遍使用的一种收费方法。就是对可能引起污染的产品征收押金（收费），当产品废弃部分回到储存、处理或者循环利用地点时退还押金的环境经济手段（张越等，2015）。押金返还制度实际上是税收手段和补贴手段的组合使用，即当购买可能引起污染的产品时向消费者"征税"，而当消费者把废弃部分退还指定系统时又将这一税金退还消费者。当然，押金的金额往往高于税额以保证消费者的退款动力。

从经济原理上分析，押金如同预先支付的垃圾处理费，可以弥补垃圾不适当处理所造成的环境费用。但押金返还制度的独到之处在于返还，它可以引导对废弃物的适当处理，防止环境损害的发生。从整个过程中看，押金返还制度有效作用于潜在的污染者而不是仅仅惩罚真正的污染者，使用返还金可以奖励适当的行为。因此，在生活垃圾管制中，该项制度被认为对减量化和资源化有重要作用。押金返还制度结合了回收补贴和消费税的优点，既可以鼓励对废旧产品的回收再利用，又阻止了过度消费。当符合某些条件时（如把用过的或废弃的物品送到集中地从而避免了污染），这笔费用就可退还。国外对啤酒瓶、饮料瓶实行押金退款制是很广泛的，特别是在法国、德国、荷兰、瑞典、丹麦、芬兰等国家。瑞典已对某些物品（如具有很高含量汞和镉的电池）实行这种制度，还对小汽车车体收取押金，鼓励汽车材料的重新利用。押金退款制有助于防止有毒物质从电池的处理、塑料的焚化或农药容器的残余物中释放到环境里，值得推广和提倡。确定环境押金的收取标准要考虑两个因素：一是废弃物可能产生的污染后果，一件物品可能带来的污染后果越严重，收取的环境押金应该越多；二是促使使用者和消费者交回物品所需要的经济刺激。收取环境押金的直接目的就是督促使用者交回物品，因此环境押金的数额只要能够督促使用者交回使用后的物品即可。

各国在垃圾焚烧管理政策中，都广泛采取了用户收费制度（表6-3）。政府在不增加对垃圾处理的财政支出的情况下，通过用户收费为垃圾焚烧企业获得了一部分处理资金，减少了政府用于垃圾焚烧处理的财政支出。在保障收费的情况下，垃圾焚烧也可以变成一项盈利的经营性活动，可以吸引生产企业、政府、环保公司以及其他社会资金投资，通过费用的收取、其他处理资金来源的多样化促使更多的资源被回收再利用，低成本地实现垃圾管理的资源化、减量化和无害化的最终管理目标。但不是所有的垃圾焚烧设施都能盈利，只有在达到相当处理规模（600吨/日以上）后，并且实行垃圾焚烧的综合利用，如供热、发电等才有可能盈利。

表 6-3　不同国家废物收费使用状况描述

国家	收费计算	目标团体
澳大利亚	统一收费率	家庭和公司
比利时	统一收费率或按数量收费	家庭
加拿大	统一收费率	家庭
丹麦	统一收费率加数量收费	
芬兰	废物数量	家庭和公司
	废物数量	家庭和公司
法国	废物类型和运输距离	
（或）	处理规模(80%人口)	家庭和公司
（或）	废物量(4%人口)	家庭和公司
意大利	垃圾收集费不从公共财政支出	家庭和公司
荷兰	处理规模	家庭和公司
挪威	统一费率	家庭和公司
瑞典	统一费率	家庭和公司
（或）	统一费率（53%的城市）	家庭和公司
英国	收集结构(45%的城市)	家庭和公司
	统一费率	家庭
	废物数量	公司

资料来源：泰坦伯格(2011)。

产品收费是针对某些产品征收费用，即收费所得的款项是用于指定的环境目的，是对即将产生的潜在的环境危害收费，而不是对已经产生的环境危害的数量和程度收费(如瑞典的电池收费)。

6.2.2　垃圾收费水准的决定方式

针对最优价格水平研究，许多文献指出，课征所得税、营业税等直接税会形成资源配置扭曲现象，建议课征产品费代替一般性税收，可减少资源配置扭曲和重复收费的问题，此即 Pearce(1991)首次双重红利(double dividend)的效果；Ballard 和 Medema(1993)指出若以课征庇古税来替代其他等量的扭曲性租税时，会较庇古补贴得到 2.99 倍的福利效果；在后续的研究中，更分别自跨期一般均衡模型、资源循环再利用等角度说明制定合理的生活垃圾处置服务价格不仅可取代其他扭曲性租税，减少无谓的损失，甚至可能得到其他经济利益(高金平等，2016)。然而生活垃圾处置服务实施价格调节，必然会影响产品的生产及居民消费，故最优价格水平的研究更为重要。

最优价格水平的确定始终是一个难题：过高，居民会非法倾倒，影响企业的发展；过低则刺激行为不够明显(谭灵芝和孙奎立，2017)。若垃圾收费制度为一种污染税，则当其固定在最优水平时，可以实现最低成本达到既定的生活垃圾处置和管理目标，此时费率为静态效率；同时课征处理费可以调整居民的消费行为，增加生活垃圾减量技术创新的经济诱因，为动态效率。理论上，最优定价模型可以经由最大化成本效益分析而得，即边际减量成本与边际减量效益相等时，所对应的价格即为最优价格水平，此时也可以达到社会福利最大化的帕累托最优。若为完全竞争市场，同时交易成本为零时，这种定价方式可同时满足经济效率（efficiency）与公平（equity）的要求（谭灵芝和鲁明中，2008）。但是准确计算垃圾定价中所含的生活垃圾处置中所有的成本与效益值的问题，多年来难以解决，在实际的分析过程中，垃圾定价原则的核心思想是如何将许多外部效果内部化，及如何将许多非市场性因素考虑进去。

　　因此，生活垃圾处置垃圾处理费额度的确立应综合考虑社会平均收益率、企业外部正效应和超额利润点这三方面的问题，然而实际操作即具体的垃圾处理费额度的确立还十分复杂，必须综合考虑多方面的因素，如城市垃圾的数量和成分、城市居民的生活水平、垃圾处置企业的平均处理成本等，但垃圾处置产业垃圾处理费的下限应该为"垃圾处理成本＋社会平均收益率"，上限应该控制在产业获得超额利润点以下。Dastkhan 和 Owlia（2014）通过构建"动态整合经济模型"（dynamic integrated economy modle，DIEM），描述复杂能量系统如何实现经济增长与环境均衡发展，一些研究者采用上述方法证实电子废弃物中重金属污染对土壤和水体的影响并不像之前许多研究者估计的那么严重，因为产品价格上升减缓了电子产业经济增长，会反馈性地抑制废弃物排放量，进而抑制重金属对环境的污染程度（Nagurney and Toyasaki，2005）。研究显示，在电子废弃物倍增时，以较高的折现率与较低的外部损害率评估，采取较为温和的收费标准，便可使电子废弃物产生量较上一年减少 5%；Seltzer（2011）则认为生活垃圾当期的损害更严重，必须采用特许经营的方法才能更好地降低环境损害，且处置价格应使价格接近边际成本，且尽力与特许经营商的成本保持一致；Akese（2014）认为生活垃圾处置服务价格上升固然造成生产或者消费减少，然而生产者会很快调整产品结构和类型，降低成本，所以无需采取过高的价格；Torgler 和 García-Valiñas（2005）则认为社会和经济政治考量会很好地防止环境破坏的偏好，个体也会很好地改变消费习惯，最终降低产品废弃价格；随后 Kinnaman 和 Fullerton（1995）根据家庭内生模型（heterogeneous households model），以家庭为基本单元，通过构建最优价格水平与生活垃圾减量的线性方程，证实无论在有限期还是无限期减量条件下，对生活垃圾处置实施收费都无法确保达成减量目标，并且经济增长率与费率间存在相互抵消的关系。

　　Kinnaman 和 Fullerton（1995）利用全生命周期评价方法分析了环境-废弃物最优价格水平计算方法，基本思路与 DIEM 相似，其分析方法同时考虑产品的生产、利用、再生回收和废弃物处置等全过程，涉及生产、消费和回收处置等多个部门。研究认为若想获得最佳的环境效益，就需要考虑环境损害函数构成。一些研究者将有关生活垃圾的损害函数定义为生活垃圾产生量的线型函数（Saling et al.,2002），若以维持前一年排放水平的 70%～80%为目标，则费率微量控制是最佳策略；但若损害函数为递增型的三次式时，生活垃圾排放量初期递增，当达到最高值时，则可能会维持固定产生水平。故在防治策略上，初期应大幅度管制排放量，以高价格水平抑制生活垃圾的产生量（Kinnaman and Fullerton,2000）；Falk 和 Mendelsohn（1993）以最优控制（optimal control）理论，将生活垃圾存量控制于最优状态下，以此决定最优价格水平。在模拟分析中，其假设边际损害函数为非线性，且分为低损害与高损害两种情况，若假定生活垃圾排放和对环境损害的增长率均为 2%，而污染治理成本增长率为-2%（表示治理技术进步）时，最优价格水平在初期会温和增长，实施一定时期之后（认为至少五年），才开始大幅增长，且高损害比低损害状态价格水平提高20%。这些模型都有一个共同特点，即把生活垃圾控制定义为末端处置（end pipe treatment），边际减量成本与价格水平产生关联性，即价格水平影响生活垃圾的减量程度，也影响着与之相关的经济活动。

针对价格机制对居民消费选择和经济影响研究方面，除讨论最优价格水平以外，也有许多研究着眼于生活垃圾处置价格机制对居民消费结构和社会经济的影响，此时价格被视为外生变量。Chatterjee(2012)通过分析对不同电子产品消费部门征收回收价格，以反映不同的价格水平对于资源节约与资源替代的效果。陈殷源(2007)借助成本收益法考虑电子产品的生产、销售、回收、处置的整个物流过程，以2000年为基期，对电视机、冰箱和洗衣机等大型电子废弃物以0.2～0.5元/kg为标准，对微波炉、烤箱等中型电子废弃物以0.5～0.8元/kg为标准进行估计，发现上述针对电子废弃物的收费标准并不会对电子产品出口和居民消费需求产生显著影响。说明想实现生活垃圾减量，仍需相关政策的辅助，仅靠价格管制废弃物的产生量是不够的(谭灵芝等，2010)，该结果与Ackeman和Heinzerling(2002)以及Gupt和Sahay(2015)等研究结论类似。Jorgenson等(2013)从环境税(费)的角度探讨了印度生活垃圾处置所负担的成本，结果发现对生活垃圾实施价格管制，将直接增加企业的生产成本和公民的消费支出，课税后将使得多数产业产值小幅下降，特别是对电子产品影响较大，从长远看，对发展中国家并无好处；Ekins(1998)研究了价格措施对OECD总体经济的影响，且假设课征生活垃圾处置费将可以替代减少具扭曲性之直接税征收，或用于生产部门与生活垃圾处置企业的技术研究补助，结果发现课征生活垃圾处置费后，对投资、就业、资源使用效率与技术发展均有正面影响。Frenkel和Trauth(2005)以内生增长模型为理论架构，分析了在跨期背景下环境要素价格作为内生变量对经济增长的影响。如果能将生活垃圾这种环境要素作为内生变量，在生活垃圾减量化目标的原则下，为维持租税中立与减少税负，应同时降低其他租税税率，才有助于达成生活垃圾处置目标。

国内学者对生活垃圾处置服务价格的相关研究，以对定价选择模式、总体经济影响评估、最优价格水平确定、对环境影响评价及与经济成长关联性分析为主要方向，其中对定价模式研究更多地考虑如何实现环境与经济效益内生化转型；对总体经济影响评估多从循环经济角度出发，建构内涵生活垃圾处置的投入产出模型或可计算的一般均衡模型为主，研究重点多视价格为外生变量，指出课征生活垃圾处置费会造成产品价格上涨，消费水平下降，进而影响经济发展。谭灵芝等(2015)利用一般均衡模型，以电子产品为例，得出在收取的费率为0.5%的情况下，城市居民的可支配收入将下降0.07%，乡村居民的可支配收入将上升0.01%，居民消费总体下降0.04%，表明电子垃圾处理费对消费者影响都不大，但电子部门的出口量将下降2.64%，影响较大。征收电子垃圾处理费对纺织业等九个行业有正面影响，其产值将分别增长0.24%～0.05%不等。

OECD在1989年、1994年和1995年的调查中，根据其影响和应用频度，把税收和收费列为经济手段的主要种类。收费、税、费用及征税这些词在各国可能有所不同，有的含义甚至因人而异。"同样的政策用于不同的国家就会有不同的称呼，如税收、收费、征税、费用或税等，但意图并非是对这些概念的边界进行语义学上的讨论。"(Mannion，1997)。通常情况下，政府对公共物品和服务的供给，其所需经费可采用征税和收费两种方式筹集。一般来说,纯粹的公共物品或劳务,由政府征税所取得的税收收入来提供,混合公共物品或者劳务由政府收费所取得的收入来提供。垃圾处理是典型的混合公共物品,多是以收取垃圾处理费为主,但各国情况不尽相同,需要根据各国国情选择。

但是对企业的补助存在以下问题(王俊豪,2001):①确保税收有困难。由于垃圾焚烧产业是以设备为主的产业,所以固定成本在总成本中占很高比例。反过来说,可变成本(就短期来说是边际成本)所占比例较低。因此,如果收费按照边际成本水准来决定,补助金额(＝PmMNPn 亏损额)就非常高。如果以现行的财政收入来补助规模很大的产业,就势必会削减其他项目的财政支出,这又会产生新的收入再分配问题。②如果政府的补贴足够大,这虽然能维持企业的发展潜力,但仍然不能刺激企业提高生产效率。因为对于企业来说,其利润的多少不是取决于效率的高低,而是取决于政府补贴的幅度。这就会诱使企业把精力过多地用于争取更多的政府补贴上,这在垃圾焚烧行业中普遍存在。这不仅增大了政府的财政负担,也增加了政府腐败的可能性。

由于上述原因,对垃圾焚烧这类成本递减产业在决定收费水准时,采用边际成本收费形成方式十分困难。自然资源与环境经济学家认为,由于市场的不完备性,对多数产品而言,按照这个定价公式,并不能导致社会的最优。因为在资源的开发和产品的生产过程中会产生外部性,比如环境污染,它对社会造成了危害,如果资源或产品的使用者付出的仅仅是其生产成本,这既不公平也会导致产品或资源的过度消费。另外,由于资源的有限性,尤其是可枯竭资源,当前的开发是否导致未来存量的减少,社会应给予关注,这样才能体现代与代之间的公平。如果某种资源的开发引起了其存量的减少,那么,当代人就应该对此付出代价。这些正是资源与环境经济学家对可持续发展政策制定的基本观点。因此,Turner(2010)认为,符合可持续发展的资源或产品定价公式为:价格=边际生产成本+边际外部成本+边际使用者成本。

其中,边际生产成本是生产者在产品生产中所付出的直接代价;边际外部成本是产品生产对社会造成的利益损失;边际使用者成本是生产中自然资源的当前使用在未来的社会利益损失。后两项分别体现了可持续发展中的代内平衡和代际平衡。这个公式是对生活垃圾定价的基本出发点。这里的“生产成本”是指垃圾处理企业或单位在垃圾处理全程中所付出的代价。如不进行无害化处理,生活垃圾会造成对生活环境的污染,同时引发疾病,对社会是十分有害的,所以在垃圾定价公式中,可以认为垃圾的边际使用者成本为零。垃圾在收集、运输过程中可能会产生扬尘,对人体呼吸系统造成损害,垃圾焚烧产生的有毒气体也可能导致人类各种疾病,这些代价称作“外部成本”,在垃圾处理企业的总成本中并未计入,而从整个社会的总体利益出发,应该将外部成本内部化。由于得到边际成本十分困难,通常会以平均成本代替边际成本。当垃圾处理量比较大时,二者比较接近。这样定价公式变为:价格=平均生产成本+平均外部成本。但是平均成本定价是边际成本定价一个可能的替代办法。即政府选择平均收益(AR)和平均成本(AC)的相等地点所对应的价格为垃圾处置费,在这种情况下,企业盈亏相抵,经济利润为零,解决了边际成本定价的超额利润问题。这种定价最大的问题就是企业没有获得利润,缺乏经济刺激,很难吸引社会资本进入垃圾焚烧处置产业。

各国政府或各城市地方政府根据不同的收费目的采取不同的收费方法与取费标准,在实施过程中，有的是多种措施并施。而提高环境效益的目的性越强，顺利实施的可能性就越大，仅以提高财政收入为单一目的，如果取费标准过高，就有可能受到阻力。

实际上，各国政府在确定垃圾处理费的时候，合适的收费方式和收费费率始终是无法解决的问题，不合理的收费制度无法保证废弃物减量化长期目标的实现：首先是取费标准问题，各国的收费标准一般都不高，对城市居民的生活压力不大，并没有从根本上改变城市居民的消费观念和生活习惯，一旦城市居民适应了收费制后，又会恢复原来的生活消费观念和扔垃圾的习惯，而不再考虑费用问题，致使垃圾产量反弹。其次，实行垃圾收费制后，垃圾产量之所以有所下降，主要是资源垃圾从生活垃圾中分离了出来，从总量上看，垃圾产量实际并没有减少。要保持长期的减量化效果，仅仅依靠垃圾收费是不够的，还需要与其他的减量化措施相配合。另外，工业发达国家一般都实行公民的纳税制度，纳税人有权享受公共服务，垃圾收集、运输、处理属于公共服务范畴，纳税人缴纳的金额中应该包括垃圾收运处理服务的费用，所以废弃物的收费制度就有双重收费的嫌疑，有可能遇到来自城市居民的阻力。

实际上，垃圾治理费用占财政税收收入的比例很低，一般都不能满足垃圾收运处理的实际需求，对垃圾实行收费制度实际上是对财政收入的一种补充。垃圾收费制度也可能增加不公平性，许多国家的收费制度都被认为是穷人补贴富人的不合理制度。特别是如果在垃圾处理领域引入社会资本，市场只青睐有支付能力的用户。对于无法缴纳费用的用户，低支付能力和高提供成本的悲剧性结合往往使得以营利为目标的私人企业会因成本过高而不愿意提供相应的环境服务。这就需要政府合理制定收费标准，在确保垃圾处理设施持续发展的同时，也确保公众(特别是弱势群体)能够支付得起。具体而言，对于垃圾焚烧处理这类带有自然垄断性行业的产品和服务，其收费定价应该遵循"公平合理、切实可行"的原则，由政府、企业和用户共同谈判、协调，针对市场准入、价格、服务建立约束市场供求双方的准则，达到既能最大限度地保护用户的应有权益，又能保证生产者开展经营的积极性。

此外，一些国家还有专门针对焚烧实施的焚烧税，如美国的新泽西州和宾夕法尼亚州等通过征收填埋和焚烧税来促进废旧物资的回收利用，马萨诸塞州制定了美国第一部禁止私人向填埋场或焚烧炉丢弃电脑显示器、电视机和其他电子产品的法律。这些实质上是作为增加收入的一种财政手段和影响垃圾处理行为的一种政策手段，对垃圾的填埋或者焚烧实施收费制度，其更广泛的政策含义在于减少对垃圾填埋这种末端处理方式的依赖性以及减少垃圾的产生并对垃圾进行循环利用。但这种收费手段存在重复收费的嫌疑，受到广泛质疑和批评，只有少数国家使用。

6.2.3 垃圾处理费在我国垃圾焚烧中的应用

长期以来，垃圾处理费在我国是个非常模糊的概念，因为我国实行的是垃圾处理政府全额承包制，垃圾处理费用的多少由政府财政划拨，大多情况下只是统计总量作为政府用于城市环境卫生投入的一项指标，很少有针对单位垃圾处理支付额度的研究和实践。随着近些年我国垃圾处置行业的市场化、产业化运作，作为垃圾处置企业存在和发展的基础，有必要对垃圾处理费额度问题进行系统完善的研究，合理的处理费有利于推动垃圾处置产业的发展。

2002 年 6 月，原国家计委、财政部、建设部和国家环保局发布了《关于实行城市生活垃圾处理收费制度促进垃圾处理产业化的通知》（计价格〔2002〕872 号），明确"全面推行生活垃圾处理收费制度，促进垃圾处理的良性循环""合理制定垃圾处理费标准，提高垃圾无害化处理能力"。并在第三条中规定："对于生活垃圾处理设施不足，已经投资在建的垃圾处理设施，经城市人民政府批准，收取的生活垃圾处理费可用于补充生活垃圾处理设施的建设费用，但在建项目 3 年内必须建成，并实施垃圾处理"。由此标志着酝酿已久的垃圾收费制度终于确立。这一制度的实施首先改变了长期以来垃圾处理的公益性、无偿化的状况，为推动垃圾处理的市场化、产业化奠定基础。该通知明确了垃圾收费为经营服务性收费，其收费标准按照补偿垃圾收集、运输和处理成本、合理营利的原则核定，并区别不同情况，逐步到位。其次，强调制定科学的计收办法，加强了收费管理。生活垃圾处理费本着简便、易行、有效的原则，按照不同的收费对象采取不同的计费方式。垃圾处理费不得截留、挪用。目前，我国北京、南京、珠海、呼和浩特、上海、青岛、沈阳等大中型城市已建立了垃圾收费制度，生活垃圾处理收费大多采取定额收取的办法。有的城市以每户每月为单位，有的随每月的水费单一起收取，也有的由收费员上门收取。收取的垃圾处理费计入财政专户储存，专款专用。主要用于居民区卫生保洁、垃圾的日产日清以及无害化处理和环卫基础设施的建设和收费人员工资（表 6-4）。

表 6-4　我国部分城市垃圾处理费征收状况

城市	收费对象	收费标准	征收部门
北京	居民	3 元/(人·月)	街道办事处
	暂住人口	2 元/(人·月)	
南京	单位	4 元/(人·月)	银行委托
	居民	5 元/(户·月)	专人收费
	宾馆、饭店等	4 元/(床·月)	银行委托
	建筑工地	5 元/吨	市固体废物管理处
珠海	城市居民户 单身居民	8 元/(户·月) 3 元/(人·月)	由物业公司、居委会、村委会代收
青岛	市内农渔村居民户 单身居民	5 元/(户·月) 2 元/(人·月)	由村委会代收
呼和浩特	常住居民 流动人口	2 元/(人·月) 3 元/(人·月)	由环卫以及各房产物业部门代收

数据来源：中国环境保护投融资机制研究课题组 (2004)。

根据上海、天津两市的经验，解决垃圾处理费用政府支出过高问题的办法之一就是对居民实施合理的垃圾收费制度。通常生活垃圾处理的收入由服务收费、废物资源化产品销售收入和政策性补贴三部分组成。由于垃圾处理具有典型的公益性质且投入多、收益少，所以政府的政策性补贴不可缺少，尤其是在各种垃圾处理设施建设和运营发展的初期。在其他两种收入来源中，可回收废品和资源化产品的销售受处置技术和市场影响较大。垃圾焚烧处理厂除部分资源产品收入以外，服务收费应该是重要的收入来源之一。目前我国实行的垃圾处理收费属定额用户收费制。这种固定收费制对每个家庭而言，始终支付同一价格，即对于每一单位额外产生的垃圾支付的价格为零，而垃圾收集和处理随着垃圾产生量的增加而增加，其边际费用远大于零，显然这种收费制对家庭垃圾产生量无限制作用(谭灵芝等，2017)。但结合我国经济发展现状，现阶段应立足完善定额收费制。从政策实施条件看，实施计量收费的国家和城市大都经济发达，居民环境意识普遍较高，且是在定额收费制已实施多年后有一定基础下实施的，我国在这方面还存在障碍，垃圾收费观念刚刚建立，计量用户收费制的思想基础薄弱，公众不易接受，实际操作还有许多问题；其次，政策的执行成本高。缺乏监督机制，会导致非法倾倒现象。简言之，鉴于政策本身缺陷，实施需具备的条件不足，我国目前不宜采用计量用户收费制度。定额用户收费是目前比较适合中国国情的垃圾收费制度。

定额收费制设计的关键在于确定收费数额，理论上垃圾收费费率的最终确定是一个地区垃圾收集、运输和最终处理的实际成本，但此目标的实现应该与我国社会经济发展、制度创新相协调，是一个渐进的过程。目前垃圾收费制度实施的关键是建立和完善收费管理体系，确保各个环节的公正透明，防止居民逃避付费，防止征收部门的擅自留用，提高垃圾费的征缴率。同时，做到专款专用和合理分配，不断提高垃圾的管理水平。只有不断改善城市环境卫生面貌，才能取得公众信任，使垃圾收费制不断深入人心。随着经济的发展以及居民环境意识的增强，应逐步提高垃圾收费的额度，这一额度应该以本地垃圾处置主要形式的平均成本为最低征收标准，最优的垃圾费额度应该能够满足垃圾处置企业垃圾处置的费用和合理的收益。

从我国目前的情况看，许多地区现行的收费标准尚属合理，关键在于加大征收力度。为保证收费效果，政府可委托居委会、物业管理公司代收，并通过所收费用给予不同的生活垃圾处理方式和有关企业相应的政府补贴，以增加行业吸引力。市、区(县)财政部门应支持生活垃圾处理价格按企业核算成本，编制行业指导价。纯公益项目由政府出资，按标的价和任务量来保证经费的核拨。对准公益项目，政府可适当补贴，按任务量和补贴价来保证经费的核拨。不论采取哪种处理方式，目的都是筹集资金，减少政府的财政支出，同时增加居民的环境意识。根据国内一些城市的经验，我国许多地区在推广垃圾焚烧处置发展时，采用"政府补贴+收取垃圾处理费"的方式。例如北京市目前的垃圾收运、处理费用分两类收取。对城市常住居民收取垃圾处理费为 3 元/(户·月)，暂住人口为 2 元/(人·户)。根据北京市的规划，通过垃圾收费制度获取的资金将占到垃圾处理费的 27.3%，新建的垃圾焚烧处置厂的运营费用 50%以上通过垃圾收费获取。但是按照目前的收缴率，完成这个任务仍需要投入大量的人力和物力。

从以上分析可以看出，设计完善的垃圾收费制度在我国垃圾焚烧生产运营领域起着重要的作用，但也有以下事项需要注意。

(1)到目前为止，我国垃圾收费制度都不足以起到实现改变居民消费观念、筹集垃圾处理费用、支撑垃圾处理企业日常运营的作用。而作为一项规范化的制度，尤其是作为固体废物污染控制的一项有效经济手段，垃圾收费制度仍需要环境管理部门与有关物价部门、垃圾处置企业共同协商，确定合理的收费费率，并保证垃圾处理费的征缴。

(2)由于垃圾焚烧处置的特殊性，在实行收费制度时，必须考虑焚烧企业的盈利率，宜采取在提高征缴率的前提下，将收费收入和政府补贴结合起来，但仍然需要提高企业自身的营利能力。

（3）虽然垃圾收费是一项重要的垃圾管理政策，但不能孤立地强调其作用。只有将其和其他垃圾管理政策配合协调，才能达到提高垃圾管理水平的预期效果。垃圾收费政策的首要目标是筹集资金，这对中国继续提高垃圾无害化处理率是很必要的。为此，一方面要建立严格的监督机制，另一方面也要探索资金的有效管理形式。采取多项有效措施，不断拓宽垃圾回收渠道和范围，增加垃圾资源化的方法和手段，为提高我国生活垃圾的管理水平发挥积极作用。

我国幅员辽阔，各个地区经济发展水平不尽相同，居民的收入水平也有差异，因此在不同的地区，收费的数额应该根据当地居民的平均收入水平做适当的调整，从而保证对不同地区消费者的公平性。

6.3　补贴政策在发展垃圾焚烧中的作用

6.3.1　补贴政策经济学分析

外部效应内部化措施经常可以看到"庇古税"的概念，这个概念是一个学术性名词，既包含税收、收费的含义，又包含补贴的含义。从理论上讲，征税和补贴的意义是一样的。一般而言，定价和制定标准的过程并不能达到相关活动的帕累托最优状态，但是有一点是毫无疑问的，即用单位税收（或者补贴）来达到某种特定的环境质量标准，在适当的条件下，这是实现这些目标的成本最低的一种方法（鲍莫尔等，2003）。

如前分析，垃圾焚烧是可收费物品，同时也是半公共物品，要鼓励社会资本的进入，政府可以实施补贴。补贴实质上是政府给予生产者的补贴。补贴的形式可能是资金、免税或其他税收优惠、低息贷款、贷款担保等。在这种补贴安排下，生产者是民间组织（营利或者非营利），政府和消费者是共同的安排者（政府选择特定的垃圾焚烧企业提供补助，消费者购买这些特定生产者的服务），政府和消费者都向垃圾焚烧企业支付费用。实质上，由于垃圾焚烧处置企业在处理生活垃圾的过程中减少了最终垃圾填埋量，政府应根据减少的垃圾量给予企业一定补贴。此外，采用原生材料的生产企业的生产过程是对自然资源的开采加工的过程，而垃圾焚烧处置企业的生产过程伴随着资源的循环利用，资源的循环利用意味着自然资源开采量的减小，因此社会应对企业所节省的自然资源价值和开采的费用给予一定的补贴。此外，对于垃圾焚烧企业来说，补贴相当于一种额外利润，支持了那些本来不可能获利的企业。

世界上很多国家都有对垃圾焚烧厂的建设和运营、污染控制活动给予财政补贴的做法，有些国家还制定了与此政策相配套的法规。例如美国1980年在《固体废弃物的处置法》中规定对提供既省钱又实用的固体废弃物处置方法均给予财政补贴。对垃圾焚烧企业来说，实施补贴制度可以鼓励更多的社会资金进入垃圾焚烧行业，达到改进消费模式、调整产业结构、筹集资金的目的。但补贴可能导致过多的新企业进入该产业，从而在一定程度造成资源浪费。而且由于垃圾焚烧污染而受到补贴的受害者可能会由于补贴的原因减少甚至放弃采用防治污染的措施。不同于征税，补贴不利于技术进步。

　　尽管补贴制度在垃圾焚烧领域的作用和效果方面还有争议，但是从理论上讲，无论是直接补贴还是间接补贴在垃圾焚烧的管理中都是较为有效的政策工具。Fridland 和 shchegol'kova（2008）分析了德国固体废弃物能量回收政策，认为为了再生资源的可持续利用，现阶段对垃圾焚烧企业进行补贴政策始终是一项行之有效的措施。国外的实践证明，垃圾焚烧作为能源回收的一种资源再生利用方法，在各国得到很大程度的发展，该项政策的作用是不可低估的。但补贴政策的实施应该解决好以下两个问题：①补贴资金来源问题。根据西欧和美国的经验，主要是通过系统效益收费来筹集。而对于印度、中国等发展中国家，主要是通过财政支付筹集。对发展中国家来说，财政收入有限，需要补贴支援的事业很多，所以依赖政府的财政支持不是长久之计。②补贴策略问题。即应该给谁补贴和以什么样的运行机制进行补贴是一个值得研究的问题（Makino，2013；Dinan，1993）。

　　实际上，各国在垃圾焚烧领域内实施补贴制度，目的是通过政府支付价格购买企业提供的环境服务。通过补贴，政府改变了垃圾焚烧处理业发展的市场风险、回报和成本，使其向着有利于企业发展、节约资源的目标方向进行。补贴问题实际上就是成本差异问题，而成本差异的主要原因是价格问题或定价问题。垃圾焚烧领域内的补贴通常有价格补贴、税收和利率优惠补贴、企业亏损补贴等。但这种补贴只是一种干预手段，不能在发展垃圾焚烧业的过程中扮演主要的角色，其引申的含义就是如果垃圾焚烧企业的建设、运营对财政补贴这种从权性手段依赖过大，以至于离开了它就无法组织正常的生产、流通和消费活动，那就说明在既有的运行机制和实施框架中已经不利于垃圾焚烧实现其预定的环境、经济和社会目标，对其改革就成为一种必然。

6.3.2　补贴的标准

　　对于资源正外部性所导致的资源配置歪曲及其纠正原理，可用图 6-2 加以解释，在图中，横轴、纵轴分别表示产量和价格，D 线是以私人边际收益 MPB 为基础的需求曲线，S 线是以私人边际成本 MPC 为基础的供给曲线，假设当社会边际收益等于私人边际收益即 MSB=MPB 时，在没有补贴的情况下，追求利润最大化的厂商按照私人边际收益等于私人边际成本（MPB=MPC）的原则来确定产量，那么 D 线与 S 线相交于 E 点，形成均衡，分别形成价格 P 和产量 Q。

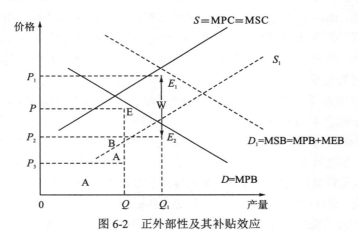

图 6-2　正外部性及其补贴效应

但是 K 点并非是社会的最优产量点，因为 D 线所代表的边际收益只是私人收益，即 $D=$MPB，而未将外部边际收益 MEB 计算在内。D 线与 D_1 线之间的距离就是外部边际收益 MEB，即 $D_1=$MSB$=D+$MEB$=$MPB$+$MEB，反映社会边际收益 MSB 的曲线 D_1 与 S 线相交形成均衡点 E_1，在 E_1 处 MSB$=$MSC，达到了社会最优产量 Q_1，由图 6-2 可以看出 Q_1 $>Q$，这说明了正外部性引起产量不足，为了调整私人边际收益，政府必须对私人厂商每单位产品支付 $A=$MEB 的补贴，这样，厂商的私人收益曲线 D 就会向上移动至 D_1，即私人边际效益等于社会边际效益，从而使产量由 Q 扩大到 Q_1，Q_1-Q 就是由于政府补贴导致的产出增加。

实际上，政府对厂商的补贴相当于降低了私人企业的生产成本，使其将实际边际成本所代表的供给曲线 S 降低到了 S_1，曲线 S_1 与 D 线相交于 E_2，其对应的价格为 P_2，产量为 Q_1，而 Q_1 正好是社会的最优产量。

政府的补贴并没有全部被厂商获得。图 6-2 表明，政府的补贴为矩形 $P_1E_1E_2P_2$ 的面积，企业在得到了政府的补贴后，供给曲线由 S 向下移到了 S_1，结果使得具有正外部性产品的生产由 Q 增加到了 Q_1，而均衡价格则由 P 下降到了 P_2，这样一来，生产者剩余就增加了梯形 $E_2AP_3P_2$ 的面积，这个面积也等于梯形 E_1EPP_1 的面积，补贴同时也能使消费者能以更低的价格购买有利于环保的产品，消费者剩余增加了梯形 EE_2P_2P 的面积，与此同时，补贴还产生了环境效益，产出每增加一个单位时，就可以获得如图所示的等于外部收益 W $=$MEB 的环境效益，那么增加了 (Q_1-Q) 的产出时，就可以获得 $W\cdot(Q_1-Q)$ 的环境效益，$W\cdot(Q_1-Q)$ 的面积恰好等于菱形 E_1E_2AE 的面积，所以补贴实施后的社会净效益是上述各种收益的总和，它等于生产者剩余的增加加上消费者剩余的增加再加上环境效益然后减去政府的补助金，其总和就等于三角形 E_2AE 的面积，即对产生正外部性的企业给予补贴之后，整个社会可以获得一个三角形 E_2AE 面积的净收益。

上述补贴是广义上的补贴，这种情况下的补贴标准确定，外部性也因测定结果的不确定性而常常引发争议。因为现实经济活动中的外部性之所以会产生，正是由于缺乏具体而明确的市场价格，而测定外部性的方法多种多样，既可用修理成本等值法，也可以用避免法或预防等值法，还可用相关市场货物的折价或人们的支付意愿法（张帆和李东，2007）。使用的方法不同，外部效益的测定结果就不一样，甚至会"大相径庭"。外部性计量在可靠性方面的这种不确定性，使得各项成本因素往往难以简单相加，各种方法计量的结果也具有非可比性。所以，在经济与政策分析中，为了简化问题，增强操作性和可比性，许多学者、研究机构和国际组织都从私人层面上对补贴的量值进行确定。

补贴的另一种情况是在私人层面上，根据微观经济学原理，以边际私人成本为标准，依据价格偏离边际私人成本的程度来衡量补贴的大小。一种观点是保生产成本，即垃圾焚烧的处置者"吃饭"靠政府，"致富"靠市场。二是除成本之外，还要保证合理利润。政府可以保持价格偏离市场均衡价格水平，或通过直接、间接地给生产者或消费者以资金支持，从而减少生产或消费成本。其核心是政府在市场以外施加影响，通过干预而形成对生产者或消费者利益的调节。而一般来说，这种利益调节往往又起到保护生产者或消费者的作用。在垃圾焚烧企业的生产收益不低于成本的基础上，保证其获得平均利润。相对于广义上的补贴标准确定而言，私人层次上的补贴标准确定要简单易行一些，但也有不少实际困难。因为实际工作中边际成本的计量也不太好操作；确定边际成本，需要进行大量的资料收集与分析，且数据常常无法应用。

虽然垃圾焚烧处理通常带有公益性质，但是在市场中垃圾焚烧处置和其他类型的企业一样，需要根据自身利益最大化的标准进行自己的决策行为，并不能保证垃圾焚烧的处理量和处理的效果完全达到政府希望的符合环境承受的标准。它只能根据市场价格和生产成本来进行行为的决策。我国垃圾处理费收取和利用系统还未全面和合理地建立起来，仅仅依靠垃圾处理费来支撑整个垃圾处理设施目前在我国还不够现实，所以在垃圾焚烧处理领域仍然需要政府通过多种形式进行补贴，以促进我国垃圾焚烧处理设施的完善，提高垃圾焚烧处理的环境效益。通过合理的激励机制，会促使企业扩大生产规模，提高产量，从而使垃圾处理的环境效果达到政府的预期。

6.3.3　补贴手段在我国垃圾焚烧处置中的运用

垃圾焚烧企业将减少废物的产生量。如果不对该废物进行处理将会危害到自然环境质量，而这部分环境代价将由人群整体来承担，因此，垃圾焚烧资源化企业是一种特殊类型的废物无害化企业，其收益应包含两部分：一是出售环境资源而获得的市场收益，二是减少废物排放而获得的社会收益。第二部分的收益可以通过政府补贴或者对处理的废物进行收费而获得。这就是对垃圾焚烧实施补贴的基本原因。

我国的垃圾焚烧总体来说处于较低水平，资金"瓶颈"是制约垃圾焚烧发展的重要原因。垃圾焚烧处置产业是高投入低回报的产业，需要大量的资金用于扩大生产规模和技术改造，政府各种形式的补贴显得非常重要。

财政补贴分为直接性财政支出和收入退库两部分。利润不上缴、减免税收、先征后返都可以看作是收入退库——间接性财政补贴。我国许多城市对垃圾焚烧的补贴多以直接补贴为主，辅以间接性的财政补贴，如税收优惠政策以及信贷优惠等方式。

1) 直接补贴

企业每焚烧处理一吨垃圾政府给予的相应补贴。如果向生产者支付削减污染的费用，只要治理污染的成本小于得到的补贴，生产者就会乐于投资进行污染削减。直接补贴是用来鼓励和帮助企业加大污染治理设施的建设和投入，从而实现环保补贴资金对企业单位垃圾处理量的增加作用，在时间上具有可延续性，在效果上具有可叠加性。直接补贴方式的主要依据是相关企业的运营减少了政府每年处置垃圾的数量，降低了用于垃圾处理的财政支出，政府可根据每年减少的垃圾处置量给予企业合理的补偿来鼓励垃圾焚烧处置的发展。如上海、天津给垃圾焚烧厂的补贴分别是240元/吨和167元/吨，成都则为30元/吨，这些补贴不仅减少了政府直接从事垃圾焚烧的生产、管理和经营成本，也成为鼓励垃圾焚烧处置产业化发展的基础条件，从而扩大了产业规模。而产业规模的扩大对政府意味着财政支出的减少以及更优环境效益的获得，采取直接补贴的方式有助于扩大垃圾焚烧处置的生产规模，而且会提高产业的收入水平，对于环境、垃圾焚烧处置企业和政府都是一个"获利"的过程。

我国垃圾收费费率普遍不高，在征缴率过低的情况下，为了减少垃圾对环境的影响，提高垃圾处理的水平，同时引导更多的社会资本进入垃圾处理领域，这种直接补贴的形式是必需和必要的。但是直接补贴必须有合理的补贴标准，一方面这种补贴必须是用于直接补贴垃圾焚烧企业进行垃圾处置，需要政府监督资金使用状况；另一方面，要制定合理的补贴标准，避免补贴额度过高，造成企业对补贴的过度依赖，也容易滋生政府"寻租"现象的发生，不利于整个行业的良性发展。

2) 税收优惠

税收政策的改革同直接补贴和信贷优惠等政策有较大区别，它涉及面非常广，政策制定成本高，而且并不一定能起到预期的政策目的，我国以往的税制改革也证明了这一点。但税收作为影响企业收入的一个主要因素，对于垃圾焚烧处置发展的影响是显而易见的，在推动垃圾焚烧处置的过程中，有必要对相应的税额做出合理的调整来满足垃圾焚烧处置企业发展的要求。

我国为促进垃圾焚烧发展，出台了一系列的税收优惠政策。国家经贸委和国家发改委(原国家计委)等部门经过长期调研和论证，深刻认识到垃圾焚烧(发电)对于节约资源、改善环境、实现国家的可持续发展具有重要的意义，充分肯定了垃圾焚烧(发电)在我国的发展前景，特别是把垃圾焚烧发电产业确定为重点扶持的产业之一，制定了一系列有关建设垃圾焚烧发电项目的税收优惠政策。

国家现行的有关资源综合利用税收优惠政策主要体现于以下文件：《关于企业所得税若干优惠政策的通知》(财税〔2008〕1号)、《关于资源综合利用及其他产品增值税政策的通知》(财税〔2008〕156号)等。国家将进一步研究、制定有关资源综合利用的价格、投资、财政、信贷等其他优惠政策。同时规定，"凡利用余热、余压、城市垃圾及煤矸石、煤泥等低热值燃料及煤层气生产电力、热力的企业(以下简称综合利用电厂)，其单机容量在500千瓦以上，符合并网调度条件的，电力部门都应允许并网，签订并网协议，对并网机组免交小火电上网配套费，并在核定的上网电量内优先购买。综合利用电厂的电价，原则上按同网同质同价的原则确定，有条件的可实行峰谷电价，因成本过高等特殊情况不能实行同网同质同价原则的，可以实行个别定价。" 2005年9月9日建设部、国土部关于批准发布《城市生活垃圾处理和给水与污水处理工程建设项目用地指标的通知》，"工程项目绿地率20%～30%，行政办公及生活服务设施占地5%～8%，Ⅰ类4万～6万 m^2，Ⅱ类3万～4万 m^2，Ⅲ类2万～3万 m^2，Ⅳ类1万～2万 m^2。2007年，在《国内投资项目不予免税的进口商品目录》(2007年版)中规定了"单炉小于500吨/天规模的垃圾焚烧厂将不予免税"。该规定不利于中小城市垃圾焚烧产业的发展。2007年，根据《中华人民共和国企业所得税法》第二十七条第三款规定，企业从事符合条件的环境保护、节能节水项目的所得，可以免征、减征企业所得税。第三十四条规定，企业购置用于环境保护、节能节水、安全生产等专用设备的投资额，可以按一定比例实行税额抵免。第三十三条规定，企业综合利用资源，生产符合国家产业政策规定的产品所取得的收入，可以在计算应纳税所得额时减计收入(所得税减计政策)。第一百条规定，企业所得税法第三十四条所称税额抵免，是指企业购置并实际使用《环境保护专用设备企业所得税优惠目录》《节能节水专用设备企业所得税优惠目录》和《安全生产专用设备企业所得税优惠目录》规定的环境保护、节能节水、安全生产等专用设备的，该专用设备的投资额的 10%可以从企业当年的应纳税额中抵免；当年不足抵免的，可以在以后 5 个纳税年度结转抵免。享受前款规定的企业所得税优惠的企业，应当实际购置前款该规定的专用设备并投入使用；企业购置上述专用设备在 5 年内转让、出租的，应当停止享受企业所得税优惠，并补缴已经抵免的企业所得税税款(投资抵免政策)。第九十九条规定，企业所得税法第三十三条所称减计收入，是指企业以《资源综合利用企业所得税优惠目录》规定的资源作为主要原材料，生产国家非限制和禁止并符合国家和行业相关标准的产品取得的收入，减按 90%计入收入总额。前款所称原材料占生产产品材料的比例不得低于《资源综合利用企业所得税优惠目录》规定的标准(减计收入计算所得税)。

此外，各级政府有关税务部门也颁布了一系列涉及垃圾焚烧发电项目营业税和设备进口关税的减免政策。依据《关于企业所得税若干优惠政策的通知》(国财税〔2008〕1 号)文规定，垃圾焚烧发电项目所得税按 15%计算，还贷期间先征后返，以后按 15%征收。同时，各级政府有关税务部门也颁布了一系列涉及垃圾焚烧发电项目营业税和设备进口关税的减免政策。依据财政部、国家税务总局的规定，企业用废水、废气、废渣等废弃物为主要原料进行生产的，可在 5 年内减征或免征所得税；自 2001 年 1 月 1 日起，利用城市生活垃圾生产的电力实行增值税即征即退的政策。2012 年 3 月 28 日《国家发展改革委关于完善垃圾焚烧发电价格政策的通知》(发改价格〔2012〕801 号)规定：以生活垃圾为原料的垃圾焚烧发电项目，均先按其入厂垃圾处理量折算成上网电量进行结算，每吨生活垃圾折算上网电量暂定为 280 千瓦时，并执行全国统一垃圾发电标杆电价每千瓦时 0.65 元(含税，下同)；其余上网电量执行当地同类燃煤发电机组上网电价。

尽管涉及垃圾焚烧我国有多种税收优惠政策，由于多种原因(如涉及地方财政收入等)，许多优惠政策没有得到落实，加之我国目前有关垃圾处理的法律法规配套性差，一些优惠政策可操作性不强，出台的鼓励性、引导性政策较少，企业和政府在垃圾焚烧处理中的作用不明确，各方应承担的责任和费用都处于探索阶段，产业分类指导方向还不明朗，专业化程度差。因此，目前对垃圾焚烧除了切实落实国家的税收优惠政策以外，还应该积极探索配套措施，提高垃圾焚烧处置水平。国外的经验可以借鉴，但不能硬比，更不能照搬。我国的资源综合利用财税政策应比国外的更优惠：投资增长比例应不小于 GDP 的增长速度；应该给予相关企业以全免税的特优待遇，至少在一定的期限内应该这样，待资源综合利用产业发展起来以后再做调整；设立专项贷款基金，享受优惠的贷款利率；设立专项的补贴基金，根据项目情况和企业情况，给予直接的财政补贴。

3) 信贷优惠

在垃圾焚烧领域主要表现为贴息贷款的形式。低息(或贴息)贷款可以减轻企业还本期利息的负担，有利于降低生产成本。缺点是政府需要筹集的一定的资金以支持贴息或减息的补贴。贷款数量越大，贴息量越大，需要筹集的资金也越多。因此，资金供应状况是影响这一政策持续进行的关键性因素。为了提高贴息贷款的经济效益，关键性的问题与提高价格政策和补贴政策的实施效应完全相同，即要正确地选择贷款对象和实施科学的贷款程序。

早在 1999 年 1 月，国家计委和科技部联合发出了《国家计委、科技部关于进一步支持可再生能源发展有关问题的通知》（计基础〔1999〕44 号文件），通知中规定：可再生能源发电项目可由银行优先安排基本建设贷款。国家审批建设规模达 3000 千瓦以上的大中型可再生能源发电项目，国家计委将协助业主落实银行贷款。对于银行安排基本建设贷款的可再生能源发电项目给予 2%的财政贴息，中央项目由财政部贴息，地方项目由地方财政贴息。可再生能源发电项目本金应占项目总投资的 35%及以上：贴息一律实行"先付后贴"的办法，即先向银行付息，然后申请财政贴息。对利用可再生能源进行并网发电的建设项目，在电网容量允许的情况下，电网管理部门必须允许其电量就近上网，并收购全部上网电量：对可再生能源并网发电项目在还贷期内电价实行"还本付息+合理利润"的定价原则，高出电网平均电价部分由电网分摊。利用国外发电设备的对可再生能源并网发电项目，在还款期内的投资利润率以不超过"当时相应贷款期贷款利率+3%"为原则。国家鼓励对可再生能源发电项目利用国产化设备，利用国产发电设备的垃圾焚烧发电项目在还款期内的投资利润率以不低于"当时相应贷款期贷款利率+5%"为原则。这是我国较早明确提出对垃圾焚烧发电优惠的政策。进入 21 世纪，随着我国可再生能源使用量的扩大和国际国内碳减排压力的增加，我国陆续出台了一系列相关法律法规和政策意见，持续推进我国生活垃圾可再生能源的焚烧再利用。我国的《可再生能源产业发展指导目录》（发改价格〔2005〕2517 号）明确指出，垃圾焚烧发电是我国可再生能源领域发展的重要内容。《可再生能源发电价格和费用分摊管理试行办法》（发改价格〔2006〕7 号）和《可再生能源电价附加收入调配暂行办法》（发改价格〔2007〕44 号）提出，国家要在全国范围内对省级及以上电网的销售电量收取一定量的可再生能源电价附加，用于分摊补贴全国范围内可再生能源发电（包括垃圾焚烧发电）成本高于当地脱硫燃煤机组标杆上网电价的差额部分。《可再生能源发展专项资金管理暂行办法》（财建〔2006〕237 号）提出，为支持我国可再生能源电力的开发利用，要由国务院财政部门依法设立可再生能源发展专项资金，其中也包括支持垃圾焚烧发电的发展。

垃圾焚烧处置在我国是比较新兴的垃圾处理方式，并且和当地的经济发展水平密切相关，总体来说各方面仍处于探索和逐步扩张阶段。尽管国家制定了一系列的信贷优惠政策，但由于地方政府和金融体系没有相应的管理经验，信贷优惠政策的实施和落实还是比较滞后，在信贷上对于垃圾焚烧处置的支持不足，一些贷款项目甚至需要政府出面干预。此外，贷款手续过于繁杂，许多中小企业"望而却步"；国家级的贷款多数只有贷款指标或额度，具体款项由地方自筹，即使有实际款项，数量也十分有限，其余的需要由地方配套支持，由于条块分割和我国政策实施效力的有限性，企业很难真正得到所需的足额款项。

垃圾焚烧处置中用于减少二次污染，主要是对有毒尾气的处理的设施占到整个设备投入的三分之一，资金不足的状况不利于企业加快处置技术的改良和创新，也可能导致企业为了避免过高的处理成本而偷工减料，使最终处理效果达不到环境处理标准。从国内外环保产业发展的经验来看，贴息贷款和基金的补贴形式是缓解企业资金压力的有效手段，在扩大企业生产规模和二次污染控制上取得了非常好的效果。此外，政府也以较少的管理成本和财政支出起到了调控垃圾处置市场的作用。因此，积极落实相关的信贷优惠政策，有利于提高企业的处理水平，从而推动垃圾焚烧处理在我国的整体发展。

在垃圾焚烧领域实行补贴政策的关键在于以下几点：①对补贴政策对象的确定。政府在实行补贴政策时，要对垃圾焚烧企业的运营状况实行严格审查，把补贴给予对社会对环境有巨大效益而目前自身运营又有一定困难的企业。②补贴额度的确定。政府在确定补贴的企业对象后，给予的补贴额度要恰好能使其在市场竞争中站住脚跟。给予太少，企业则无法生存；给予太多，企业过于依赖补贴。只有恰当的补贴额度才能帮助企业在市场竞争中顺利运营和逐渐发展。③补贴时间段的限制。补贴应该有一定的时间段限制，在这段时间内，政府通过补贴帮助企业渡过难关，之后补贴要慢慢减少直至取消。这也是为了避免企业形成对补贴的过分依赖。

小结：目前各国对垃圾焚烧厂日常运营支持的财政政策主要表现为政府给予企业的补贴，即由政府购买私人部门的服务。消费者在享受这种服务的同时也需要交纳一定的费用。政府通过垃圾费的收取，也筹集了用于财政补贴的资金。在私人部门参与建设和运营的企业，政府通过向建设和运营的私人部门付处理费的方式实现分期付款，还可以确切掌握全项目周期（建设、一段时期的运营）的支出。平均支付额度、偿还计划可根据政府的财政能力来制定。政府利用补贴制度还可以对企业垃圾处理的环境效果进行监管，进行相关的环境审计。国外在这方面研究较多，我国由于起步较晚，在垃圾焚烧企业的建设和运营的市场化运作方面经验不足。垃圾处理费的收取方式、费率，政府补贴的实际效果、补贴的时间、补贴额度等诸多问题始终没有得到很好的解决，如何借鉴国外的经验发展我国的垃圾焚烧产业显得十分重要。而其中，收费制度和补贴制度的运用是发展我国垃圾焚烧产业的关键政策。

6.4　收费制度和补贴制度在垃圾焚烧发电中的作用分析

目前在国外，对垃圾焚烧综合利用方式多以焚烧发电为主。垃圾焚烧发电厂属于市政环保项目，目的在于妥善处理垃圾，注重环保效益和社会效益，垃圾这种燃料的热值较低（不同于煤、油等燃料的发热值很高），相应发电量少，单独依靠售电收入一般无法确保项目投资商获得合理的回报，因此，项目所在地政府作为受益者必须向投资商支付一定的垃圾处理费，使项目具有合理的利润。这样，垃圾焚烧发电厂项目的收益主要来自两方面：售电收入和政府支付的垃圾处理费。因此，促进垃圾焚烧发电的发展关键因素之一是要在适当的收益水平之下，确定售电的电价和垃圾处理费的额度。通常情况下，售电收入和垃圾处理费是一个相互消长的关系：售电收入越高，政府支付垃圾处理费就越少。如果能保证垃圾焚烧发电厂正常运行，同时提高垃圾热值，就能获得较高的发电收入。发电收入的增加甚至可以使政府的补贴降低到零。

垃圾焚烧发电的上网电价不可能持续上涨，必须有合理的定价。Fusai 等（2008）发现在早期生活垃圾焚烧上网电价为当地综合电价的 120%～200%都是合理的，随着技术的发展，垃圾焚烧上网电价逐步与煤电接近，但因为供电存在不稳定状态，在相当时期内仍需要政府给予的补贴。这样又会提高垃圾处理费的费率，从而增加居民和政府的负担，也背离了价格原则。有效的方法是在合理定价的基础上进行适度的补贴。

各国的经验表明，垃圾焚烧发电可以减少政府财政支出，特别是对发展中国家，减少政府财政补贴就意味着有更多的资金用于其他急需资金的项目。即使垃圾焚烧发电厂建设投资大，日常运行成本高，但根据我国目前的环境和资源状况现状，还是需要建设和发展。参照国内外经验，一方面增收垃圾处理费，一方面政府提供适当补贴，即由政府按国际惯例"污染者付费"的原则，制定和完善收费政策，将所收费用摊销到每吨生活垃圾处理费中，由政府按焚烧厂年处理垃圾总量补贴给垃圾焚烧厂，再由焚烧厂分年偿还本金及利息。其余由厂方通过上网发电、垃圾焚烧后制成建筑材料等方法获利。根据对各国的焚烧电价分析，如果政府能够承担投资建设费用，即政府负责偿还每年的贷款及利息，焚烧厂基本上能维持正常运行。但我国由于电网管理部门的独立经营，各地电价不同，一些地区电网收购电价低。如果收购价格低于焚烧发电厂运行费用，必然导致焚烧厂与电网管理部门之间的矛盾，不利于垃圾焚烧发电的持续健康发展。可再生能源配额制被认为是解决上述矛盾的较好办法。

6.5 可再生能源配额制政策

垃圾焚烧发电是生物质能源再生利用的一个重要方式。20 世纪 70 年代以来，鉴于矿物能源资源的有限性和全球环境压力的增加，世界上许多国家都增强了对可再生能源重要性的认识，并从政治、经济和技术上采取行动，出台了一系列政策和措施。其基本目的是要加快可再生能源技术的发展和开发利用步伐，使之早日成为能源供应系统中重要的燃料。

6.5.1 国外可再生能源发展的基本经验总结

1. 国外可再生能源发展的基本经验

总结近些年来各国可再生能源的发展，其基本经验主要包括：①加强立法，从法律上保障可再生能源的发展。如美国一些州政府为了促进可再生能源的发展，制定了一些强制性法规，如可再生能源配额制、系统效益收费等，强制规定电力供应中可再生能源必须占有一定的比例。②制定规划，明确目标。如欧盟为了促进可再生能源的发展，制定了"欧共体战略和执行计划白皮书"，提出到 2010 年欧盟内部总的能源消费构成中可再生能源占 12%的宏伟目标。③制定经济激励政策。包括财政补贴、税收减免和低息贷款等。④加强宣传。各国都把强化决策者对发展可再生能源的重大战略意义和在居民中普及可再生能源技术知识、增强可持续发展的观念和保护环境的意识放在十分重要的位置。

2. 国外可再生能源经济激励政策的特点

分析各国垃圾焚烧发电政策，虽然形式各异，但仍以可再生能源配额制、购电法和投标政策三种政策效果最为明显（表 6-5）。

通过对国外可再生能源政策的比较可知，政府主持制定的有关强制性的法律、法规、条例和其他一些具有强制性的规定是提高可再生能源在整个能源构成比例的重要保证，而由政府制定或批准执行的各类经济激励措施，如各种形式的补贴、价格优惠、税收减免、贴息或低息贷款等在配合强制性政策执行中也有不可或缺的作用。在可再生能源技术的开发和推广中进行试点和示范活动，以及在项目实施过程中采用某些有利于可再生能源技术进步的新的运行机制和方法(如公开招标、公平竞争、联合开发方式等),也是非常必要的。

表 6-5　不同政策的比较

名称	特点	主要使用国家
可再生能源配额制政策	1. 该政策是通过法律和法规的形式,保障在较长时期内实现可再生能源的量化发展目标,即保证可再生能源发电的市场需求。2. 该政策通过建立市场竞争机制达到最有效开发利用可再生能源资源的目的。3. 对于可再生能源发电高出常规电价的差价,应该采用社会分摊原则,即消费者分摊原则。谁消费谁分摊,多消费多分摊。充分体现出可再生能源发电产生的环境和社会价值。可再生能源配额制政策中强制的配额目标要求和绿色证书交易结合在一起为可再生能源电力营造了市场需求和交易方式。缺点是政策成本难以精确地估计	美国、澳大利亚、丹麦
购电法(Feed In Law)	该政策以法律形式规定可再生能源发电的上网电价,可再生能源发电量由市场决定:其一,这种制度确定了数年内有保障的、已知的电价,对再生能源发电商起补贴作用;其二,供电企业有购买再生能源发电的义务,并在预定时间内支付规定的最低价;其三,允许独立的再生能源发电商向电网供电,并得到最低价或者上网电价的回报;其四,上网电价由监督机构或政府部门确定,不同的技术因其成本不同,其价格也有所不同。购电法最大的优点在于消除了发展再生能源发电通常所面临的不确定性和风险	德国、丹麦、芬兰等国家采用,其中以德国的《电力供应法》(Feed Law)最为典型
投标政策(Tendering Policies)	该政策是通过投标选择价格最低的合格项目。招标制度的一般特征如下:其一,招标制度是一种竞争性过程,为了发展预定数量的再生能源电力,定期举行招标;其二,公共管理部门邀请再生能源项目的潜在开发商投标,标的是开发商们要求的再生能源电力价格;其三,如果开发商中标,将获得与其投标价格相当的、有保证的电力价格,其再生能源项目将获得电力销售长期(15 年)合同;其四,通过向电力消费者收费,可以获得固定的电力销售量	最有代表性的是英国的《非矿物燃料契约》

资料来源:作者整理。

　　国内外所有可再生能源激励政策和运行机制中,目前能够很好解决市场机制问题,能够把强制性与激励政策结合好的政策只有配额制。尽管各国的配额制可能有不同的形式,但总体来看对可再生能源占总能源供应比例的强制规定在国外已经很普遍。虽然配额制政策是一种新的政策,但配额制政策的基本思路还是在已有政策的经验的基础上而形成的。因此引入配额制政策是中国发展可再生能源的最佳途径。

6.5.2　可再生能源配额制政策在我国垃圾焚烧发电中的作用

　　垃圾焚烧发电作为可再生能源利用的重要手段,是解决我国垃圾处理问题的手段之一。我国国家可再生能源中心最近对中国可再生能源在下一个 20 年内的商业化潜力做了较为粗略的估计。该方法参照可互相替代的非再生能源发电平均成本(以燃煤电厂为依据),采用边际成本方法来推测不同能源技术可能的市场份额(表 6-6)。可以看出,焚烧发电 2020 年的容量预测数远高于 1998 年的装机容量,但也远低于估计的潜在容量。通过有效手段推动垃圾焚烧发电显得十分重要。

表 6-6　国家可再生能源中心对垃圾焚烧发电容量的预测(1998~2020 年)　　(单位:MW)

资源	1998 年装机容量	各时间段预测的新增容量			2020 年容量	
		1998~2005 年	2005~2010 年	2001~2020 年	预测装机容量	潜在容量
市政固体废弃物	15	85	150	710	960	23330

资料来源:中国环境与发展国际合作委员会能源战略与技术工作组(2003)。

配额制政策将对我国的垃圾焚烧发电发展产生以下重要影响：第一，使我国垃圾焚烧发电发展具有明确的发展目标。配额制政策最显著的特征是确定明确的市场目标，并且用法律保障目标的实现，从而促使垃圾焚烧发电扩大生产能力，增加技术研发投入，吸引更多有实力的公司投资于该领域。第二，通过绿色证书交易的市场运行机制，由于垃圾焚烧发电的增量成本使焚烧电力产品的环境效益得到体现。第三，将以社会分摊原则解决焚烧发电电力与常规电力的差价分摊问题。按照我国目前的电力体制以及对可再生能源发电厂的规定，这个差价应由局部电网分摊。由于可再生能源的环境效益是全局性、全国性甚至是全球性的，而体现环境和社会效益的差价却由电力公司局部负担，显然对可再生能源电力生产企业是不公平的。而配额制政策将消除差价分担上的不合理状态。第四，可以使资源配置达到最优，以最低的社会总成本开发可再生能源。配额制政策的运行将采用绿色证书交易的市场竞争形式。在绿色证书交易的过程中，企业为了追求最大利润，将会选择最好资源利用方式进行开发。这样，从宏观上看对垃圾资源的开发利用将趋向于最优化。由于市场鼓励低成本生产，也促进了垃圾焚烧发电成本的降低。第五，还将为我国带来环境效益和社会效益。

在配额制政策中，垃圾焚烧电能的价值分为两部分：一是基本部分。指垃圾焚烧产生的电能在目前的电力市场条件下具有的价值，与常规能源所发的电能价值相同，这部分价值体现为实际电能交易的成本，受益者是实际的电能消费者。二是垃圾焚烧产生的电力因其环境效益和其他社会效益而具有的价值，这部分价值体现为垃圾焚烧在生产电能时可以保持环境清洁而具有的价值，受益者可能是一个国家或一个地区所有的人，具有全局性的意义。在电能的实际交易中，垃圾焚烧发电对环境及社会效益的价值无法在现有电力价格体系中得到体现。配额制政策设计了绿色证书代表垃圾焚烧发电所产生的环境及社会效益所具有的价值。绿色证书是一种可交易的、能兑现为货币的凭证。建立绿色证书交易系统是将垃圾焚烧发电引入公平竞争的市场机制中的有效措施(图6-3)。

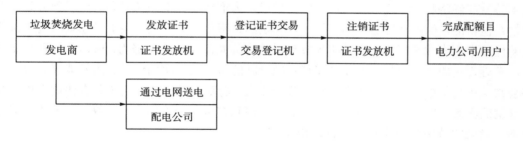

图6-3　可交易的绿色证书的步骤

从我国的发展现状来看，配额制度的设计不仅要适用当前的市场结构，也要很好地适应未来的新市场结构。除国家法律和政府政策支持外，从长远的观点看，更重要的是要建立起市场运行机制，以便逐步增强垃圾焚烧发电自我生存、自我发展的能力。因此研究并构造市场机制不仅是实施配额制政策的需要，也是垃圾焚烧发电持续发展的必要选择。

6.5.3　可再生能源配额制政策在我国垃圾焚烧发电中使用的注意事项

从以上分析可以看出可再生能源配额制政策对我国垃圾焚烧发电发展起着重要的作

用，但也有以下这些事项需要注意。

第一，电力市场波动的风险。由于配额制强制规定了垃圾焚烧的发电配额，因此，在垃圾焚烧发电产业尚未成熟的初期必然会引起发电成本的提高，导致电价上升，使电力市场出现波动。但由于垃圾焚烧发电产生的电力配额在整个电力市场中的比例不会很高或只是对局部地区的影响，因此，电力市场波动的风险不会很大。

第二，政策执行成本上升的风险。新政策的执行需要投入一定的成本，如果政策设计存在问题，则执行成本会突破事先的估计。为了降低高执行成本的风险，可以采取逐步实施的方法，从而价格和容量的趋势可以检测，各阶段的时间可以改进，只会在成本合理的时候增加容量。

第三，政策失效的风险。除了市场风险和执行成本上升的风险外，还有大量其他风险可能会导致政策的失败。例如，电力体制改革的失败可能导致缺乏竞争，任何垄断行为都可能导致配额制政策的成本增加和实施难度增加，使配额制政策失效。

此外，配额制政策不是单一的政策，而是一个政策体系，需要在整个政策系统下运行。除了自身的设计应该适合我国经济发展现状，还应该与我国的相关法律衔接，使之真正能够促进我国的垃圾焚烧发电的发展。

6.6　我国垃圾焚烧运营市场的建立^①

6.6.1　我国垃圾焚烧处置市场化运营的原因

发展中国家基础设施产业效率低下与浪费的原因在于其政府所有、高度集中的垄断经营的管理体制，这是理论界相当一致的认识。但对于如何改革这种体制以提高基础设施的供给效率，人们的看法差异很大。代表性的观点有两种：一种观点认为，鉴于基础设施的技术特性和经济特性，政府应该在提供基础设施方面居于绝对统治地位，至于部分效率的牺牲是值得的，也是不可避免的。另一种观点则针锋相对地认为，鉴于以往政府公共部门普遍性的组织失败和经营不善，应当放弃对政府公共部门的改革努力，转而依靠私营企业提供基础设施服务。但是，由政府拥有基础设施的所有权并垄断经营，固然能保证政府一些公共政策目标的实现，但效率牺牲的代价太大；而基础设施产业完全私有化则会引致政府管制的困难，虽然效率会有所提高，但社会福利有可能会受损失。有效的管理体制应能使基础设施的效率与政府管制的目标相兼容。

垃圾焚烧作为一种在我国新兴的垃圾处理方式，其本身具有一定的特征：①政府正逐渐退出垃圾焚烧企业的建设和管理全过程，更多的是把它交给市场，但垃圾焚烧作为垃圾处理服务的一种，是作为提供公共产品的服务目标出现的，尽管政府可以借助市场力量提供该服务，但其直接介入该产品市场的力度远大于其他一般的商品，政府的力量自始至终都可见。政府不仅是环境经济政策的制定者，也是执行者。②垃圾焚烧投资巨大，资金回收期长，如果政府没有制定如焚烧发电涉及的税收优惠、市场准入资质、上网电价、处理

---

① 美国 E.S.萨瓦斯认为对提供公共物品和服务的制度安排仅仅是一种静态分析，其主要目的是为市场化战略奠定理论基础。而市场化方式的探讨属于动态分析，即研究如何实现从依赖政府的制度安排向更多地依靠市场的制度安排的过渡。

费用补贴等多方面相关政策，以及合理的环境经济政策，就会阻碍社会资金的进入，制约垃圾焚烧行业的市场化进程，同时现有的企业由于没有合理的成本计算，也不会考虑环境的影响，这些最终都会加重政府和社会负担。从各国的管理经验来看，对垃圾焚烧处置最好的经营和运行模式就是政府利用市场机制来间接提供垃圾焚烧处理这种公共物品。也就是政府通过制定政策，在市场经济下建立完善的产业培育机制（以经济政策为主体），利用直接或间接的政策引导，以利益机制吸引企业进入垃圾焚烧处置市场，并扩大处置企业的生产规模和生产能力，与此同时要制定适宜的处置标准，以推动垃圾焚烧处置的健康快速发展。

当前我国生活垃圾处置建设项目实施的主要制约因素是资金来源、资金利用和承受能力等。自 1949 年以来，我国的生活垃圾处置责任一直由国家承担，其经费源于国家和地方的财政拨款。环卫行业一直被视为社会公益事业，其经费来源主要靠国家和地方财政专项拨款解决，投资力度远远低于实际需要。随着生活垃圾产生量的增加和环境保护要求的提高，需要政府投入越来越多的资金，才能建设足够数量的无害化处置工程。而政府能在多大程度上承担这种资金投入的压力，完全取决于政府的财政能力。根据我国目前垃圾处理设施资金投入状况分析，虽然每年政府投入大量资金，但是资金缺口越来越大。而从我国目前城市化进程和生活垃圾产生现状来看，要彻底消除垃圾造成的环境污染，还需要建设大量的处理处置设施，这就需要有更多的资金投入。所以采取何种方式，既能够很好地解决垃圾处理的环境效益，又能减少政府的投入，成为许多政府探索解决本地区垃圾处理的基本思路。根据国际经验，对垃圾处理推进市场化改革，同时政府承担管理、监督责任被认为是较为成功的做法，例如经济合作与发展组织(OECD)国家的垃圾管理大多都采用与市场经济接轨，将垃圾收集、清运、处置等环节尽可能地市场化、完全企业化，或者部分企业化，尽可能地将垃圾处理由政府行为转变为企业行为，使得企业自负盈亏，减轻政府的财政负担并为企业提供商业机会(范文宇，2017)。近几年，我国许多地方政府正在积极引进这种政府管理、市场运作的垃圾处理设施建设和经营管理模式，获得了一定的经验；加之中央政府利用国债资金加大环境保护基础设施投资力度，动员社会力量参与对垃圾处理设施的投资，大批垃圾处理设施的建设极大提高了我国垃圾处理水平，使得矛盾有所缓解。世界银行曾经根据潜在市场竞争能力、设施所提供服务的消费特点、收益潜力、公平性和环境外部性等指标，定量分析了城市污水和垃圾处理相关环节的市场化能力指数。当指数为 1 时，表示市场化能力很差，不宜让私人部门参与；当指数为 3 时，表示市场化能力最好，完全可以由私人部门完成。分析结果表明，垃圾收集的市场化能力最好，为 2.8；污水分散处理次之，为 2.4；污水集中处理和垃圾卫生处理居中，为 1.8～2.0[1]。

所以，只要建立适宜的政策环境，特别是建立完善的垃圾收费体系以及合理的支付手段[2]，垃圾焚烧处理是可以走市场化道路的。

---

[1] 中国环境与发展国际合作委员会：环境保护投融资机制课题研究报告，2009.
[2] 根据对公共物品性质分析，垃圾处置服务是一种可收费物品，如果不对这种可收费物品进行收费或者不足额收费，该种物品实际上就被用作公共资源或者集体物品。而这种认识的后果就是垃圾处置服务容易被认为是一种福利物品，即完全应该由政府提供该项服务。因此就会产生这样的后果：无节制地消费此类服务，最终造成相关处理设施的耗竭，以及高昂的社会外部成本。

6.6.2　推动我国垃圾焚烧处置市场化的运营模式分析

20 世纪 80 年代开始，工业化国家邀请私人部门参与基础设施的建设和运营，这种参与，不是对谁处于垄断地位进行确定和划分，而是建立一种公私伙伴关系[①](public private partnership，PPP)，倡导私人部门参与基础设施建设和运营(private finance initiative，PFI)[②]，而政府对私人活动提供较为完善的法律法规约束和很强的监管力度(任勇，2001)。通常的做法是：由政府指定或者市场竞争产生企业，在一定产权关系约束和政府监督(主要是监督服务质量和价格)下，根据相对独立经营和自负盈亏的原则，生产、销售或提供环境公共服务或者基础设施服务，经营收入主要来自消费者的购买，如居民缴纳的垃圾处理费等。实质上，许多时候在基础设施领域推行市场化运作被认为是一种政治行为，而不是经济行为，因为其需要持续不断而又循序渐进的策略手段推进市场化，包括获得内部、外部的支持，改变相关的法律，建立强大的利益相关者等，但是政府必须组织和管理整个过程。图 6-4 清晰描述了基础设施的国有化到私营化的循环过程。

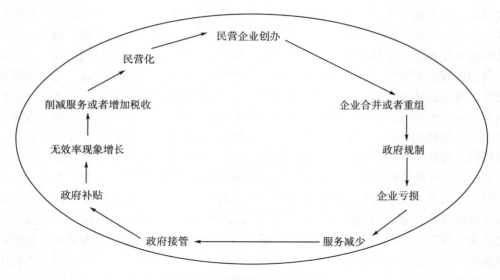

图 6-4　国有化－私营化循环

资料来源：Gómez-Ibáñez 和 Meyer(1993)。

此外，对基础设施的建设和运营以及服务的自由选择被认为是极端重要的。完全依赖于单一的供应者，不论是政府部门还是私人部门都是很危险的。如果没有选择和灵活性，公共物品的最终消费者就有可能遭受盘剥和伤害，却没有选择的机会，所以在决定采取何种方式提供服务的过程中，在允许的范围内给公民提供选择机会同样很重要(萨瓦斯，2002)。从发达国家的实践看，表征运营市场化程度的一个尺度就是私人部门的参与程度。公有私(民)营模式是较为彻底的市场化运营环境基础设施的模式。公共部门和私营部门联合经营提供环

---

① 通常公私伙伴关系可以界定为政府和私人部门之间的多样化安排，其结果是部分或传统由政府承担的活动由私人部门承担。
② PFI 是在过去政府直接进行的社会资本建设领域内，使政府和民间分担风险和回报，同时达到实现公益目标及激励创新和降低成本的新方法。

境物品和服务有多种类型：一些政府选择保留公共所有和控制资产的合营方式。在经营成本过高或者服务质量太差时，通常会采用将经营和维护合同外包的办法(表 6-7)。

表 6-7 环境基础设施民营化的模式

	模式	描述
现有基础设施	出售	民营企业收购基础设施，在特许权下经营并向用户收费
	租赁	政府将基础设施出租给民营企业，民营企业在特许权经营并向用户收取费用
	运营和维护(O&M)的合同承包	民营企业经营和维护政府拥有的基础设施，政府向该民营企业支付一定费用
因扩建和改造需要资本投入的现有基础设施	租赁-建设-经营(LBO)；购买-建设-经营(BBO)	民营企业从政府手中租用或者收购基础设施，在特许权下改造、扩建并经营基础设施，可以根据特许权向用户收取一定费用，同时向政府缴纳一定特许费
	外围建设	民营企业扩建政府拥有的基础设施，仅对扩建的部分分享所有权，但可以经营整个基础设施，并向用户收费
需要新建的基础设施	建设-转让-经营(BTO)	民营企业投资兴建新的基础设施，建成后把所有权移交给公共部门，然后可以经营该基础设施 20～40 年，在此期间向用户收取费用
	建设-拥有-经营-转让(BOOT)或建设-经营-转让(BOT)；建设-拥有-经营(BOO)	与 BTO 类似，不同的是，基础设施的所有权在民营部门经营 20～40 年后才转移给公共部门民营部门在永久性的特许经营权下，投资兴建、拥有并经营基础设施

资料来源：萨瓦斯(2002)。

实质上，实施垃圾焚烧处置的市场化运营，被认为是将竞争和市场力量引入这种公共服务中。目前我国垃圾焚烧企业运营方式主要有公有公营模式(如管理合同)、事业单位改制、公有私营模式(如 BOT、TOT)等。我国东部地区经济比较发达，目前采取公有私营模式较多，西部地区由于经济欠发达，依然由政府包揽的现象较为严重。一般而言，无论哪种运营方式都有其自身的优缺点。完全由政府投入，通常没有足够的资金运营已有的设施和投资新的设施，或由于雇员过多和其他的非效率生产行为，造成单位生产成本过高，加之国有企业普遍存在的责任主体缺失，进而没有动力促进企业的发展和技术进步。全部由私人投资，一般来说经济效益会比政府投资好，资本利用率也高，但是由于投资巨大，很少有企业愿意进行这种收益率低的长期巨额投资，加之回收期长，不确定性和风险较高，即使社会资金进入这个领域，在保障利益的同时如何保证处理的环境效果也值得关注，所以需要得到政府给予的各种政策保证，同时实施监督。在我国，垃圾焚烧发电企业正越来越多地采用公有私营模式，许多新建立和拟建立的垃圾焚烧发电场都采用 BOT 模式(建设-运营-移交)、准 BOT 模式或者 TOT 模式(移交-运营-移交)。

1) 对于新建或者已建的垃圾焚烧厂可进行企业改制，实施商业化运营；或者利用运营和维护(O&M)的合同承包的方式回收资金，投资建设新的污染处理设施

事业单位改制被认为是一种稳妥的、渐进幅度较小的改革措施，一定程度上减少了政府的财政支出，提高了运营效率，但是大多数改制后的垃圾焚烧企业为国有企业，甚至还

有一些仅仅是形式上的过渡,缺乏竞争机制,运营效率依旧有待提高,此外对工作人员的安排也是一个较大的问题。

合同承包模式通过公开招标向社会投资者出让资产和特许经营权。投资者在购得设施并取得特许经营权后,组成项目公司,该公司在合同期内拥有、运营和维护该设施,通过收取垃圾处理费回收投资并取得合理利润,合同期满后,投资者将运行良好的设施无偿移交给政府。该方式实质上是将垃圾焚烧厂通过竞争招标的方式租赁给企业的一种方式,企业承担今后的运营问题。但是这种方式并不意味着承认之前的经营方式完全错误或者放弃政府责任。实质上是政府希望通过私人部门来做以下事情:高效地处理垃圾,以对环境无污染的先进方式减少垃圾的最终填埋,用技术上先进的资源回收设施提取能源和可循环物以及进行危险废料的处理。

通常,有效地将合同承包引入市场竞争机制,能够有效降低运营成本,减轻政府的财政压力;对于企业来讲,运营期间的支出和从政府取得的服务费相对稳定,风险较小。其缺点是难以实现自身的造血机能,政府筹措建设资金的压力依然没有减轻。此外,由于垃圾焚烧的设备和固定资产的使用寿命很长,为了能合理和长效地使用现有设备,合同期需要很长,目前最直接的办法就是签订的合同期与资产的寿命相当,但这又等于赋予承包者长期经营垄断的特权,容易使承包商在价格的协商中掌握主动权。对上述问题的解决办法通常是制定一个合理的折旧率,如果合同期满后现时经营者没有再次中标,那么设备将按照折旧后的价格出售给新的中标者;或者是由政府拥有垃圾焚烧设备,以一定的价格租赁给成功的投标商,租赁的价格在招标书上标明。

这种合同承包方式带来了典型的委托-代理问题,即所有权和经营权的分离。所有者(委托人)所要实现的目标和经营者(代理人)目标可能不一致,代理人追求的可能是更多的工资和其他利益,为此不惜牺牲所有者的利润。这实质上是一个"谁是控制方"的问题。在垃圾焚烧企业的管理过程中,委托人(通常是政府)通常需要承担三项成本:①为激励代理人追求委托人的目标而付出的成本,主要表现在实施焚烧处置的环境效果上;②获取信息的成本以及对减少代理人投机行为或者不履行相关的环境责任而付出的监督成本;③未能防范代理人的一些行为造成的损失,主要表现在对环境的损害方面。我国普遍缺乏对垃圾处理服务成本的核算,在引入私人企业提供服务时,政府依靠竞标方式或采用固定回报率确定服务价格,可能因此出现服务价格不符合实际的情况。此外,对于特许经营模式的合作,由于企业和政府之间的信息不对称,当企业谎报成本时也可能导致服务价格过高。因此,政府作为委托人,必须对其代理人(承包人)进行控制,这种控制应该建立在稳定的、值得信赖的、能够得到有效实施的法律体系之下。同时应该强调企业的自我管理。

在垃圾焚烧企业的建设和运营中,由于合同承包类似于政府向企业购买服务,同时支付相应的费用。通常这种付款金额被认为是一种协议价格,是在政府和企业的讨价还价中达成的一致[①]。目前涉及垃圾焚烧处置合同承包的付款方式主要有固定价格、固定价格加奖励以及成本加固定费用(表 6-8)。这种价格的制定需要考虑各种建设和运营成本,还应

---

① 一些学者认为在市场经济不完善的情况下,政府购买企业的服务价格可能是一种"政府寻租"行为,实际上损失的是国家和消费者的权益。

该采取一定的激励或者处罚措施机制鼓励企业能更好地实现垃圾焚烧处置的环境效果,同时鼓励企业的技术创新和管理创新。此外,还需要根据垃圾焚烧处置的生产特性和环境服务特性,按照单位来计价(通常是按照元/吨来支付服务)以及考虑通货膨胀的因素支付相应的服务。对于垃圾焚烧发电的企业,应该在保证达到处理环境标准的基础上,按照上网售电的电量合理增减支付费用。

表 6-8　付款方式比较

	固定价格	固定价格加奖励	成本加固定费用
特点	固定价格,不根据承包者的业绩或者企业经营状况进行调整	固定价格外加对优秀绩效的奖励,承包者的绩效由主管部门评估	服务提供的实际成本加上事先确定的价格。根据企业的业绩和经营状况进行调整
适用范围	适用于小型及简单垃圾焚烧企业,企业能提供的垃圾焚烧服务有限,无法提供更多的副产品	适用性较广。但是需要有较高的绩效水平。评判这种绩效的标准主要是以实现的环境标准为主	主要适用于大型及综合垃圾焚烧处理企业;服务范围和内容可能会有相应增加;要求有较高的绩效水平
优点	对政府而言,风险较小;易于管理;也有利于控制成本	对政府而言,风险较小;易于管理;也有利于控制成本;良好的激励绩效	签订的合同不必要过于详细,但需要根据企业的生产经营状况确定调整的范围;在一定程度上有利于控制成本
缺点	合同细则可能过于详细从而限制了承包商的灵活性,可能导致牺牲处置的环境质量以避免亏损	与固定价格相似但容易发生奖励金额困难,容易产生不公和腐败的危险	政府承担的风险增大;必须监测并核实承包商的成本,特别是对垃圾焚烧综合利用企业,如何根据其他收入降低价格始终是难题
应用的局限性	需要进行良好的成本核算,由于信息不对称,这种主动权容易掌握在承包企业中	承包商需要良好的成本核算系统;仅适用于协议招标	如果上述问题无法解决,需要慎重考虑

资料来源:作者整理。

但是也不能简单地认为合同承包制适合所有地区和所有的经济基础。在垃圾焚烧企业实施合同承包制前需要详细研究本地区的财政状况以及政府的支付能力,并要权衡潜在的收益,在条件许可的条件下审慎地推行合同承包,签约后必须对处理结果进行有效的环境监控,这些都是成功的关键。

2) 积极应用 BOT 模式和准 BOT 模式(政府参股)来吸收社会资金,建设新的垃圾焚烧处理设施

BOT 即 build-operate-transfer(建造-经营-移交)的英文缩写,是在环境基础设施项目中采用的一种经营模式。BOT 也是发达国家公共服务(如邮局、清运垃圾)或公共基础设施私有化过程的一种主要方式。为了将私人投资引入垃圾焚烧设施的建设项目,政府部门通过特许权协议,授权项目发起人/项目公司(主要是私营机构)进行项目的融资、设计、建造、经营和维护,在规定的特许期内向使用者收取适当的费用,由此回收项目的投资、经营、维护等成本,并获得合理的回报(彭尚银等,2006)。特许期满后,项目公司将垃圾焚烧企业移交给政府。

BOT 具有市场机制和政府干预相结合的混合经济的特色。BOT 为政府干预提供了有效的途径,这就是和私人机构达成的有关 BOT 协议。尽管 BOT 协议的执行全部由项目公

司负责，但政府自始至终都拥有对该项目的控制权。在立项、招标、谈判三个阶段，政府的意愿起着决定性的作用。在履约阶段，政府又具有监督检查的权力，项目经营中价格的制订也受到政府的约束，政府还可以通过通用的 BOT 法来约束 BOT 项目公司的行为。

目前，我国已投入运营的 BOT 垃圾焚烧处理项目有浙江温州东庄垃圾焚烧发电厂、广东省南海区垃圾焚烧发电厂、四川省成都市生活垃圾焚烧发电厂等。对垃圾焚烧厂的建设和运营采取 BOT 模式的优点显而易见。对政府，BOT 模式项目的最大吸引力在于能够融通社会资金来建设这种环境基础设施，减轻政府的财政负担。政府对项目的支付不再是一次性巨额财政投入，而是通过出让"特许经营权"，用垃圾处理费以及少量的财政预算分期付给投资者。对企业而言，由于有垃圾处理费作担保，BOT 项目具有风险低、投资回报稳定的优势。表面上，BOT 项目由于民营企业介入后需要有一定的利润回报而使项目的总成本增加，加大居民和政府的负担；但另一方面，正是由于民营企业的介入，可以提高效率、降低成本。所以，与政府建设和运营的项目相比，BOT 项目实际成本增加与否取决于上述两因素共同作用的结果。根据美国环保局估算，无论在环境设施的投资费用还是运营成本方面，私营企业要比公共部门低 10%～20%（中国环境保护投融资机制研究课题组，2004）。

BOT 模式在垃圾焚烧项目中运用也存在一定风险。对于政府而言，如果对垃圾焚烧所产生的市场潜力和价格趋势（如电价、供暖价格等）把握不准，可能会在招投标过程中承诺较高的投资回报率，加大政府和居民负担；其次，如果政府规划滞后或者监管不力，容易造成民营企业不规范地参与竞争，从而导致垃圾焚烧企业无法提供给居民和政府应有的环境服务，严重时，政府甚至失去相应的控制权，即垃圾焚烧企业一方面从政府和居民处获得相应的费用，另一方面却不履行自己的服务责任。这些实质上都是将设施的运营风险留给了政府。企业同时有相应风险：一是政府的承诺是否兑现，主要表现在政府是否能够按时按质地支付相应的费用，这也是许多民营企业介入垃圾焚烧领域最大的障碍和风险；二是焚烧厂建设和运营方面的风险，包括项目设计的缺陷、建设风险、通货膨胀风险和贷款利率变动等；三是企业投产后的经营风险，主要包括焚烧厂特有的技术风险和价格风险等。

对垃圾焚烧发电厂的 BOT 项目，项目的运营对于项目最终能否取得成功将起到至关重要的作用，同时，项目正常运营也使项目的贷款偿还和投资商回报有了保证。但我国缺乏从事垃圾电厂运营维护的专门公司，因此，目前对于垃圾焚烧发电项目在选择建设和运营商时，可以借鉴国外的一些做法：一是与当地电力公司合作，成立垃圾电厂运营、维护公司；二是将整个电厂的运营维护承包给当地的电力公司。项目公司和运营商签定运营维护合同。这样不仅可以利用电厂的一些资金和技术资源，在上网电价协商方面也可以避免纠纷。同时政府还必须保证垃圾的供应，垃圾供应协议类似于电厂 BOT 项目中的燃料供应协议，在垃圾焚烧发电项目中，垃圾供应也是一个非常重要的环节。

环境保护部环境与经济政策研究中心在调研的基础上，根据我国的实际提出了"东部地区可以全面推进城市污水和垃圾处理市场化，西部地区要有重点、有步骤地逐步推进"的建议，并针对不同情况，提出了东部地区可以选择的四种市场化模式：国有企业模式、管理合同、租赁经营以及 TOT、BOT 或准 BOT 方式。对西部地区收费政策不到位、费率过低以及市场化意识和能力不足等原因引起的市场化的基本条件差的问题，可以先行进行企业化改制，优先探索准 BOT 模式，逐步实践 TOT 和 BOT 方式(中国环境保护投融资机制研究课题组，2004)。需要指出的是，尽管各种模式有其使用的范围，但相互并不抵触，一个项目可以运用多种模式。例如，在需要采取合资公司模式中可以采用服务合同、管理合同、租赁等方式获取对某一基础设施的服务(宋金波等，2015)。

实质上，在垃圾焚烧这类环境基础设施的建设和运营中引入私人部门参与本身并不意味着成功，其成功体现为能够实现高质量的特许经营者的结合、引进足够的资本、发挥地方经验、引进最佳技术和设备以及包括收费规定在内的有关法律框架的建设。

6.6.3 一般均衡框架下经营权稳定性对城市生活垃圾焚烧处置市场化的影响分析

2017 年 7 月 18 日，财政部、住房和城乡建设部、农业部和环境保护部联合发布了《关于政府参与的污水、垃圾处理项目全面实施 PPP 模式的通知》(下文简称《通知》)。根据《通知》，政府参与的垃圾处理项目将全面实施 PPP 模式，且在参与链条上，将从传统的末端处理，如垃圾焚烧厂等向前端整合及回收管网、垃圾转运等，形成全业务链条。此时，政府将从一次性投资转变成分期付款的方式进行生活垃圾处置全链条的市场化运作。

较之污水处置市场化程度，我国大部分地区生活垃圾处置仍多处于政府财政投资建设和运营管理状态，市场化程度相对较低。事实上，从 20 世纪 90 年代开始，我国通过邀请私人部门参与生活垃圾处置等基础设施的建设和运营。通常的做法是由政府指定或者市场竞争产生企业，在一定产权关系约束和政府监督下(主要是服务质量和价格)，根据相对独立经营和自负盈亏的原则，提供生活垃圾收运、处置等公共服务或者基础设施服务，经营收入主要来自政府补贴和消费者的购买，如居民和企事业单位等缴纳的垃圾处理费等。这些改革已经取得了明显的经济效果：政府减少了投资和管理成本，企业获得了利润，同时也促进了我国生活垃圾处置产业的发展。引入市场竞争，参与城市生活垃圾处置，是为了改变政府单独承担垃圾处置责任的局面以及改善垃圾污染治理效果而实施的，以经济利益吸引市场多元主体从事垃圾处置。此时，传统的国有产权被多样化的混合产权形式代替。这种有限产权的转移，极大提升了私人资本参与生活垃圾处置的积极性，缓解了长期以来公共资金供给不足的矛盾，这是 20 世纪 90 年代后期至 21 世纪初生活垃圾处置设施和服务覆盖范围快速增长的一个重要原因。随着改革的能量被释放，2000 年以后，私人资本逐渐放慢了进入速度，生活垃圾处置领域似乎重新回到了政府公共所有的传统产权模式。在公共部门引入私人资本究竟意味着什么，为什么会出现私人资本大量退出？这个问题在中国学术界和政治领域中都引起了热烈的讨论。许多学者认为，市场经济下私人资本最大逐利性与生活垃圾处置所代表的最优的社会和环境效益目标之间的矛盾是导致私人资本大量退出或继续进入生活垃圾处置领域的主要因素。但要素市场上(如资金、设备、资质等)的种种限制、频繁的补贴方式调整和混合产权制度又导致私人资本难以获得稳定的收益。但是，几乎没有实证数据证实或者否定这一观点。本书试图通过分析经营权稳定性对社会资本投资的影响来分析经营权的长期投资效应，希望更好发挥市场机制决定性作用，吸引社会资本的进入，推进我国生活垃圾处置领域的供给侧改革。

1. 文献回顾

我国在生活垃圾处置领域市场化改革过程中，鉴于其处置的特殊性和较高的环境标准，较多采取特许经营模式，因此经营权的稳定性至关重要。而正如许多研究者认为，目前的生活垃圾处置领域混合产权制度的一个特点是企业经营权的不稳定性，中国这种公有私(民)营模式下的产权制度更近似于发展中国家的非正式产权制度。关于非正式产权制度与企业投资之间的关系，主要集中在以下三个方面：①经营权的稳定性对私人资本投资的影响。政府对经营权的频繁调整或者不断设置进入门槛，私人资本不能拥有对长期经营权的稳定预期，因此会减少对企业的中长期投资，导致生活垃圾处置绩效的下降。这种效应被称为经营权稳定的直接效应。持此观点的学者有 Barr(2007) 以及 Sager 和 Rielle(2013) 等，后者还着重提出了建立可交换资源产权的重要性，认为规范化的产权可促使政府考虑到资本投入的机会成本，从而在源头上维护产权稳定性。Di(2014) 分析了经营权稳定性对生活垃圾回收率的影响，发现私人资本的投入与生活垃圾回收数量成正比，但处置效应会随着时间的推移而减弱，因此，政府在保持经营权稳定性的同时，必须加强监管以不断强化私人资本的处置能力。杜欢政(2013) 等基于我国经验数据的研究也得到了类似结论。②经营权稳定性通过提高资产的可抵押价值产生的投资效应。稳定的经营权明晰了企业投入资本的产权，从而使得私人资本可以将厂房、设备等资产作为抵押物向银行申请贷款，从事其他可获利的活动。这点对于投资期长、收益低的生活垃圾处置产业尤为显著。大量实证证明，明晰的产权会提高企业的信用度，是吸引社会资金进入的重要因素(Von-Hippel et al.，2015)。谭灵芝等(2015) 发现经营权稳定性是提高中小城镇生活垃圾回收处置水平的重要因素，而政府过度管治和大城市偏向性政策扩大了城乡生活垃圾处置率的差异。萨瓦斯(2002) 认为稳定的经营权对基础设施社会化融资发挥着重要作用。周宏春等(2008) 基于我国再生资源回收利用市场发展历史的分析，认为产权稳定性可降低分散回收利用企业的交易成本，是实现资源回收利用者在整个价值链流动中获益的重要因素，且稳定的产权有利于更多的社会资本进入该领域，在盘活政府前期投资的沉淀成本的同时，通过抵押、质押等方式，从中获得足够收益。③经营权的稳定性对企业交易价值的影响。稳定的经营权提高企业以及附着其上的投资的交易价值，从而提高私人资本投资的积极性。这种效应可以认为是经营权稳定性的交易收益效应。世界银行(2005) 基于中国北京、广州、重庆等地生活垃圾回收与处置数据研究发现，一个地区的基础设施对社会资本开放程度，特别是生活垃圾处置、污水处理等自然垄断行业的私人投资决策具有重要影响，产权稳定性形成了有利于私人资本进入的环境。Horsman 等(2011) 发现欧洲社会资本参与生活垃圾处置取决于经营权稳定值的大小，这个稳定值取决于处置设施覆盖范围、服务人口数量、治污成本等。此外，Hilburn 等(2015) 也设定了各自的计量模型对经营权稳定性进行验证，都证实了经营权稳定性与企业交易价值之间的显著关联性。

在经验研究方面，对生活垃圾处置企业产权制度的研究表明，经营权稳定性对生活垃圾处置产业投资的影响是复杂的。思德纳(2005) 的经验研究发现，稳定的产权和私人资本投资之间的正向关系只存在于商品经济发达的国家。从发达国家的实践看，表征运营市场化程度的一个尺度就是私人部门的参与程度。而发展中国家或者市场经济极为不发达的国家，生活垃圾处置仍多为政府控制。Kumar 等（2014）、Perera 等（2015）针对发展中国家的研究发现，产权制度与企业处理生活垃圾的能力、效率和产生的环境效果并没有显著关系。对此通常有两种解释，第一，发展中国家多缺乏完善和功能健全的产权制度，政府缺乏契约精神，其随意性导致私人资本可能随时被强占或者遭到完全损失。如 Suwannapong 等（2014）的研究就证实，一些地方政府对参与生活垃圾和污水处置的企业随意更换政策制度，因为政府寻租造成的各种损失则通过成本转移和财政分担的方法向消费者转移。第二，发展中国家可能有更多的机会，私人资本多不愿意选择进入生活垃圾处置这种高投资、低回报的产业。Jaccoud 等（2014）对欧洲一些国家的研究结果支持这种解释。其研究表明，稳定的经营权可以作为获取生产贷款的担保品，只有这种担保品有价或者价格很高的时候，这种经营权才能吸纳更多的投资。

20 世纪 90 年代以来，以电信、铁路等为代表的公用事业改革逐渐从政府管制向市场供给演变。在这个转化过程中，王登嵘等（2006）认为污水处置、生活垃圾回收等城市基础设施供给在市场化转型中，作为城镇政府的基本职能不可避免地成为政府竞争的重要内容之一。此时，源于政府处于绝对强势的地位，导致私人资本对产权稳定性非常敏感，一旦发现无法从中获得稳定收益，企业从机会成本的角度考虑，会退出垃圾处置产业投入到其他生产领域。邵天一（2005）对我国多地生活垃圾处置企业的调查发现，企业的所有权或者经营权具有不确定性，表面上存在因为合约对象调整而失去经营权或因无法达到规定的环保标准、准入门槛等而失去部分经营权（如其他资本的进入，合约时间的缩短等）的风险，其实质在于原有的垃圾处置企业国家所有权主体虚置导致虚拟主体的国家或者地方政府介入企业财产权、经营权等的分配体系，现行的以政府选择保留公共所有或控制资产的合营方式成为一些政府部门和利益集团参与瓜分企业收益的切入点。国企或者政府占据资源领域，民营企业处在产业中下游，这种格局有顽固的利益链和意识形态支持，短期内难以改变。由于企业缺乏话语权，处在利益分配的最低点，难以持续地从中获得收益，导致其从该领域退出，或与最初要求的环境标准相差甚远，无法实现既有的处置目标。

王俊豪和付金存（2013）对基础设施的建设和运营以及服务的自由选择被认为是极端重要的。完全依赖于单一的供应者，不论是政府部门还是私人部门都是很危险的。如果没有选择和灵活性，公共物品的最终消费者就有可能遭受盘剥和伤害，没有选择的机会，所以在决定采取何种方式提供服务的过程中，在允许的范围内给公民提供选择机会同样很重要。因此在我国许多城市，受传统计划经济政府提供公共产品的制度偏向影响，公有私（民）营模式仍被证实是较为彻底的市场化运营环境基础设施的模式。于立和姜春海（2006）研究发现，由政府拥有基础设施的所有权并垄断经营，固然能保证政府一些公共政策目标的实现，但效率牺牲的代价太大；而基础设施产业完全私有化则会引致政府管制的困难，虽然效率会有所提高，但社会福利有可能会受损失。有效的管理体制应能使基础设施的效率与政府管制的目标相兼容。事实上，这种兼容不是对谁处于垄断地位进行确定和划分，而是建立一种公私伙伴关系，倡导私人部门参与基础设施建设和运营，而政府对私人活动提供较为完善的法律法规约束和很强的监管力度。实质上，许多时候在基础设施领域推行市场化运作被认为是一种政治行为，而不是经济行为，因为其需要持续不断而又循序渐进的策略手段推进市场化，包括获得内部、外部的支持，改变相关的法律，建立强大的利益相关者等，但是政府必须组织和管理整个过程。

十八届三中全会强调了"公有制经济和非公有制经济都是社会主义市场经济的重要组成部分，都是我国经济社会发展的重要基础""要完善产权保护制度，积极发展混合所有制经济，推动国有企业完善现代企业制度，支持非公有制经济健康发展"。既然生活垃圾处置企业可以通过引入私人资本使垃圾处理能持续减轻环境压力且具有经济可持续性，在市场经济下推动城市生活垃圾处置的竞争性经营，那么政府就应该将其回归竞争性市场。我国生活垃圾处置服务设施和服务水平的快速增长得益于政府的推动，但现阶段，生活垃圾处置市场化过程的诸多问题又与政府有关，短期内，政府主导的经营方式可以是集中优质资源进行生活垃圾处置，但从长期看，经营权的不稳定会导致寻租与腐败严重，政府过度投资或者过度管制都降低了企业的投资热情。更为严重的是，这种格局一旦形成并产生路径依赖，将会大大制约生活垃圾处置的市场化进程，降低私人资本对该领域的投资热情，甚至降低环境标准以获得额外收益。即使政府可以通过提高生活垃圾处理费减少财政补贴不准市场参与导致的独家垄断给经济活动带来的成本，却不能保证提供相当的生活垃圾处置服务。由于生活垃圾处置垄断的社会成本过高，它实际上给予了潜在竞争者一个极大的补贴。要减少社会的总损失，只有开放市场开放竞争，通过竞争使得社会资本进入，通过维护经营权的稳定性才可以避免社会资本的短视性，这正是本书所讨论的应有之义。

2. 理论分析和研究假设

在一般均衡框架下，经营权的稳定性对企业投资有两种效应：一种是直接的稳定性效应，如前所述，这个效应是正的；另一种是间接的交易效应，稳定的经营权增加均衡的收益，从而反过来对投资产生进一步影响。但是，这种效应对于处在市场上不同位置的企业的影响可能是不同的：一些生活垃圾处置企业通过生物肥销售（如堆肥）、废弃物分拣和再生资源销售等实现自负盈亏，不需要或者极少需要政府额外补助。这样的企业被视为自给自足的企业[①]；对于合同出租或者将业务外包出去的企业（如生活填埋场将垃圾回收、渗滤液清理等交给其他公司）而言，交易效应可能是负的，因为交易价格的提高为其提供了搭便车的机会；对于需要参与市场竞争获得经营权的企业而言，交易效应是正的，因为这些企业多愿意进行规模投资，增大生活垃圾处理量，获得政府更多的补贴，降低处置成本。因此，经营权稳定性的总体效应视企业的市场参与情况而定。

首先考虑到一个面临两阶段决策问题的企业。在第一阶段，其拥有的资产总量为 T，并决定单位投资量为 k。每单位投资的成本是相同的，因此总成本可表示为 $T\mu(k)$，其中，$\mu(\bullet)$ 是一个严格凸的增函数。

在第一阶段结束的时候，政府可能需要重新寻找合作伙伴，调整处置企业分配。此时，用 θ 表示不会重新调整的概率，那么 $1-\theta$ 就是重新调整的概率。如果政府重新寻找合作伙伴，则企业每单位投资就会变成整个城市生活垃圾处置企业的平均水平 $\bar{k}$；如果不发生，则仍然保持在 k 水平上。因此，可用 $k_1=k$ 或 $\bar{k}$ 表示第一期末单位投资水平。

---

① 但对于生活垃圾处置这种行业而言，这样的企业的存在值得存疑。下文将证实此类企业的存在。调查发现，此类企业广泛存在，特别是在垃圾清运和垃圾堆肥领域。而一些企业，如生活垃圾焚烧企业，如果能实现综合上网电价、供热等，也可以部分实现自给自足。

在第二阶段，企业有两个选择：一是继续参与生活垃圾处置的经营，并在原有基础上扩大再生产(如参与或者承租其他企业的生活垃圾处置业务)，二是不再参与生活垃圾处置，将其资产转租给其他有资质的企业，也可能将业务外包，这些行为决定了企业将要处置的生活垃圾数量。前者被描述为继续经营者，用 T_d 表示；后者被描述为出租者，用 T_s 表示。退出该领域意味着随之带走这个企业的最初的投资额 k，而再参与其他企业的生活垃圾处置也会相应地带来原有企业所有者或经营者的投资。假设前者是整个城市中所有退出该领域的平均投资水平，用 $\bar{k}_s$ 表示。用 r 表示生活垃圾处置服务的市场价格，其大小由市场均衡决定[①]。在实际交易中，不是所有的企业都可以进入市场继续扩大再生产或者将其业务外包出去。许多研究者认为产生该现象的原因在于市场交易过程中存在额外的交易费用。这些费用主要产生于市场不完善，如政府的过多干预(如不能及时兑现财政补贴、擅自提高准入门槛或者对企业征税等)、监督机制的失灵(参与企业不能达到环境标准，因为存在信息不对称，政府和公众无法对其进行有效监督等)以及企业自身的偏好等。用 c_d 和 c_s 分别代表继续经营者和出租者每交易一单位资产所需要的交易费用。那么，继续经营者的实际支付值为 $r+c_d$，出租者的实际所得为 $r-c_s$。

企业总投资设定为 K。在本书中，K 对于一个自给自足的企业而言，等于 k_1T，对于一个继续经营者来讲等于 $k_1T+\bar{k}_sT_d$，对于出租者则等于 $k_1T-k_1T_s$。生产函数是 $ef(K)$，e 为正值，衡量生产效率；$f(\cdot)$ 是一个严格递增的凹函数，$f(0)=0$，$f'(0)=\infty$。为了体现企业投资增加生活垃圾边际处理量这一构想，假定对于任意 K，$f'(K)+Kf''(K)>0$ 都成立，从而生活垃圾边际处置量 $ek_1f'(K)$ 会随着单位投资量 k_1 而增加。

根据以上的设定，可根据两个参数即资产总量 T 和生产效率 e 来识别每一个企业。假定这两个参数在 $\{(T,e):T_L\leqslant T\leqslant T_H,e_L\leqslant e\leqslant e_H\}$ 的区间内符合联合密度函数 $\phi(T,e)$ 和 $\Phi(T,e)$。

一个代表性企业的目标是最大化两期的期望收入之和。我们可从第二期开始求解该企业的问题。在这一阶段，k_1 是给定的，企业通过选择合适的 T_d 和 T_s 最大化它的利润。具体内容表述如下：

$$
\begin{aligned}
&Max = ef(K)-(r+c_d)T_d+(r-c_s)T_s \\
&K = k_1T+\bar{k}_sT_d-k_1T_s \\
&T_d \geqslant 0 \\
&0 \leqslant T_d \leqslant T_s
\end{aligned}
\tag{6-1}
$$

---

① 垃圾处置企业是一种特殊类型的废物无害化企业，它的收益应包含两部分：一是出售废旧资源而获得的市场收益，二是减少废物排放而获得的社会收益，第二部分的收益可以通过政府补贴或者对处理的废物进行收费而获得，这就是对垃圾处置企业实施补贴的基本原因。因此，国内外对生活垃圾处理的收入可由服务收费、废物资源化产品销售收入和政策性补贴三部分组成。由于垃圾处理具有典型的公益性质且投入多、收益少，决定了政府的政策性补贴不可缺少，尤其是在各种垃圾处理设施建设和运营发展的初期。在其他两种收入来源中，可回收废品和资源化产品的销售受处置技术和市场影响较大。生活垃圾收费遵循"污染者付费原则"，即由消费者缴纳的生活垃圾处理费。因此，在服务费的构成中，以政府补贴和污染者付费为主。在私人部门参与建设和运营的企业，政府通过向建设和运营的私人部门支付处理费的方式实现分期付款，可以确切掌握全项目周期(建设、一段时期的运营)的支出。平均支付额度及偿还计划可根据政府的财政能力来制定。政府利用补贴制度还可以对企业垃圾处理的环境效果进行监管，同时进行相关的环境审计。生活垃圾处置服务费费率取决于政府的财政支付能力和对污染者的征缴水平，也取决于企业的讨价还价能力。同时必须充分考虑通货膨胀因素。

$f'(0)=\infty$ 保证了 T_s 必须小于 T，即企业不会放弃参与生活垃圾处置。一阶条件为

$$T_d: e\bar{k}_s f'(K)-(r+c_d)\leqslant 0 \tag{6-2}$$

$$T_s: -ekf'(K)+(r-c_s)\leqslant 0 \tag{6-3}$$

显然，等号不能在式(6-2)、式(6-3)中同时存在。即企业不会在同一时间既扩大再生产，又出售或者退出处置领域。根据自给自足的企业边际处理水平 $f'(k_aT)$，其中 k_a 为自给自足企业的投资强度，一个企业可以被归纳为以下三种：

$$\begin{cases} \text{出租者：} ekf'(k_aT)\leqslant (r-c_s)/k_a \\ \text{自给自足者：} (r-c_s)/ka < ef'(k_aT) < (r+c_d)/\bar{k}_s \\ \text{继续经营者：} ef'(k_aT)\geqslant (r+c_d)/\bar{k}_s \end{cases} \tag{6-4}$$

对于一个继续经营者或者出租者，式(6-2)、式(6-3)式等号分别成立：

$$T_d: ek_sf'(K_d)-(r-c_d)=0, K_d=k_dT+\bar{k}_sT_d \tag{6-5}$$

$$T_s: ekf'(K_s)-(r-c_s)=0, K_s=k_s(T-T_s) \tag{6-6}$$

式中，k_s 和 k_d 分别是继续经营者和出租者的投资强度。根据式(6-5)、式(6-6)可求得条件要素需求函数 $T_d(T, e, k, \bar{k}_s, r)$ 和 $T_s(T, e, k, r)$。可以很直观地发现，T_d 随着 T、k 和 r 的增加而减小，但随着 $\bar{k}_s$ 的增加而增加；T_d 和 T_s 都随着 e 的增加而增加。其他结论的原因是，如果一个企业在第一期投资较多的话，其可能就不需扩大再生产，且由于其边际处置量提高了，该企业也不想将业务转租或者缩减其业务。另一方面，如果其他企业的投资较多的话，比较而言，该企业更愿意通过参与其他企业的生产或者增加投资进行扩大再生产。

对于一个自给自足的企业，第二阶段的问题就比较简单。因为只需将 k_1T 看作给定的，然后进行生产即可。最后，将第三类型企业的条件利润函数一般地表示为 $\pi_2(k_1; e, r)$。

解决了第二期的问题，再回到第一期。企业通过最大化两期的期望净收入之和求解最优 k 值。由于重新分配经营权的影响还没发生，在计算第二期利润 $\pi(k_1; e, r)$ 时采用期望的形式。因此，企业的问题是

$$\text{Max}\pi(k)=-T\mu(k)+\theta\pi_2(k;e,r)+(1-\theta)\pi_2(\bar{k};e,r) \tag{6-7}$$

假设每个企业的投资相对于整个城市生活垃圾处置的总投资而言数量很小，且 k 有内点解，则式(6-7)的一阶条件是

$$-k_s\mu'(k_s)+\theta(r-c_s)(T-T_s)/T=0(\text{出租者}) \tag{6-8}$$

$$-k_s\mu'(k_d)+\theta(r+c_d)=0(\text{继续经营者}) \tag{6-9}$$

$$-\mu'(k_a)+\theta ef'(k_aT)=0(\text{自给自足者}) \tag{6-10}$$

关于函数 $\mu(\cdot)$ 和 $f(\cdot)$ 的假设保证了式(6-9)和式(6-10)是最大化问题式(6-7)解的充分条件。但是，由于 T_s 和 k_s 负相关，式(6-8)的二阶条件不会自动满足。根据式(6-6)和式(6-8)，可得式(6-11)：

$$\partial^2\pi(k_s)/\partial k_s^2=-\mu'(k_s)-\mu'(k_s)\left\{1+\frac{f'(K_s)}{K_sf''(K_s)}\times\left[1+\frac{k_s\mu''(k_s)}{\mu'(k_s)}\frac{K_sf''(K_s)}{f'(K_s)}\right]\right\} \tag{6-11}$$

保证上述二阶导数为负的一个充分条件是，投资的边际成本的相对变化率和生活垃圾边际处理量的相对变化率的乘积绝对值大于 1。换言之，即投资的边际成本的增长必须要

快于边际处理量的下降。因为假设后一个变化率小于单位 1，就要求前者至少大于 1。尽管其他较为不严格的条件也可保证 $\partial^2 \pi(k_s) / \partial k_s^2$ 为负，仍坚持假定上面的条件成立。需要注意的是，在这一假设下，$\partial^2 \pi(k_s) / \partial k_s^2$ 比 $-\mu'(k_s)$ 要小。

假设三类企业的最优解都存在，可由一阶条件式式(6-8)～式(6-10)知

$$k_d(\overline{k}_s, r, \theta) \geq k_a(T, e, \theta) \geq k_s(T, r, \theta)$$

等号只有对那些处在转型边缘的企业成立。可看到 $k_a \geq \overline{k}_s$，所以自给自足类型是存在的。并且 k_d 和 k_s 与 e 无关，且 k_s 也与 T 的大小无关。因此，所有扩大再生产的企业投资强度都是一致的。

3. 经营权稳定性直接效应的理论模型构建

根据上文模型环境的设定，首先通过构建理论模型分析经营权稳定性的直接效应。

可通过考察一阶条件式(6-5)～式(6-7)来分析企业经营权稳定性的直接效应：

$$\partial k_a / \partial \theta = ef'(k_a T) / [\mu''(k_a) - \theta ef''(k_a T)] > 0 \tag{6-12}$$

$$\partial k_s / \partial \theta = \frac{-k_s \mu'(k_s)/\theta}{\partial^2 \pi(k_s)/\partial k_s^2} > 0 \tag{6-13}$$

较大的 θ 对 k_d 的影响会因为 $\overline{k}_s$ 的存在而变得复杂，由以上的结论可知，$\overline{k}_s$ 会随着 θ 的增加而增加。因此，对于获取经营权的企业而言，更稳定的经营权对企业投资会产生两种互相抵消的效应：一方面，企业愿意进行更多的投资，因为投资相对比较安全；但另一方面，企业又希望减少自己的投资，而希望政府投资厂房、设备等基础设施，或者参与其他企业的处置，这种参与也会因为同样的原因比以前为多。为了使问题简化，假设以一个企业是出租者，那么该企业决策者会认为自己和其他出租企业一样，因此，$\overline{k}_s = k_s$。于是可得如下结果：

$$\partial k_d / \partial \theta = \frac{r + c_d}{\mu''(k_d)\theta}\left[1 + \frac{\mu'(k_s)}{\partial^2 \pi(k_s)/\partial k_s^2}\right] > 0 \tag{6-14}$$

上式不等号的成立，用到了 $\partial^2 \pi(k_s)/\partial k_s^2 < -\mu'(k_s)$ 这个式(6-11)的假设下得到的结论。这个结论实质上保证了附着在原企业上的投资所节省的边际成本小于企业自己投入的边际收益。将以上的结论总结在下面的假设中。

假设：更稳定的经营权对企业单位投资具有正的直接效应。

为了进一步对交易效应的研究，首先分析政府购买企业的服务费 r 对投资强度的影响。很明显，r 对 k_s 没有直接的影响。而对于 k_s 则有两种相互抵消的效应：一方面，r 的提高会增加企业投资的价值；另一方面，r 的提高也会增加原生活垃圾处置企业的价值。即使附着其上的投资并不很多，也会增加私人资本投资的兴趣。为了评估服务费对 k 的总效应如何，从式(6-8)可得

$$\partial k_s / \partial r = \frac{\theta}{\partial^2 \pi(k_s)/\partial k_s^2}\left[\frac{T - T_s}{T} - \frac{r - r_d}{T}\frac{\partial T_s}{\partial r}\right] \tag{6-15}$$

由式(6-6)，可得 $\frac{\partial T_s}{\partial r} = -1/ek_s^2 f''(K_s)$，将之带入式(6-15)，并利用这一条件，得

$$\frac{\partial T_s}{\partial r} = -1/ek_s^2 f''(K_s)$$

$$\partial k_s / \partial r = -\frac{\theta}{\partial^2 \pi(k_s)/\partial k_s^2} \frac{T-T_s}{T}\left[1-\frac{f'(K_s)}{K_s f''(K_s)}\right] < 0 \qquad (6\text{-}16)$$

可知，第二种效应大于第一种效应。由于第一种效应直接产生于政府给予服务费的提高，因此，其对政府或者其他企业保留多少业务在自己的手里具有单位效应。第二种效应来自处理量的减少，这会提高企业处置生活垃圾的边际产出。当其转化为对企业决定自己手中保留的生活垃圾处理比例的影响时，这种效应应该是大于单位效应的反效应。

再分析 k_d。从式(6-9)很容易得知，政府服务费对 k_d 有两方面的强化影响，一方面是直接效应，另一方面通过 $\bar{k}_s$ 发生作用。当政府服务费提高的时候，企业希望增加自己的投资增加生活垃圾处理量，即直接效应。另一方面，经营者更加愿意对自己拥有长期经营权的企业进行投资，以弥补政府投资的不足，即间接效应。结果是 r 对 k_d 的影响会比对 k_s 的影响更大。

为了以后参考方便，将上面关于服务费 r 对不同类型企业影响的结论总结成下面的引理。

引理 1：服务费的提高会提高私人资本的投资强度，降低政府初始投资强度，但对一个自给自足的企业没有影响。

至此，可以发现一个非常有意思的结论，即更稳定的企业经营权和服务费对继续经营企业与出租经营的企业影响是不对称的。更稳定的经营权使经营企业可以从投资中受益。但服务费的提高也使得政府减少初始投资。关于投资边际成本和生活垃圾边际处理量相对变化率的假设保证了经营企业的机会主义行为不会使其在经营权更加稳定的情况下减少投资。这个假设的含义是：当经营权更加稳定的时候，间接的机会主义效应相对于直接效应而言是很小的；另一方面，政府面对上升的市场，的确会减少其投资，但是减少的这部分投资却至少会由于其他参与者投资的增加而得到部分弥补。对于补偿是否大于损失这个问题，很难得到一个解析，因为这很大程度上取决于企业的补偿及损失大小。因此，即使对每种类型的企业的影响都是可以确定的，以下研究仍然发现不能确定更稳定的经营权是否具有正的总交易效应。

模型进一步讨论交易效应：为了研究交易效应，将研究视线从单个企业转向整个市场。将证明服务费会随着经营权（使用权）的稳定性的改善而增加，但总交易效应是不确定的。研究的是一般均衡市场，因此首先假设一个封闭的市场。假设经营权的转移只发生在城市内部。那么，根据式(6-4)所列的标准，把企业分成三类，即继续经营者、自给自足者和出租者。自给自足者的企业边际生活垃圾处置量 $Mp_a = ef'(k_aT)$，随着 e 的增加而增加，随着 T 的增加而减小。这一点可由式(6-8)得到证明，此式体现了 k_a、e 和 T 之间的关系。可得 $\partial Mp_a / \partial e = f'(k_aT)\left[1+\dfrac{\theta f''(k_aT)T}{\mu''(k_a)-f''(k_aT)T}\right] > 0$ 和 $\partial Mp_a / \partial T = ek_a f''(k_aT)$

$\left[1+\dfrac{\theta f''(k_aT)T}{\mu''(k_a)-f''(k_aT)T}\right] < 0$。

为方便以后分析，定义

$$e_d(T; r, \theta) = \frac{r + c_d}{\bar{k}_s f'(k_a T)} \quad (6-17)$$

和

$$e_s(T; r, \theta) = \frac{r - c_s}{k_a f'(k_a T)} \quad (6-18)$$

式(6-17)和式(6-18)分别是继续经营企业和出租企业的临界效率：大于 e_d 的企业是继续经营者，小于 e_s 的企业是出租者，两者之间是自给自足者。图 6-5 反映了这种划分结果。很明显，对于任何 T，e_d 都要大于 e_s，因为 k_a 大于 $\bar{k}_s$。由图 6-5 可知，e_d 和 e_s 都是 T 的增函数，这一点由先前的结论也可得出。不失一般性，假设 $e_d(T_L; r, \theta)$ 和 $e_d(T_H; r, \theta)$ 都在 $(e_L; e_H)$ 区间内。

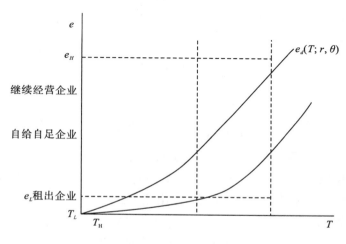

图 6-5　三种类型企业

另一个结论，e_d 和 e_s 随着 r 的增加而增加，这非常直观。因为当 r 增加的时候，更多的企业愿意参与经营。另外，e_d 和 e_s 随着 θ 的增加而减少，这一结论也非常直观。因为，更稳定的经营权会增加企业的投资，进而提高生活垃圾边际处理量。对于 e_s，下面的求导可以证明这一点：

$$\partial e_s / \partial \theta = -\frac{r - c_s}{[k_a f'(k_a T)]^2} \left[f'(k_a T) + k_a T f''(k_a T) \right] \frac{\partial k_a}{\partial \theta} < 0 \quad (6-19)$$

而 e_d 的情况随着 $\bar{k}_s$ 的存在而略显复杂。但是若把 $\partial \bar{k}_s / \partial \theta$ 大致看做 $\partial k_a / \partial \theta$，就可以得出一个与上面类似的结论：

$$\partial e_d / \partial \theta = -\frac{r + c_d}{[\bar{k}_s f'(k_a T)]^2} \left[f'(k_a T) + k_a T f''(k_a T) \right] \frac{\partial k_a}{\partial \theta} < 0 \quad (6-20)$$

上式不等号的成立用到了 k_s 小于 k_a 的条件。式(6-19)、式(6-20)的结论意味着更稳定的经营权增加了参与企业的数量，减少了出租者的数目。这就是以下的引理。

引理 2：更稳定的经营权会增加参与企业的数目而减少出租者的数量。

利用上面的结论，可以研究经营权稳定性的交易效应。根据讨论，这个效应与政府支

付的服务费 r 有关。因此首先需要研究均衡的服务费。生活垃圾处置服务的需求为

$$D = \int_{T_L}^{T_H} \int_{e_d(T;r,\theta)}^{e_H} T_d(T,e,k,\bar{k}_s,r)\phi(T,e)\mathrm{d}e\mathrm{d}T \tag{6-21}$$

处置服务供给为

$$S = \int_{T_L}^{T_H} \int_{e_L}^{e_s(T;r,\theta)} T_s(T,e,k,\bar{k}_s,r)\phi(T,e)\mathrm{d}e\mathrm{d}T \tag{6-22}$$

由于 e_d、e_s 和 T_s 随 r 的增加而增加，T_d 随 r 的增加而减少，可得出结论，需求随着服务费 r 的增加而减少（如前分析，这将涉及消费者生活垃圾处理费的增加），供给随着 r 的增加而上升（更多的企业愿意参与其中，且可能细化服务），这是可直接得出的结论。让 D 和 S 相等就可得到均衡的服务费 $r*$。可以通过考察 θ 对 D 和 S 的影响来确定 θ 对 $r*$ 的影响。由于 e_d 和 e_s 与 θ 负相关，可得知，当 θ 增加时，生活垃圾处置服务的需求方远远大于供给者。同时，由于 $\partial k_d / \partial \theta$ 和 $\partial \bar{k}_s / \partial \theta$ 之间的差别很小，T_d 会随着 θ 的增加而增加，T_s 会随着 θ 的增加而减少，因为

$$\partial T_d / \partial \theta = -\frac{1}{e\bar{k}s^2 f''(K_d)}\Big[f'(K_d) + \bar{k}_s(T+T_s)f''(K_d) \Big]\frac{\partial k_d}{\partial \theta} > 0 \tag{6-23}$$

以及

$$\partial T_s / \partial \theta = -\frac{1}{eks^2 f''(K_s)}\Big[f'(K_s) + K_s f''(K_s) \Big]\frac{\partial k_s}{\partial \theta} < 0 \tag{6-24}$$

在式（6-23）中的不等号成立的时候，用了 $\bar{k}_s \prec k_d$ 这一条件。以上两个结论也是非常直观：当企业经营权的稳定性提高，私人资本就更愿意进入生活垃圾处置领域，从长期看，进入市场的企业会比原来携带更多的投资。而出租者或转让部分业务者希望不选择退出或者不转让部分业务，因为其企业比原来的生产效率为高。而更稳定的经营权可能带来更好的处置服务，提高用户缴纳费用的主动性。结合以前得出的更稳定的企业经营权对 e_d 和 e_s 的影响的两个结论，可知，$r*$ 会随着 θ 的增加而增加。于是，得到如下命题。

命题 1：更稳定经营权提高均衡服务费。即使这个服务费增长主要源自污染者付费。

由引理 1，进一步得到如下命题。

命题 2：更稳定经营权的交易效应对参与企业来说是正的，对出租者或者部分转租者是负的，对一个自给自足的企业来说为零。

这个命题对经营权稳定性效应的经验估计很有意义。它意味着对于不同类型的企业，经营权的稳定性具有不同的影响；因此，假定经营权稳定性对所有企业具有同样的效应是不恰当的。

最后，通过考察整个城市的总体投资对更稳定的经营权的总效应加以总结。在计算中，将所有参与企业的 k_s 看作相等，那么，整个城市的投资总量为

$$\begin{aligned}K^A = {}& k_d(\bar{k}_s,r,\theta)T^D\Big[e_d(T;\bar{k}_s,r,\theta) \Big] \\ & + \int_{T_L}^{T_H} \int_{e_s(T;r,\theta)}^{e_d(T;r,\theta)} Tk_a(T,e,\theta)\phi(T,e)\mathrm{d}e\mathrm{d}T + k_s(T,r,\theta)T^S\Big[e_s(T;r,\theta) \Big]\end{aligned} \tag{6-25}$$

其中，T^D 和 T^S 分别是参与者和出租企业的总量。将 K^A 对 θ 求导，即可得到更稳定的经营权对总投资水平的总效应：

$$\frac{\partial K^{\mathrm{A}}}{\partial \theta} = \left\{ \frac{\partial k_{\mathrm{d}}}{\partial \theta} T^{\mathrm{D}} + \int_{T_{\mathrm{L}}}^{T_{\mathrm{H}}} \int_{e_{\mathrm{s}}}^{e_{\mathrm{d}}} T \frac{\partial k_{\mathrm{a}}}{\partial \theta} \phi(T,e) \mathrm{d}e \mathrm{d}T + \frac{\partial k_{\mathrm{s}}}{\partial \theta} T^{\mathrm{S}} \right\} + \left\{ \frac{\partial k_{\mathrm{d}}}{\partial r} T^{\mathrm{D}} + \frac{\partial k_{\mathrm{s}}}{\partial r} T^{\mathrm{s}} \right\} \frac{\partial r^*}{\partial \theta} \quad (6\text{-}26)$$

第一个括号代表经营权稳定性的直接效应，其符号为正；第二个括号代表交易效应。需要注意的是，在交易效应中没有自给自足的企业。这是因为 r^* 的降低一定可能会使一个企业由向政府提供服务获取补贴者变成自给自足者。同时，一个企业由自给自足者变成部分业务转租者或者出租者，对于自给自足企业总体而言，两者的效应刚好相互抵消。从原则上讲，由于 $\partial k_{\mathrm{s}} / \partial r$ 为负，无法确定更稳定的经营权的总效应。但是，先前的结论表明，$\partial k_{\mathrm{d}} / \partial r$ 很可能比 $\partial k_{\mathrm{s}} / \partial r$ 大。因此，除非最初的经营权分配非常倾向于那些第二期可能成为经营者的企业，从而使 T^{S} 比 T^{D} 大得多。没有理由认为对出租者或者部分经营权转让者的负效应会超过对参与经营者的正效应外加经营权稳定性给所有三类企业带来的正的直接效应。

上文较为完整地证实了一般均衡下的经营权稳定性对生活垃圾处置产业投资的影响。经营权的稳定性对投资的影响可能随着时间或者市场条件而变动。特别是在实施生活垃圾处置经营权转让的初期，稳定的经营权可以迅速使得更多的社会资本进入该领域，产生大规模投资效应。但在经营权逐渐稳定之后，交易的潜在需求使企业的经济成本上升，而处置企业处置水平和环境标准的不断提升，是生活垃圾处置市场化战略的重要部分，至少在这个意义上，维持一个有益于生活垃圾处置企业投资和增长的制度环境是必需的。

当代中国为研究生活垃圾处置经营权稳定性对投资影响效应提供了一个可供多方借鉴的案例。市场化在整个国家不均匀但是逐步展开，特别是在经济发达地区，在时间和空间上表现出了巨大的多样性。使用一个理论模型，过往的一些经验研究得到了部分证实。和理论分析一致，经营权稳定性对继续经营企业和出租企业的投资影响成立。尽管这个结论来自计量模型，但是这个结果的确提醒我们，稳定的经营权对于生活垃圾处置这种投资周期长、收益低，且具有自然垄断性的产业，至少对于不充分竞争的产业是十分重要的。而在对北京市生活垃圾处置经营权稳定性的分析中，张越（2004）发现，经营权稳定性对投资的影响被严重低估了。

6.6.4 现阶段我国生活垃圾焚烧相关的主要投融资政策

生活垃圾焚烧领域环境经济政策的作用，更多是通过内化环境成本、推动企业产业转型升级体现。这一点，绿色税收、绿色金融、环境价格等政策表现明显。从绿色税收来看，1月1日，环保税正式开征，成为我国第十八个税种，填补了税制体系的空白。"税比费具有更强的刚性，特别是对于上市公司而言，关于税收的负面新闻将严重影响股价。开征环保税使企业短期面临一定压力，但随着产品转型升级，就能减少税收成本。环保税就是要促进环境成本内部化，为企业算清糊涂账。推动企业转型、产业升级，本就是环保税的题中之意。从绿色金融来看，2017年，中国在境内和境外发行绿色债券123只，规模达486.797亿元，约占同期全球绿色债券发行规模的25%。绿色债券发行规模和发行量稳步推进，培育了绿色市场，吸引了金融机构和企业等多类主体加入，推进了绿色产业发展，形成了生态环境保护和高质量发展的合力。从环境价格来看，阶梯电价等政策效益突出。环境经济政策的突出进展还表现在绿色消费方面。十部委出台的《关于促进绿色消费的指导意见》，涉及绿色采购、领跑者制度、阶梯水价、新能源汽车补贴等。近年来，这些政策持续推进。绿色采购制度稳步落实。相关部门已发布 23 期节能产品政府采购清单、20期环境标志产品政府采购清单。综合我国生活垃圾焚烧投融资相关政策，特别是自 2013 年进入了 PPP2.0 时代，生活垃圾焚烧市场投资出现了新格局的变化。政策方面除了顶层的立法推进之外，围绕着强推、规范和绩效重点推进，新增和存量 PPP 项目同时推进。具体可以分为如下几类。

1）产业政策

以第三方治理、环保税、专项资金等为代表的交易政策面向效果，效果导向将逐步落地。自 2014 年国务院办公厅出台第三方治理意见到实施意见的出台，第三方治理的推进完善了工业治污的交易结构；《环境保护税法》对大气污染物、水污染物、固体废物和噪声四类污染征税；污水处理费提价，带来新的财政来源，用于购买环境公共服务；专项资金投资的规范化政策出台使得财政资金用于面向效果治理的有效性。

(1)《关于进一步做好民间投资有关工作的通知》(国办发明电〔2016〕12 号)。

关键词：民间投资。从督查整改落实、深化简政放权、营造公平竞争环境、缓解融资难融资贵、降低民营企业成本负担等方面做出具体部署。

(2)财政部《关于在公共服务领域深入推进政府和社会资本合作工作的通知》(财金〔2016〕90 号)、《关于联合公布第三批政府和社会资本合作示范项目加快推动示范项目建设的通知》(财金〔2016〕91 号)。

政策重点侧重公共服务领域；财政部 90 号文注重效率；在垃圾处理、污水处理开展"强制"试点。强调效率原则：第一，鼓励同等条件下优先选择民营资本，促进民间投资；第二，确保公共资金、资产和资源优先用于提升公共服务的质量和水平。

(3)国家发展改革委《关于切实做好传统基础设施领域政府和社会资本合作有关工作的通知》(发改投资〔2016〕1744 号)、国家发展改革委、住房城乡建设部《关于开展重大市政工程领域政府和社会资本合作(PPP)创新工作的通知》(发改投资〔2016〕2068 号)。

关键词：市政工程领域。政策要求编制重大市政工程领域 PPP 项目规划，政策细化了工作重点领域(七大基建传统领域的重大市政工程领域)，规定了完善价费机制，设置了平均行业基准利润率；针对市政领域 PPP 项目小而散提出通过并购、重组等方式，提高产业集中度。

(4)《关于推进传统基础设施领域政府和社会资本合作(PPP)项目资产证券化相关工作的通知》(发改投资〔2016〕2698 号)，财政部、人民银行、证监会《关于规范开展政府和社会资本合作项目资产证券化有关事宜的通知》(财金〔2017〕55 号)。

政策重点分类稳妥地推动 PPP 项目资产证券化：项目建设期、盘活存量股权资产、提高资产流动性；严格筛选开展资产证券化的 PPP 项目：PPP 项目运作规范、权属清晰，项目成功运营 2 年以上，发起人信用稳健；完善 PPP 项目资产证券化工作程序：社会资本方依据合同、择优自助开展 PPP 资产证券化，政府部门择优推荐，发行部门优化审核程序；着力加强 PPP 项目资产证券化监督管理：保障社会资本方获得合理回报，社会资本方不得通过 ABS 变相退出，推动不动产投资信托基金(REITs)发展。

(5)《关于政府参与的污水、垃圾处理项目全面实施 PPP 模式的通知》(财建〔2017〕455 号)。

关键词：全面实施 PPP。2017 年 7 月 18 日，财政部、住建部、农业部和环保部联合发布《关于政府参与的污水、垃圾处理项目全面实施 PPP 模式的通知》(下文简称《通知》)，提出拟对政府参与的污水、垃圾处理项目全面实施政府和社会资本合作(PPP)模式，进一步规范污水、垃圾处理行业市场运行，提高政府参与效率，充分吸引社会资本参与，促进污水、垃圾处理行业健康发展。

《通知》提出，以全面实施为核心，在污水、垃圾处理领域全方位引入市场机制，推进 PPP 模式应用，对污水和垃圾收集、转运、处理、处置各环节进行系统整合，实现污水处理厂网一体和垃圾处理清洁邻利，有效实施绩效考核和按效付费，通过 PPP 模式提升相关公共服务质量和效率。《通知》指出，目标是政府参与的新建污水、垃圾处理项目全面实施 PPP 模式。有序推进存量项目转型为 PPP 模式。尽快在该领域内形成以社会资本为主，统一、规范、高效的 PPP 市场，推动相关环境公共产品和服务供给结构明显优化。

(6)《国务院办公厅关于推行环境污染第三方治理的意见》(国办发〔2014〕69 号)、《环境保护部关于推进环境污染第三方治理的实施意见》(环规财函〔2017〕172 号)。

关键词：第三方治理。2014 年 12 月 27 日，国务院办公厅关于推行环境污染第三方治理的意见，提出到 2020 年，重点领域第三方治理取得显著进展，环境公用设施投资运营体制改革基本完成等目标。2016 年 12 月 22 日发布的《"十三五"节能环保产业发展规划》中将"第三方治理"写入其中，提出明确第三方治理项目的绩效考核指标体系、开展小城镇、园区环境综合治理托管试点与环境服务试点、创新排污企业第三方治理机制等内容。2017 年 8 月 9 日，环保部印发《环境保护部关于推进环境污染第三方治理的实施意见》，进一步细化实施方案。

环境污染第三方治理是排污者通过缴纳或按合同约定支付费用，委托环境服务公司进行污染治理的新模式。第三方治理是推进环保设施建设和运营专业化、产业化的重要途径，是促进环境服务业发展的有效措施。第三方治理是环境管理体制改革的重要组成部分，这个政策明确了责任划分，把过去监管者、污染者的双重关系变成了有第三方和公众参与的社会关系，是中国生态文明建设体系的一个重大迈进。

2)供给政策

宏观环境下，供给侧结构性改革进入深水区，"三去一降一补"成为改革重点，节能环保产业作为七大战略新兴产业之一，迎来发展契机。两大产业规划、生态环保市场主体培育意见、环保服务业试点的推进等政策为生活垃圾焚烧提供了强大的政策驱动。

(1)《中共中央关于全面深化改革若干重大问题的决定》。

2013 年 11 月 12 日，中国共产党第十八届中央委员会第三次全体会议通过《中共中央关于全面深化改革若干重大问题的决定》，文件中"市场化"成了当之无愧的"热词"，国家进一步放开市场、深化改革的决心可见一斑。同时，本届全会对生态文明建设的重视也提到了一个新的高度，并提出以制度来保护生态环境，划定生态保护红线，实行资源有偿使用制度和生态补偿制度，改革生态环境保护管理体制。

"把市场能做的交给市场"，这样的管理思路让环境产业看到了更多的希望，减少行政审批行政干预、市政基础设施建设吸引民间资本进入、推进特许经营……政府的放手意味着市场的扩大，而这将为生活垃圾焚烧市场化运作带来最难能可贵的健康的发展环境和有力的政策支持。

(2)《关于积极发挥环境保护作用促进供给侧结构性改革的指导意见》（环大气〔2016〕45号）。

推进供给侧结构性改革是党中央、国务院做出的重大决策部署，是我国"十三五"时期的发展主线，对于提高社会生产力水平，不断满足人民日益增长的物质文化和生态环境需要具有十分重要的意义。当前，供给侧结构性改革的重点是去产能、去库存、去杠杆、降成本、补短板，环境保护应该在推进重点工作中充分发挥积极作用。

政策要求各级环保部门全面贯彻党的十八大和十八届三中、四中、五中全会精神，深入落实习近平总书记系列重要讲话精神，按照"五位一体"总体布局和"四个全面"战略布局，牢固树立创新、协调、绿色、开放、共享的发展理念，加大生态文明建设和环境保护力度，打好大气、水、土壤污染防治三大战役，积极促进经济结构转型升级，提高经济发展质量和效益，为人民群众提供更多优质生态产品，推动形成人与自然和谐发展的现代化建设新格局。

(3)《"十三五"国家战略性新兴产业发展规划》《"十三五"节能环保产业发展规划》，两大规划提出产业发展具体目标。

两大规划以提高节能环保供给为主线，明确了发展的具体目标：《"十三五"国家战略性新兴产业发展规划》提出产业规模扩大，成为经济发展新动力；加快发展先进环保产业，到2020年产值规模力争超过2万亿元的目标。《"十三五"节能环保产业发展规划》明确提出产业增加值占GDP 3%以上，到2020年，培育100家以上骨干企业，20个配套环保产业聚集区域的目标。

(4)《关于培育环境治理和生态保护市场主体的意见》（发改环资〔2016〕2028号）。

2016年9月，国家发展改革委、环境保护部联合印发《关于培育环境治理和生态保护市场主体的意见》（下文简称《意见》），加快培育环境治理和生态保护市场主体，形成统一、公平、透明、规范的市场环境，推进供给侧结构性改革，提供更多优质生态环境产品。

《意见》提出，到2020年，中国环保产业产值超过2.8万亿元，年均增长保持在15%以上；培育形成50家以上产值过百亿元的环保企业，打造一批国际化的环保公司。这为垃圾焚烧企业做大做强吃了颗"定心丸"。

(5)《关于加快发展节能环保产业的意见》（国发〔2013〕30号）。

关键词：环保产业。2013年8月下发《关于加快发展节能环保产业的意见》（下文简称《意见》），提出要释放节能环保产业的市场潜在需求，到2015年，节能环保产业总产值要达到4.5万亿元，产值年均增速保持15%以上，成为国民经济新的支柱产业。

《意见》的出台证明国家已经把节能环保产业作为促进经济结构升级转型的重要方式，国家对环保产业寄予厚望，已经成为国家优先发展的产业板块，使产业在国民经济中的地位进一步升级。此外,《意见》将"创新引领,服务提升"放在了基本原则中的首要位置,提出要推行合同能源管理、特许经营、综合环境服务等市场化新型节能环保服务业态,更是一个巨大的进步。

(6)《关于同意开展环保服务业试点的通知》(环办函〔2014〕377号)。

关键词:环保服务业。自2011年官方首次明确提出合同环境服务概念以来,值得一提的是,作为环境绩效合同服务在环境治理尤其黑臭水体治理落地的主要推动者之一,E20研究院在承接环保部相关课题的基础上,于2015年实地考察了那考河,2016年初组织召开了第60期战略沙龙"PPP背景下水环境综合整治痛点及合同范本探讨",在2016年(第十四届)水业战略论坛上发布了《环境绩效服务合同参考文本及编制指南1.0版本》,在课题中研究了该项目的探索性的经验,并予以推广。

政府部门在不断推动合同环境服务的发展进行政策设计,2014年4月4日,环保部发布《关于同意开展环保服务业试点的通知》,其中包含有19家环保服务业试点单位。重点突出以环保效果为导向的环保综合服务,促进环保产业与环保效果、环保质量紧密挂钩,这将有利于加强环境保护部对于环保产业的话语权。同年5月,环保部组织制定的《环保服务业试点工作管理办法(试行)》出台,规范环保服务业试点工作的开展,环境服务业正逐渐步入正轨。

3)投融资政策

创新投融资机制,鼓励社会投资。经济体制改革的核心环节是投融资体制的改革。目前,我国生活垃圾焚烧领域的投融资体制仍以国有经济导向为主,与当前经济增长格局不匹配。为破除行业垄断和市场壁垒,建立开放透明的市场规则,营造平等的投资环境,激发市场主体活力,中央政府提出一系列创新投融资机制,鼓励社会投资的改革措施。

为配合《预算法》的实施,2014年多项涉及地方融资和预算管理的文件出台,包括国务院63号文、国务院60号文、国务院43号文、财政部76号文及国家发改委、财政部双双发力的PPP和特许经营等多项政策组合推出,传统模式的地方政府投融资平台模式宣告终结,同时土地财政也将逐步转型,地方政府的"资产负债表"面临更新换代,地方财政不再是城投公司融资的"忠实背书",政府投资方面的增量以及城投资产整合后的存量中,有很大比例是环境资产,其中将有相当比例转而通过PPP和混合所有制的方式引入社会资本来盘活,为地方政府融资开辟新的可持续通道,也由此打破多年来饱受诟病的社会资本融通不畅的关节,同时通过引入市场机制提高政府投资建设及国有资产运营的效率。

而与之呼应的是一系列相关资本市场政策的改革。伴随着资本市场对包含市政基础设施部分在内的环保产业的追捧,中国的环保公司已到了扎堆上市时期,而新三板的开放为环保企业占有典型多数的中小企业的股权融资、并购和未来注册制项下转板上市提供了契机。同时,在产业基金和PPP项目融资模式的带动下,包含社保资金、保险资金等低成本资金在内的追求低风险的资金,必将大体量进入市政基础建设和环境领域。

（1）《国务院关于创新重点领域投融资机制鼓励社会投资的指导意见》（国发〔2014〕60 号）。

关键词：社会投资。2014 年 11 月，国务院印发《关于创新重点领域投融资机制鼓励社会投资的指导意见》（以下简称《指导意见》），部署激发市场主体活力和发展潜力，稳定有效投资，加强薄弱环节建设，增加公共产品有效供给，促进调结构、补短板、惠民生。《指导意见》提出，为充分调动社会投资积极性，切实发挥好投资对经济增长的关键作用，要进一步打破行业垄断和市场壁垒，切实降低准入门槛，建立公平开放透明的市场规则，营造权利平等、机会平等、规则平等的投资环境。

《指导意见》针对公共服务、资源环境、生态建设、基础设施等经济社会发展的薄弱环节，提出了进一步放开市场准入、创新投资运营机制、推进投资主体多元化、完善价格形成机制等方面的创新措施。

（2）《国务院关于加强地方政府性债务管理的意见》（国发〔2014〕43 号）。

关键词：地方政府债务。2014 年 10 月 2 日，国务院办公厅下发《国务院关于加强地方政府性债务管理的意见》（下文简称《意见》），这是继 2010 年 6 月 13 日国务院发布《关于加强地方政府融资平台公司管理有关问题的通知》后，中央政府为规范管理地方政府债务第二次发布的较为完整的制度框架文件，将促进地方金融改革，直接影响到地方融资平台发展。此次《意见》试图逐步划清政府与企业界限，明确了地方政府职能将聚焦于公益性事业发展，非公益的商业融资需求将交与市场主体。这将进一步强化政府对环境服务的专业化需求，并利于 PPP 模式发展。

（3）《中共中央 国务院〈关于深化投融资体制改革的意见〉》（2016 年 7 月 5 日）。

2016 年 7 月 5 日，中共中央、国务院发布《关于深化投融资体制改革的意见》，确立了投融资体制发展总体框架。确立企业投资主体地位：强调"投资核准"范围最小化，让市场决定投什么。建立"联审机制"：探索多评合一、统一评审的新模式，在 PPP 应用领域也要建立联审机制。资产证券化：试点金融机构持有企业股权，加快直接融资市场发展，大力发展直接投资。放宽境外融资：在"一带一路"倡议的推动下，更好地利用境内外两种资源。产业引导基金：政府引导、市场化运作的产业基金，将成为地方融资的重要模式之一。

（4）《关于构建绿色金融体系的指导意见》（银发〔2016〕228 号）。

2016 年 8 月，中国人民银行、财政部、国家发展和改革委员会、环境保护部、中国银行业监督管理委员会、中国证券监督管理委员会、中国保险监督管理委员会联合印发了《关于构建绿色金融体系的指导意见》（下文简称《指导意见》）。

《指导意见》强调，构建绿色金融体系的主要目的是动员和激励更多社会资本投入到绿色产业，同时更有效地抑制污染性投资。构建绿色金融体系，不仅有助于加快我国经济向绿色化转型，也有利于促进环保、新能源、节能等领域的技术进步，加快培育新的经济增长点，提升经济增长潜力。《指导意见》提出了支持和鼓励绿色投融资的一系列激励措施，包括通过再贷款、专业化担保机制、绿色信贷支持项目财政贴息、设立国家绿色发展基金等措施支持绿色金融发展。

6.6.5　融资渠道

尽管我国出台了一系列鼓励性政策，目的是推进环保领域相关产业的市场化发展，但不论采取哪种方式建设和运营，资金来源非常重要。一个项目的可行性很大程度上取决于它能否以令人满意的条件获得资金上的支持。环境融资也是环境经济政策体系框架中的一个内在部分，它受到政府财政政策、公共财政和竞争政策的很大影响。垃圾焚烧厂的建设和运营可以由公共部门投资，可以由民营部门投资，也可以采取公私合作的方式筹集资金。

首先是公共融资方式。公共融资的优势在于它可能得到免税的借贷和政府补贴（尽管最终还是纳税人的钱），由此可以降低项目建设成本。债务最终将从项目利润中支付。对于垃圾焚烧厂这类商业前景较小的建设项目，公共融资被认为是比较适当的途径。

其次是民间融资方式。民营企业负责项目的融资，融资成本由项目的利润支付。民间融资的方式可以使基础设施建设获得更为灵活的融资渠道。对于那些具有巨大利润潜力的风险建设项目，民间融资的方式是最适当的。而垃圾焚烧项目通常不采用这种融资方式。

第三是公私混合的融资方式。虽然可能遇到法律、立法和政治等各方面的限制，但其仍然是最广泛的融资渠道。该项融资方式的成功取决于该项目实现财政独立的可行性。充足的建设资本和足以支付运营成本的收入是项目可行的前提，同时有潜在的利润是吸引民间投资的必要条件（萨瓦斯，2002）。目前，许多垃圾焚烧项目都已经采取或者计划采取这种方式（如 BOT 方式）。

通常公共融资的方式分为使用者付费、排污收费、生态税、地方税、上级政府转移支付、市政债券、可交易许可证拍卖、新的基础设施融资方法、民营化。民间融资方式分为公司自身融资（包括成本回收价格、为取得效率的成本回收）、股票融资和外部资源融资（包括债务融资、租借、吸纳风险投资）、国家补助（包括赠款、软贷款以及税收减免）。

具体看，我国的环保投融资领域还亟待完善，目前使用较多的有 BOT 模式、使用者付费、国家补贴以及上级政府转移支付——当使用者收费不能冲销成本而使地方政府承受巨大税收负担时，上级政府转移支付就成为重要的补充手段，尤其是赠款或者软贷款。

市政债券的发行被认为是解决环保资金来源的有效方式，但从目前来看，我国市政债券的发行量过少，目前在水务处理方面有所实践，随着我国在环保处理领域的投资力度加大，以及市场的放开，市政债券在城市环境基础设施建设融资中具有广泛的应用前景和空间。

发行市政债券是发达国家筹集城市公用设施建设资金的通行做法，是一种以城市政府或以城市下属部门或机构（如水务公司、环保公司、垃圾专营服务公司、城市基础设施建设和管理公司等）为发债主体，向资本市场公开发行的债券。发行市政债券为基础设施建设融资能够依靠地方政府的支持获得多种还款担保，并以城建项目开发的综合收益弥补环境项目本身现金流的不足。市政债券本身也与环境基础设施的公益性质十分吻合。表 6-9 为美国政府发行地长期市政债券发行情况。

表 6-9　美国地方政府发行地长期市政债券发行情况　　　　（单位：亿美元）

	1980	1985	1990	1995	1996	1997	1998	1999	2000
A：总额	456	2024	1259	1562	1815	2143	2797	2192	1943
B：以财政收入为担保发行市政债券	319	1628	857	960	1173	1421	1871	1494	1291
A1	23	100	25	50	50	56	97	89	48
A2	31	134	93	132	145	182	209	164	113
A3	4	38	30	33	16	36	24	12	5
A4	5	15	5	8	13	12	9	12	11
A1＋A2＋A3＋A4※※	63	287	153	223	224	286	339	277	177

注：1. 相对于长期市政债券，美国每年还发行数百亿的中、短期市政债券；2. 可能用于环境保护项目的资金皆来自这四类。

资料来源：美国环保债券分类[EB/OL].http://www.investinginbonds.com/info/igmunis/types.htm, 2001.

图 6-6 描述了采取公私混合融资方式建设一个垃圾焚烧厂的财政安排。市政部门和民营企业可以通过发行公债、银行借贷等方式合作为项目融资，投资者购买市政债券或者项目股票。用户为其享受的服务支付费用，政府部门根据企业的生产情况给予补贴，民营发展商从经营收入中偿付自己的债务和贷款。

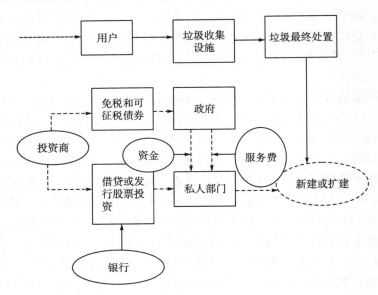

图 6-6　项目结构图

任何一种融资方式都十分复杂，都需要政府和私人部门双方都具备相当的专业知识才能成功。垃圾焚烧项目的回收期都相当长，对该项目的融资需要一定的制度保障，所以政府规制是十分必要的。垃圾焚烧项目的投资和运行存在大量风险，这些风险必须被适当地分担。

6.6.6　市场化效果分析

建立企业对利润的目标机制，驱动其采用更有效的管理，企业之间的竞争也有助于促使企业提高效率。在分析垃圾收集和处理在不同制度下的效率方面,美国、加拿大、日本、英国、瑞士等国都进行了详细的调查和研究。分析结果表明,采取私人部门介入垃圾收运和处理,其服务效率和生产效率都普遍高于政府直接提供(Martins et al.,2015;Collins et al.,1997);虽然具体幅度从 14%~124%不等,但市政垃圾收集要比合同承包平均多花35%的费用。美国的一些研究机构发现:①在服务质量相同的前提下,如果政府部门直接从事垃圾收集服务,而并非合同外包,预算部门要多支付 35%的租金;②把居民从承包商那里间接得到的税收收益考虑进去,如果市政部门直接从事垃圾服务而不是合同外包,每个居民要多支付 58%的费用;③市政部门从事同样的工作的成本比承包商高 88%(考虑税收效应和利润效应),换言之,市政机构的资源利用效率要低得多(纽伯里,2002)。

　　尽管很少对垃圾焚烧处理有详细的研究,但上述分析结果仍然可以作为一种借鉴和比较。在垃圾焚烧项目中实施市场化的目的是多种多样的,其核心目标是为提高垃圾处理的环境效果以及相应的环境服务。让私人部门参与到垃圾焚烧项目中,可以帮助政府解决资金不足的困境。如果没有民营部门的参与,许多垃圾焚烧项目都可能因为资金缺乏而"流产"。此外,与私人部门经营该项目相比较,如果仅仅由政府资助某个焚烧项目,在我国现有体制下,环卫部门进行垃圾处理是工作任务,不受经济利益驱动,缺乏降低成本、追求高效的动力,服务责任感也不够。即使一些部门采取市场化方式,也可能会成为一些官员为自己树立政绩的产物,却忽视其本身应该承担的环境责任。一般来说,私人部门的建设速度更快,从生产和经营成本的角度出发,在建设费用的使用方面和经营都更有效率,此外,还能带来新的就业机会,可以分担一些原本由公共部门承担的风险和社会责任。我国一些垃圾焚烧厂不仅是城市的环保示范基地,还是爱国教育基地,如天津的案例。在开展项目的过程中,私人部门可以促进技术转让,不仅有利于相关技术的进步,而且推动了该产业的发展。

　　引入私人部门进入垃圾焚烧领域,目的是为了解决一系列矛盾,提高服务效率,但不是以牺牲处理的环境效果和服务质量为代价。只有民营企业提供优质的环境服务、扩大服务范围与其利润目标相一致,垃圾焚烧处置的环境目标才可得到实现。

6.6.7　市场提供垃圾焚烧服务的注意事项

　　对环境基础设施领域的环境服务始终不能放松规制,只是选择规制方向的问题。发达国家的经验表明,制定严格的法律、法规,加强环境规制,不仅没有阻碍经济发展,相反,其产生的规制效益可超过规制成本(表 6-10)。

表 6-10　1997 年美国 OMB 对美国规制成本与收益的估计结果　　(单位:亿美元)

规制项目	规制成本	规制收益	规制净收益
环境规制	1440	1620	180

注:OMB 为美国预算与管理办公室,在计算这些成本和收益时按照 1996 年的价格计算。
资料来源:于立(2005)。

　　上述数据说明了规制的有效性。对垃圾焚烧,其引入私人部门的动因是为了更好地实现垃圾处理的环境效果,除此之外,如果不能很好地实施环境监测和管理,焚烧本身也会产生二次污染。因此规制显得非常重要。在引入市场化的过程中，鉴于垃圾焚烧的特性，除了实现严格的环境规制外，应在市场准入和价格两个方面进行有效的规制。

　　1）市场准入

　　在公共卫生产业引入有效竞争的概念，为市场准入制度的引入奠定基础。有效竞争是美国经济学家克拉克基于竞争的多样性而提出的概念。有效竞争的本质是指规模经济与竞争活力相协调，从而形成一种有利于长期均衡的竞争格局。有效竞争的概念对政府发展提供公共产品的产业来说很有诱惑力，因为这为政府对特殊产业实施市场准入制度提供了依据。从而，必要的市场准入管制是应该的，它是在垃圾焚烧处理领域建立与其经济活动性质相适应的运行秩序的一个重要方面。

　　在很多行业中，政府或厂商集团规定了行业的市场准入制度，此类进入限制把价格抬高到完全竞争水平之上。图 6-7 说明了有进入限制的长期均衡。

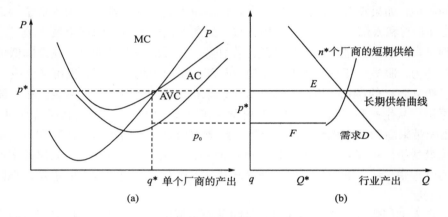

图 6-7　有进入限制的长期均衡

　　假设行业中存在大量可以按相同的成本曲线进行生产的厂商，如图 6-7(a)。图 6-7(b)显示了存在相同厂商的某一行业所具有的两条供给曲线。其中一条是 200 家厂商的供给曲线。该行业以最小平均成本供应市场至少需要 200 家厂商，均衡价格为 p_0。第二条供给曲线反映的是由于市场准入制度的进入限制而只有 100 家厂商的情况。当厂商数量被限于 100 家时，竞争性均衡价格为 p^*。因此，比起没有进入限制的竞争性均衡，进入限制使得消费者付出了比 p_0 高的价格 p^*。图 6-7(b)中矩形 p^*p_0FE 的面积就是由于进入限制造成的净损失。这种进入限制类似于对消费者产品的行为征税，不过进入限制是把钱从消费者手中转移到了能够进入的厂商手中。

　　以上是对一般性行业的进入限制分析，而对于提供公共物品的垃圾焚烧处置则有很大的不同。垃圾焚烧企业的显著特征是需要巨额的投资，投资回报期长，投资专用性强，规模经济非常显著，具有成本弱增性。因此，由一家或者少数几家企业垄断经营能够使社会生产率极大化。但如果不存在政府管制，在信息不完全的情况下，许多企业就会盲目地进入，进行重复投资，过度竞争，一种可能的结果是竞争力最强的企业最后将其他企业挤出市场，这些退出市场的企业的投资就不能得到回报，专用性强的资产就会被闲置，造成社会资源的浪费。另一种可能的结果是势均力敌的几家企业互不相让，最后两败俱伤，在生产力严重过剩的状况下，互相争夺市场份额，从而造成生产低效率。尤其是对垃圾处理领域基本上是国有企业一统天下的我国来说，如果出现某种恶性竞争将有可能更为激烈和残酷。因为，竞争双方以及在双方企业后面的政府部门用以投入这场竞争的都不是自己而是属于全国人民的国有资产。无论是哪一方在竞争中失败了，最大的输家都是国家。而赢家（绝不可能是国家）将从中得到实实在在的经济利益。因此，即使是在相同领域内的私人资本的竞争，也将对社会造成更大危害。为了防止这些破坏性竞争，政府应该对该类产业实行管制，通过控制进入壁垒，防止企业过度进入，以保证社会生产效率（姜春海和于立，2005）。

2）价格管制

实施价格管制原则是政府协调垃圾产生者、垃圾处理者、消费者（享受垃圾处置环境服务的个人或者单位）、政府之间基本关系的重要政策之一，是管制机构处理日常价格事务的行为准则。

西方国家涉及垃圾处置产品价格管制的原则大致有以下几条：①补偿企业正常经营成本；②保证公正的投资回报；③公平对待用户；④消费者有支付能力；⑤便于用户理解和交费；⑥实现垃圾处置的最佳环境效果，获得更高的公众满意度；⑦节约资源，保护环境。应该说，西方发达国家价格制定原则是西方多年价格管制实践经验的总结，反映了市场经济条件下垃圾处置这类准公用产品价格管制的特性，对我国有重要的启示和借鉴意义（洪隽，2013）。

首先，政府在管制价格过程中要保护生产者和投资者的正当利益。合理的价格可以为垃圾焚烧处置企业补偿简单再生产的成本，从而保证企业的生存。这与企业员工的就业、工资、福利收入有直接的关系。同时，合理的价格可以使垃圾焚烧处置企业的投资者，尤其是政府之外的社会投资者得到公平公正的投资回报，从而保证垃圾焚烧处置履行其主要的环境和社会责任。

其次，政府要特别注意保护消费者的利益。用户公平对待原则、消费者有支付能力原则和便于消费者理解和付费原则，都是保护消费者利益特别需要注意的问题。其中，公平对待原则解决了消费者之间的成本负担和消费者权利上的平等问题；消费者有支付能力原则对于保护消费者利益具有极为重要的意义。因为在垃圾处置这类公用品上，消费者不具备和经营者讨价还价的可能性，而这些又属于生活必需品范围，所以，政府作为公众利益代表在制定公用品价格时必须考虑消费者的支付能力问题，尤其是社会低收入者支付能力问题，做消费者利益的忠实维护者。

最后，政府也要通过调整该类产品价格结构来调整居民的消费结构和企业的生产行为，促进资源节约和环境保护，延长资源的使用周期，减少废弃物的最终处置，实现社会的可持续发展。

从上述的分析可以看出，定价原则的内容和实质是政府就垃圾处置产品价格管制中如何处理生产者、投资者、消费者和社会四者之间的经济利益关系，它所追求的政策性目标应该是四者利益的和谐和统一。

　　垃圾焚烧日常运营费用的重要来源之一是用户付费，其收费水平直接影响居民的日常生活费用。但是，在引入竞争后，焚烧企业是以追求利润最大化作为其经营目标的，存在着制定高价以获取更高利润的内在冲动，在与企业的力量对比中，消费者力量分散而单薄，无法抵御服务提供者的任何欺诈，这就需要政府出面进行必要的价格管制，以保护消费者的利益，提高社会资源的配置效率。只是要注意，这种价格管制一定要合理，一定要使垃圾焚烧企业的所有者和经营者获得适当的利润，同时不能超过居民的承受能力，价格还应包括垃圾处置二次污染治理的费用。否则，引入竞争、市场化等都是空话。

　　实际上，在垃圾焚烧这类环境基础设施领域引入民营资本的最大障碍在于规制环境和态度。如果规制范围没有限度、操作不透明、在微观层次干预过多，私人资本就会望而却步，进而转入其他更为"友好"的投资环境。因此规制体系必须是有限度、透明、公平和连续的。

　　政府之所以能利用市场来提供垃圾焚烧这类公共物品，源自公共物品本身及市场特性的改变，其理论依据就是公共物品提供的经济发展观。基于这个理论基础，政府可以有步骤地从现有的生产中退出，进而利用各种机制、方法通过市场来提供垃圾焚烧服务，但必须承担环境监管责任，并保证垃圾的供应。由市场提供垃圾焚烧的环境服务模式的最大特点就是一方面充分发挥市场的效率优势，另一方面，政府基于其所有者的地位以及应有的管制，一定程度上实现了公平，效率与公平有机地结合在一起。但是必须明确利用市场通过私人部门提供准公共物品，而不是通过私人部门提供商业物品。为此，政府购买企业的环境服务和收取垃圾处理费要建立在政府的财政支付状况、家庭的规模、收入分配和相关环境监测和环境保护这些因素上。

6.7　环境经济政策对垃圾焚烧处置产业的影响分析

　　前文分析了关于各类环境经济政策对城市生活垃圾焚烧处置产业的功能和作用，这些政策对于降低最终垃圾处置量、提高资源循环利用率和无害化处理率都起到关键的作用。但在市场经济下，企业的行为是以经济利益为导向，企业进入市场与否取决于机会成本的比较，垃圾焚烧处置产业能否得到发展，其关键因素是企业能否获得社会平均收益率。从西方国家运行实践来看，垃圾焚烧处置产业属于低收益率的产业，产业的发展必须有来自政府的政策支持或财政补贴。我国垃圾焚烧处置产业的发展处于初级阶段，要想推动产业的良性健康发展，必须从经济的角度探讨垃圾处置产业的培育机制。

　　为了便于研究，假定垃圾处置产业提供的产品是同质的，在市场中处置企业只是价格的接受者。图 6-8 中，MC_1、MC_2、MC_3 分别表示垃圾处置企业的生产成本曲线，P_1、P_2 分别代表企业产品的不同市场价格。

　　假设目前是完全竞争市场，政府对于企业的发展不采取任何措施，企业进入市场不存在进入与退出壁垒，企业的选择都是理性的，进出垃圾处置市场依靠成本效益分析和机会成本的比较。当企业产品价格确定为 P_1 时，垃圾处置企业的边际成本曲线为 MC_1，市场的均衡点为 e。市场中垃圾处置企业会根据边际成本与产品价格的比较来决定是否维持或改变目前的生产状况。如果目前垃圾处置企业的生产状况为 $MC_1 < P_1$，企业增大生产规模会增加企业经济效益，因此会主动地增加垃圾处置的活动规模；如果企业的生产状况为 $MC_1 > P_1$，企业则必须减少生产规模或者降低企业成本。企业在市场中的生产行为会根据 $MC = P$ 来确定企业的最优生产规模(Q_1)，这一生产规模也就决定了城市生活垃圾处理规模和水平。

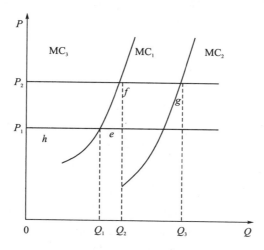

图 6-8　生活垃圾处置成本-价格示意图

垃圾焚烧处置产业作为城市绿色产业，政府从直接提高企业收益考虑，减少企业的税收或给予补贴等政策，这些政策的实施相当于提高了企业产品的价格，在图 6-8 中表示为 P_1 提高到 P_2，此时市场的均衡点由 e 变为 f，企业根据新的均衡点来调整企业的生产规模，市场中最优的生产规模变为 Q_2。由于政府的直接经济政策支持引发市场均衡点的改变，提高了市场价格，促使垃圾处置产业最优生产规模从 Q_1 提高到 Q_2，推动了产业规模的扩大。

当政府出台间接性支持政策，如原生材料征税、技术创新支持政策等，这类政策有利于降低企业生产成本，使得企业的边际成本曲线向右移动，形成新的市场均衡，市场的均衡点由 f 变成 g，垃圾处置企业的生产规模继续扩大，最优生产规模由 Q_2 变成 Q_3。对于制定的间接性产业支持政策，如果企业运用得当，会降低企业的生产成本，成本的下降促使垃圾处置产业扩大生产规模，直到新的最优规模 Q_3，同样起到了扩大垃圾处置产业生产规模的作用。

当政府制定约束性政策时，如为了提高垃圾处置产业的处置效果，制定处置技术标准、回收利用比率等政策时，在其他政策不变化的情况下，企业的生产成本会随之提高，企业的边际成本曲线会向左移动，市场均衡点由 e 变为 h，产业整体生产规模会缩小。由于约束性政策会降低整个产业生产规模，因此在应用的过程中必须非常谨慎，否则会出现处置成本高昂、处理规模小的情况。

垃圾焚烧处置产业属于低收益的绿色产业，而且向社会提供的部分产品或服务作为公共物品并没有获得收益，在完全竞争市场下依靠自身的营利能力很难得到快速发展。但是完全依靠政府又会因为缺乏经济利益的刺激导致产业发展的停滞。因此，必须在市场经济下建立完善的产业培育机制（以经济政策为主体），在直接或间接的政策引导下，以利益机制吸引企业进入垃圾处置市场，并扩大产业生产规模，与此同时要制定适宜的处置标准，以推动垃圾焚烧处置产业的健康快速发展。

6.8 发挥行业协会及非政府组织在垃圾焚烧生产运营领域的协调作用

在垃圾焚烧处理的政府和企业的合作中，政府是作为公众政府这一委托代理关系中的代理人参与市场化项目，其行为与合作中存在问题有着必然联系。

政府作为代理人行使公民让渡出来的公共权力，包括授权企业进入生活垃圾焚烧处理服务领域，并对企业进行监管等权利。政府所拥有特许权和监督权为"寻租"提供了前提条件。个别政府官员为了满足自己的需求，并不限于坐享其成，而会主动地进行"创租"，甚至"抽租"（张凯，2017）。腐败问题是困扰政府利用市场提供公共物品的一个大问题。在上述的所有可能的政府与市场的结合方式中，都有可能产生腐败。如果不能很好地控制腐败问题，那么利用市场来生产的好处就会被腐败带来的损失所抵消。

企业以获得自身利益最大化为追求目标，因此，企业为了获得生活垃圾焚烧处理的特许权，可能会通过各种手段来向政府"寻租"，以低于市场竞争条件的成本获得特许权。此外，在获得合作特许之后，企业为攫取更高利润，再次通过"寻租"手段使政府提高垃圾处理费水平，或在运营中降低垃圾焚烧处理标准以节约成本，获得更高的利润。只要当"寻租"的成本低于由此而获得的利润，"寻租"现象就有出现的可能。"寻租"形成的官商勾结将严重损害公众利益。

发达国家解决上述问题的重要做法之一就是通过社会中介组织在促进再生资源循环利用中发挥政府和企业不能发挥的作用。加拿大蒙特利尔政府一方面注意加强与准政府机构、环境网、大学的联系，引导他们参与政策的研究、法规的制定、理论的探讨和工作的推行；另一方面注意发挥社区组织的作用，协助政府贯彻实施经济政策。美国实行会员制的中介组织代表政府与厂矿企业及社区联系，他们采取多种方式加强废弃物的回收处理及污染源的治理，使废弃物的回收和排放逐步走上规范有序的轨道。因此，在提供垃圾焚烧这类环境公共产品的服务中，有必要重新审视政府的角色，即在发挥其作为促进者和管理者的作用的基础上，更多依靠公民、社区和市场，形成公共行政主体多元化的局面，从而使政府以外的其他社会力量也可以承担公共行政职能，将那些可以分离的职能真正转移给社会团体、社会中介组织、社区组织等第三部门机构，让他们依法行使自己的权力，从而更充分地保证公众利益。

（1）应充分考虑到我国国情，发挥行业协会在垃圾焚烧再利用中的作用。行业协会是与市场经济相适应的必然产物，是全行业企业的喉舌，代表全行业的利益，同时也是政府与企业之间的桥梁和纽带。在我国未来经济发展中，行业协会的作用越来越不可忽视。随着我国市场经济的不断发展，政府部门积极转变职能，把工作重点转到加强宏观调控、调查研究、制定市场规则、依法行政和有效监管工作上，减少对企业行为的直接干预，在这种背景下，与垃圾处置生产运营有关的行业协会应充分发挥作用，起着为垃圾焚烧处置生产运营企业服务、自律、协调、监管和维护企业合法权益的作用，协助政府部门加强行业管理的职能，进行全国及各地区的垃圾焚烧综合利用率的统计分析；为国家政府提出相关情况报告；制订和修改垃圾焚烧处置的环境标准和技术标准以及技术政策；组织行业内的环境标准许可认证和咨询论证，开展全行业产品展览、企业间的技术交流和技术培训。

（2）发展民间环保组织与团体。当代中国的民间环境组织是非营利部门的一个组成部分，是中国保护环境资源、防治环境污染和环境破坏的重要力量，公众、社团和民间组织的参与方式和参与程度将决定环境保护和可持续发展目标实现的进程，在垃圾焚烧处置领域也一样。按照西方发达国家有关非政府组织或民间团体的标准，我国在环境保护方面纯粹的民间群众团体很少，环保工作主要限于政府主管部门和环境专业工作者，与此相应，我国也没有专门制定有关民间环境保护组织及其活动的政策。因此在当前我国民间环境保护组织发展不足甚至发展困难的情况下，应该制定鼓励建立和发展民间环境保护组织的政策；应该结合市场经济体制的特点，针对不同类型的民间环境保护组织，制定相应刺激和鼓励的政策，应该在巩固原有政府性环境保护群众组织并继续发挥其作用的基础上，建立和发展民间环境保护组织。提高公众的参与程度和意识，唤起公众的环境忧患意识，必须建立一些由民间力量组合而成的民间环保组织，通过大众传播媒介和多种形式的社会活动，来培植公众的环境意识和环保行为，使环境保护成为全体社会成员的责任和使命，在公众中树立人与自然和谐共处的新型文化观念和生活方式，从而提高全民的环境意识，促进社会经济和环境的协调发展。

6.9　本章小结

由于垃圾焚烧的特殊性，运用包括垃圾收费制度、补贴制度在内的基本环境经济手段是各国发展垃圾焚烧的主要政策，我国也不例外。应合理使用上述两种手段，并结合我国大力发展再生能源的契机，大力推进我国垃圾焚烧处置的市场化和产业化。

7 结论与展望

7.1 主要结论

第一,在推动垃圾焚烧处置发展的过程中,西方国家政府普遍采取积极引导的策略,其主要的环境政策体系主要包括以下几方面的内容:①制定必要的法律、法规来引导本国垃圾焚烧处置的发展,保证垃圾焚烧能够切实实现垃圾处置的环境效益;②建立垃圾分类制度;③建立完善的收费制度;④制定合理的财政政策,引导社会资本进入垃圾焚烧处置业的投资和经营;⑤综合利用各国的可再生能源政策,积极发展垃圾焚烧发电等综合利用方式。不同的环境经济政策体系的差异对垃圾焚烧处置在各国的发展有较大的影响,这些差异主要体现在垃圾焚烧处置的发展方向、综合利用模式、技术经济指标的选择、环境监管的模式和环境经济政策组合的选择等方面。由于这些差异性的存在,西方国家在垃圾焚烧处置的效果、处置成本、处置技术、环境效果、综合利用等方面的差别非常大。在对西方国家垃圾焚烧处置业环境经济政策比较分析的基础上,结合我国目前垃圾焚烧发展和管理现状,着重探讨了发展我国垃圾焚烧处置的几个指导原则:①加快相关垃圾法律法规体系的建设和完善,推动垃圾焚烧处置业发展的规模化、规范化;②我国生活垃圾焚烧处置业应该以最大限度降低垃圾最终填埋量为工作重点,以缓解目前垃圾处置场所的处置压力,同时积极实现垃圾焚烧的能源回收和综合利用;③我国垃圾焚烧发展还处于起步阶段,目前发展多以政府投资、经营为主,市场化程度不高,应该采取更广泛的市场化手段,吸引社会资本进入,同时注意因地制宜地发展我国垃圾焚烧处置;④从宏观层次(政府)和微观层次(企业和用户)分析制约我国垃圾焚烧处置发展的因素,从政府-企业-用户三者的对接和互动关系的基础上,提出现阶段我国垃圾焚烧处置发展的环境经济政策的重点,同时结合我国目前正在积极推进的再生能源管理政策,选择并实施有利于推动我国垃圾焚烧处置发展的政策或政策组合。

第二,本书通过对上海、天津两个城市的相关垃圾处理方式和处理企业的调研分析,在微观层次分析的基础上,结合目前我国垃圾焚烧处理的基本情况,对我国生活垃圾焚烧处置的发展做出以下评估和判断:①目前我国生活垃圾焚烧处置整体处于发展的初期阶段,已经初步形成有一定处理能力和综合利用能力的大中型垃圾焚烧处理企业,对于垃圾污染的控制和减少垃圾最终填埋量都发挥了重要作用;②从企业运行的效果来看,在垃圾污染治理的环境经济效益非常明显,有必要通过更进一步的管理和政策的制定使其规模化、规范化发展;③目前垃圾焚烧处置的发展存在一定的困难,主要原因是政府垃圾管理体制和相关的政策改革滞后,政府缺乏垃圾焚烧处置的管理经验等。特别是在目前我国现有的以政府为主导的管理模式下,如何通过市场化改革和相应的财政政策的实施加快我国垃圾焚烧处置的发展非常重要。目前我国各级政府已经加快垃圾处置产业政策的研究和政策体系的改革，随着政策环境的宽松，垃圾焚烧处置会进一步发展。许多地区的经验都表明，在政府的管理下，市场化的运作方式是较为可行的处理方式；通过相关政策进行垃圾焚烧处置在垃圾处理中虽然取得较优的环境经济效益，但还是暴露出不少问题，最迫切需要改善的就是如何通过合理的政策制定给予垃圾焚烧这种处理方式进一步发展的动力，同时通过居民垃圾处理费的收取为垃圾焚烧处理企业提供运营资金；在我国目前各种资源稀缺的现状下，发展我国的垃圾焚烧综合利用最急需解决的问题同样是选择合适的环境经济政策以促进其发展；此外，政府过高的财政补贴压力也是目前制约垃圾焚烧处置发展的重要因素之一。造成上述状况的主要原因是我国目前许多相关的环境经济政策的制定和实施还需要进一步完善。因此，建立和完善促进垃圾焚烧处置发展的环境经济政策至关重要。

第三，初步探讨发展我国垃圾焚烧处置的环境经济政策组合。本书在借鉴国外经验的基础上，结合我国若干个具有一定代表性的垃圾焚烧企业的调查分析，根据我国垃圾焚烧发展的现状，选定垃圾处理费、补贴政策、我国的可再生能源发展政策这三个方面对我国垃圾焚烧处置发展有较大影响的环境经济政策做重点分析，同时对推进垃圾焚烧市场化的运作模式和相关经济政策进行分析筛选，从理论和实践上对这些政策在我国的适应性及适应范围进行了探讨，优化和改善了现有的垃圾焚烧处置的相关政策。

7.2 创新之处

生活垃圾再利用是环境问题研究范畴以及对垃圾处理处置领域中比较新的课题，本书尝试着从环境经济学的角度来分析生活垃圾焚烧再利用的环境经济效益，并在以下几个方面取得了一些初步进展。

（1）从循环经济的角度，更加系统深入地讨论了资源再利用的内涵，对资源再利用的实质和类型进行分析，即资源再利用不仅是资源的回收再利用和物质转换，能量转化也是资源再利用的一种重要形式，也是资源再利用的重要形式。从而初步奠定我国垃圾焚烧处置循环利用的思想基础，明确了我国发展垃圾焚烧综合利用的循环经济本质。针对我国目前面临的垃圾处置问题，从环境经济的角度，分析不同的解决垃圾焚烧处置问题的良好的环境经济政策，从而推动我国垃圾焚烧处置综合利用的良性发展。

（2）从减量化、资源化和无害化的垃圾处理基本原则出发，深入比较不同垃圾处理方式的环境经济效益，确定垃圾焚烧在我国发展的可行性和必要性，为制定良好的环境经济政策和措施提供分析依据。

（3）识别我国垃圾焚烧的发展体系，在实证案例分析的基础上，对我国垃圾焚烧处置企业进行全面系统的评估分析，为构建一个适合我国国情的垃圾焚烧发展的环境经济政策体系提供了现实依据。

（4）结合垃圾焚烧行业的产业特征和环境经济特征，尝试性地构建了适合发展我国垃圾焚烧处置的环境经济政策体系：分别从国家和政府、企业、用户三个层面出发，在这三者之间建立起一种共生合作的协调关系，共同促进垃圾焚烧处置这一有利于社会、经济、环境协调发展的事业发展。同时积极利用我国发展可再生能源的契机，推进可再生能源配额制在垃圾焚烧发电中的适用性。提出了我国垃圾焚烧的发展模式，即推动垃圾焚烧企业市场化运作，成为发展垃圾焚烧处理的主导方式。

7.3　不足之处与进一步研究方向

第一，本书主要研究了推动垃圾焚烧处置在我国发展的环境经济政策，很少涉及垃圾管理体制的改革。根据我国目前垃圾焚烧发展的现状分析，垃圾管理体制对焚烧发展的制约非常明显，是否需要在管理体制变革的基础上进行环境经济政策的分析研究和变革还值得进一步商榷。

第二，涉及发展生活垃圾焚烧的环境经济政策包括多方面的内容，本书只注重选择了目前较为重要的几项政策做了研究分析，有必要对其他类型的政策做进一步的研究。

第三，对于垃圾焚烧的综合利用，本书根据国外发展经验和我国目前发展实践，以研究焚烧发电为主，而实际上，另一种利用方式——焚烧供热被国际公认为焚烧回收热能的最好方式，对该方式为什么没有得到广泛推广和利用没有进行更深入的分析研究，垃圾焚烧发电的相关政策是否也适合焚烧供热没有进一步的研究。

第四，本书对于我国垃圾焚烧处置方式的发展状况及环境经济政策的适用重点的判断来自我国垃圾基本情况和对上海、天津案例分析的结果，研究结论还需要继续接受实践的检验。

第五，本书研究的垃圾焚烧基本都是涉及经济比较发达地区，对于发展垃圾焚烧的地区的适宜条件没有进一步探讨。

参 考 文 献

Callan S J，Thomas J M, 2006. 环境经济学与环境管理 : 理论、政策和应用[M]. 李建民，译.北京: 清华大学出版社.

Eriklane J, 2003. 公共部门: 概念、模式和方法, (第三版)[M]. 孙晓莉, 张秀琴, 译.北京: 国家行政学院出版社.

OECD, 2006. 经济合作与发展组织. 环境绩效评估[M]. 北京: 中国环境科学出版社.

Tchobanoglous G, Theisen H, Vigil S, 2000. 固体废物的全过程管理: 工程原理及管理问题[M]. 北京: 清华大学出版社.

安宇宏, 2014. PPP 模式[J]. 宏观经济管理, 4: 86.

安宇宏, 2014. 经济新常态[J]. 宏观经济管理, 6: 81-81.

奥托兰诺·伦纳德, 2004.环境管理与影响评价[M]. 北京: 化学工业出版社.

鲍莫尔, 奥茨, 2003. 环境经济理论与政策设计[M]. 北京: 经济科学出版社.

北京市城市管理委员会赴德国培训团, 2016. 垃圾分类垃圾减量 看看德国是怎么做的[J]. 城市管理与科技, 18(4): 70-73.

蔡东方, 孔淑红, 2017.融资激励和融资约束对 PPP 模式下公共产品提供效率的影响——基于不完全契约理论的一般均衡分析 [J]. 技术经济, 36(09): 124-130.

曹明弟, 王文, 2015. 绿色债券发展前景[J]. 中国金融, 10: 14-16.

陈大夫, 2001. 环境与资源经济学[M]. 北京: 经济科学出版社.

陈富良, 2001. 放松规制与强化规制[M]. 上海: 上海三联书店.

陈继东, 2002. 可持续发展的城市生活垃圾治理对策研究[D]. 成都: 电子科技大学.

陈善平, 张瑞娜, 贾川, 2015. 2014 年生活垃圾焚烧处理.进展[R]. 上海环境科学院.

陈绍军, 李如春, 马永斌, 2015. 意愿与行为的悖离: 城市居民生活垃圾分类机制研究[J]. 中国人口·资源与环境, 25(9): 168-176.

陈殷源, 2007.我国电子废弃物市场政策设计研究[D]. 北京: 中国人民大学.

程炬, 董晓丹, 2017.上海市生活垃圾理化特性浅析[J]. 环境卫生工程, 25(04): 36-40.

邓晓兰, 陈宝东, 2017. 经济新常态下财政可持续发展问题与对策——兼论财政供给侧改革的政策着力点[J]. 中央财经大学学报, 1: 3-10.

迪克逊, 2001. 环境影响的经济分析[M]. 何雪炀, 译. 北京: 中国环境科学出版社.

汤姆·蒂坦伯格, 琳恩·刘易斯, 2011. 环境与自然资源经济学[M]. 王晓霞, 等, 译. 北京: 中国人民大学出版社.

丁纯, 2007. 生活垃圾收费制度的国际经验与借鉴[J]. 财经论丛, 4: 7-13.

董大敏, 2006. 政府价格管制及其定价模型探析[J]. 工业技术经济, 25(3): 120-121.

董锁成, 曲鸿敏, 2001. 城市生活垃圾资源潜力与产业化对策[J]. 资源科学, 23(2): 13-16.

杜欢政, 2013. 中国资源循环利用产业发展研究[M]. 北京: 科学出版社: 106, 127-129.

杜吴鹏, 高庆先, 张恩琛, 等, 2006. 中国城市生活垃圾排放现状及成分分析[J]. 环境科学研究, 19(5): 85-90.

段振亚, 苏海涛, 王凤阳, 等, 2016. 重庆市垃圾焚烧厂汞的分布特征与大气汞排放因子研究[J]. 环境科学, 2: 459-465.

范文宇, 2017. 公共治理视角下的城市生活垃圾管理研究[D]. 天津: 天津商业大学.

方创琳, 1995. 垃圾资源持续开发利用的经济成分及分异[J]. 地理与地理信息科学, 4: 19-24.

范紫娟, 敖长林, 毛碧琦, 等, 2017.基于陈述性偏好法的三江平原湿地生态保护价值比较[J]. 应用生态学报, 28(2): 500-508.

废弃物学会, 2004. 废弃物手册[M]. 北京: 科学出版社.

冯慧娟, 鲁明中, 2010. 德国废弃物回收体系的运行模式[J]. 城市问题, 2: 86-90.

冯之浚, 2004. 论循环经济[J]. 中国软科学, 10: 1-9.

冯志军, 陈伟, 杨朝均, 2017.环境规制差异、创新驱动与中国经济绿色增长[J]. 技术经济, 36(8): 61-69.

高金平, 张涛, 高君, 2016. 再生资源利用税收优惠政策实效性研究——以不锈钢行业为例[J]. 税务研究, 7: 12-18.

高军波, 乔伟峰, 刘彦随, 等, 2016. 超越困境: 转型期中国城市邻避设施供给模式重构——基于番禺垃圾焚烧发电厂选址反思
    [J]. 中国软科学, 1: 98-108.

高敏雪, 2016. 扩展的自然资源核算-以自然资源资产负债表为重点[J]. 统计研究, 33(1): 4-12.

格瑞·罗伯, 贝宾顿·简, 2004. 环境会计与管理[M]. 王立彦, 译.北京: 北京大学出版社.

谷树忠, 胡咏君, 周洪, 2013. 生态文明建设的科学内涵与基本路径[J]. 资源科学, 35(1): 2-13.

顾朝林, 袁晓辉, 2011. 中国城市温室气体排放清单编制和方法概述[J]. 城市环境与城市生态, 1: 1-4.

郭庆, 姜楠, 2006. 两种常用价格规制的比较及对我国的启示[J]. 经济与管理评论, 22(3): 124-126.

郭伟伟, 2010. 城市生活垃圾管理体制的改革与完善[D]. 上海: 华东政法大学.

国家环境保护总局污染控制司, 2000.城市固体废物管理与处理处置技术[M]. 北京: 中国石化出版社.

国家环境保护总局污染控制司, 2004. 固体废物管理与法规: 各国废物管理体制与实践[M]. 北京: 化学工业出版社.

哈密尔顿·K, 1998. 里约后五年: 环境政策的创新[M]. 张庆丰, 等, 译. 北京: 中国环境科学出版社.

韩英, 2011. 基于卫星遥感数据分析中国区域大气 CH_4 垂直柱浓度时空特征[D]. 南京: 南京大学.

汉密尔顿, 萨斯洛, 2014. 平狄克 鲁宾费尔德《微观经济学》(第八版)学习指导[M]. 北京: 中国人民大学出版社.

豪特利·迈克尔, 拉米什·M, 2006.公共政策研究: 政策循环与政策子系统[M]. 北京: 生活·读书·新知三联书店.

何越, 2013. 城市生活垃圾处理的市场化研究[D]. 成都: 西南交通大学.

洪隽, 2013. 城市化进程中的公共产品价格管制研究[M]. 湖北: 武汉大学出版社.

胡鞍钢, 程文银, 鄢一龙, 2018.中国社会主要矛盾转化与供给侧结构性改革[J]. 南京大学学报(哲学·人文科学·社会科学),
    55(01): 5-16, 157.

胡涛, 吴玉萍, 张凌云, 2006. 我国固体废物的管理体制问题分析[J]. 环境科学研究, 19(b11): 33-39.

贾康, 2018. 供给侧改革及相关基本学理的认识框架[J]. 经济与管理研究, 39(1): 13-22.

姜春海, 于立, 2005. 规制经济学的学科定位与理论应用[M]. 大连: 东北财经大学出版社.

姜月华, 沈加林, 王爱华等, 2000. 城市垃圾发展现状及其对生态地质环境的影响[J]. 华东地质, 21(2): 96-106.

经济合作与发展组织, 1994.环境经济手段应用指南[M]. 北京: 中国环境科学出版社.

克尼斯, 1991. 经济学与环境: 物质平衡方法[M]. 北京: 生活·读书·新知三联书店.

孔令强, 田光进, 柳晓娟, 2017. 中国城市生活固体垃圾排放时空特征[J]. 中国环境科学, 37(4): 1408-1417.

匡远凤, 彭代彦, 2012. 中国环境生产效率与环境全要素生产率分析[J]. 经济研究, 7: 62-74.

李大勇, 郭瑞雪, 2005. 城市生活垃圾收费的理论分析[J]. 理论月刊 (12): 103-104.

李国建, 2007. 城市垃圾处理工程[M]. 北京: 科学出版社.

李华友, 2004.城市生活垃圾产业化环境经济政策研究[D]. 北京: 中国人民大学.

李康, 1999. 中国股市波动规律及其分析方法[M]. 北京: 经济科学出版社.

李明哲, 2012. PPP 的认识误区与公共服务改革[J]. 技术经济, 31(6): 66-75.

李文涛, 高庆先, 王立, 等, 2015. 我国城市生活垃圾处理温室气体排放特征[J]. 环境科学研究, 28(7): 1031-1038.

李晓东, 陆胜勇, 徐旭, 等, 2001. 中国部分城市生活垃圾热值的分析[J]. 中国环境科学, 21(2): 156-160.

林晓珊, 2019. 城市生活垃圾焚烧发电原料供给路径及优化研究[D]. 北京: 华北电力大学.

刘国伟, 2014. 德国的垃圾必须先烧后埋 全球视野看垃圾焚烧[J]. 环境与生活, 11: 16-21.

刘瀚斌, 李志青, 2017. 绿色债券的上海经验[J]. 环境经济, 13: 23-27.

刘少才, 2016. 抢手的德国垃圾[J]. 世界环境, 4: 13-13.

刘社, 2004.运用经济手段解决城市垃圾问题的研究[R]. 郑州: 河南省软科学研究项目报告.

刘薇, 2015. PPP 模式理论阐释及其现实例证[J]. 改革, 1: 78-89.

娄成武, 2016. 我国城市生活垃圾回收网络的重构——基于中国、德国、巴西模式的比较研究[J]. 社会科学家, 7: 7-13.

卢中原, 胡鞍钢, 1993. 市场化改革对我国经济运行的影响[J]. 经济研究, 12: 49-55.

鲁明中, 1994. 中国环境生态学: 中国人口、经济与生态环境关系初探[M]. 北京: 气象出版社.

吕黄生, 2004a. 城市生活垃圾处置中环境外部性费用的估算研究[J]. 环境保护, 1: 36-39.

吕黄生, 2004b.中国城市生活垃圾处置经济学分析[D]. 武汉: 武汉理工大学.

纽伯里·戴维·M, 2002. 网络型产业的重组与规制[M]. 北京: 人民邮电出版社.

潘永刚, 周汉城, 唐艳菊, 2016. 两网融合——生活垃圾减量化和资源化的模式与路径[J]. 再生资源与循环经济, 9(12): 13-20.

彭尚银, 王继才, 2006. 工程项目管理(建筑工程施工管理技术要点集丛书)[M]. 北京: 建筑工业出版社.

齐丽, 任玥, 李楠, 等, 2016. 垃圾焚烧厂周边大气二噁英含量及变化特征——以北京某城市生活垃圾焚烧发电厂为例[J]. 中国环境科学, 36(4): 1000-1008.

秦绪红, 2015. 发达国家推进绿色债券发展的主要做法及对我国的启示[J]. 金融理论与实践, 12: 98-100.

任勇, 2001. 资源最优配置的经济学分析及其实现[J]. 中国国土资源经济, 14(10): 22-25.

萨瓦斯, 2002. 民营化与公私部门的伙伴关系[M]. 北京: 中国人民大学出版社.

邵天一, 2005. 我国再生纸回收利用市场的环境经济政策研究[D]. 北京: 中国人民大学.

沈可挺, 龚健健, 2011. 环境污染、技术进步与中国高耗能产业——基于环境全要素生产率的实证分析[J]. 中国工业经济, 12: 25-34.

沈坤荣, 2018. 以供给侧结构性改革为主线, 提升经济发展质量[J]. 政治经济学评论, 1: 51-55.

施阳, 徐勃, 北京市环境卫生管理局, 2007. 北京市城市环境卫生管理概况及垃圾处置规划[C]. 第二届中德环境保护研讨会.

石磊, 陈伟强, 2016. 中国产业生态学发展的回顾与展望[J]. 生态学报, 36(22): 7158-7167.

世界银行, 2005.中国固体废弃物管理: 问题和建议[R]. 北京: 世界银行工作报告.

思德纳·托马斯, 2005.环境与自然资源管理的政策工具[M]. 张蔚文, 黄祖辉, 译.上海: 上海人民出版社: 102.

宋国君, 2015. 中国城市生活垃圾管理善评估报告[R]. 中国人民大学国家发展研究院支持课题.

宋金波, 宋丹荣, 付亚楠, 2015. 垃圾焚烧发电 BOT 项目收益的系统动力学模型[J]. 管理评论, 27(3): 67-74.

宋金波, 宋丹荣, 孙岩, 2012. 垃圾焚烧发电 BOT 项目的关键风险: 多案例研究[J]. 管理评论, 24(9): 42-50.

宋金波, 宋丹荣, 谭崇梅, 2013. 垃圾焚烧发电 BOT 项目特许期决策模型[J]. 中国管理科学, 21(005): 86-93.

苏素, 邓娟, 2007. FDI、R&D 及经济增长——以地区 pool 数据进行的实证分析[J]. 重庆大学学报, 30(8): 145-148.

孙凌志, 贾宏俊, 任一鑫, 2016. PPP 模式建设项目审计监督的特点、机制与路径研究[J]. 审计研究, 2: 44-49.

孙学工, 刘国艳, 杜飞轮, 等, 2015. 我国 PPP 模式发展的现状、问题与对策[J]. 宏观经济管理, 2: 28-30.

泰坦伯格, 2011. 环境经济学与政策[M]. 北京: 人民邮电出版社.

谭灵芝, 2018.经营权稳定性对生活垃圾处置投资的影响[J]. 技术经济, 37(02): 97-107.

谭灵芝, 陈殷源, 王国友, 2015.中国电子废弃物市场构建及政策研究[M]. 长春: 吉林出版集团: 62-64.

谭灵芝, 陈殷源, 王国友, 等, 2010. 中国生活垃圾处置市场外部效应下的最优定价及政策选择研究[J]. 华东经济管理, 24(9):

49-55.

谭灵芝, 鲁明中, 2008. 垃圾收费制度在我国垃圾处置中的适用特征分析[J]. 软科学, 22(1): 67-70.

谭灵芝, 鲁明中, 陈殷源, 2008. 我国生活垃圾处置市场的环境经济政策选择[J]. 中国人口资源与环境, 18(2): 181-186.

谭灵芝, 孙奎立, 2017. 城市生活垃圾处置公共投资效应分析[J]. 城市问题, 6: 68-74.

谭灵芝, 孙奎立, 2018. 我国城市生活垃圾焚烧对环境健康的影响[J]. 企业经济, 2: 69-77.

谭灵芝, 孙奎立, 王国友, 2015. 我国电子废弃物市场构建及政策设计[M]. 长春: 吉林出版集团.

谭爽, 胡象明, 2016. 邻避运动与环境公民的培育——基于A垃圾焚烧厂反建事件的个案研究[J]. 中国地质大学学报(社会科学版), 5: 52-63.

田文栋, 魏小林, 黎军, 等, 2000. 北京市城市生活垃圾特性分析[J]. 环境科学学报, 20(4): 435-438.

王登嵘, 马向明, 周春山, 2006. 城镇基础设施供给的政治经济学分析及其管治构建[J]. 人文地理, 21(5): 89-93.

王金南, 1997. 中国与OECD的环境经济政策[M]. 北京: 中国环境科学出版社.

王金南, 2007. 环境安全管理评估与预警[M]. 北京: 科学出版社.

王俊豪, 1999. 中国政府管制体制改革研究[M]. 北京: 经济科学出版社.

王俊豪, 2001. 政府管制经济学导论: 基本理论及其在政府管制实践中的应用[M]. 北京: 商务印书馆.

王俊豪, 付金存, 2014. 公私合作制的本质特征与中国城市公用事业的政策选择[J]. 中国工业经济, 7: 9-13.

王俊豪, 王建明, 2005. 我国城市污水与垃圾处理的市场化改革及其管制政策[J]. 财经论丛(浙江财经大学学报), 2: 1-8.

王俊豪, 周小梅, 2004. 中国自然垄断产业民营化改革与政府管制政策[M]. 北京: 经济管理出版社.

王敏, 曹恩伟, 朱歆莹, 等, 2016. 徐州市生活垃圾填埋场地下水典型金属污染物研究[J]. 环境监控与预警, 1: 51-55.

王沛立, 2019. 垃圾焚烧PPP项目提前终止影响因素及管控研究[D]. 大连: 大连理工大学.

王思斌, 关信平, 2017. 经济新常态下的社会政策议题: 积极托底的社会政策及其建构[J]. 中国社会科学, 6: 80-90.

温汝俊, 罗宇, 罗清泉, 2001. 重庆市主城排水系统及污水处理方案的比较[J]. 重庆大学学报, 24(1): 32-35.

吴敬琏, 2000. 斯蒂格利茨与现代经济学的发展——《经济学》[J]. 领导决策信息, 39: 32-32.

吴文伟, 2003. 城市生活垃圾资源化[M]. 北京: 科学出版社.

吴文伟, 王伟, 2002. 城市生活垃圾可转化性特性研究[J]. 城市管理与科技, 4(4): 13-15.

伍迪, 王守清, 2014. PPP模式在中国的研究发展与趋势[J]. 工程管理学报, 6: 75-80.

伍琳瑛, 2017. 德国生活垃圾处理考察总结及其对广东省的启示[J]. 环境卫生工程, 25(2): 77-79.

习近平, 2017. 决胜全面建成小康社会夺取新时代中国特色社会主义伟大胜利[M]. 北京: 人民出版社: 50.

席北斗, 2010. 城市固体废物系统分析及优化管理技术[M]. 北京: 科学出版社.

夏光, 2001. 环境政策创新: 环境政策的经济分析[M]. 北京: 中国环境科学出版社.

向静林, 张翔, 2014. 创新型公共物品生产与组织形式选择——以温州民间借贷服务中心为例[J]. 社会学研究, 5: 47-72.

肖序, 李成, 曾辉祥, 2016. 垃圾焚烧发电的资源价值流分析——以A发电厂为例[J]. 系统工程, 12: 53-61.

杨斌武, 杨基成, 蒋文举, 2003. 试论通过PPP模式处理我国城市垃圾[J]. 中国人口·资源与环境, 13(2): 101-105.

杨继国, 朱东波, 2018. 马克思结构均衡理论与中国供给侧结构性改革[J]. 上海经济研究, 1: 5-16.

姚明霞, 2001. 西方福利经济学的沉浮[J]. 当代经济研究, 4: 67-69.

姚穆, 2017. 燃煤、垃圾焚烧高温尾气过滤需要考虑的关键问题[J]. 西安工程大学学报, 31(1): 1-4.

于立, 2005. 规制经济学的学科定位与理论应用[M]. 大连: 东北财经大学出版社.

于立, 姜春海, 2006. 自然垄断产业的规制政策研究[J]. 管理学报, 3(5): 511-513.

于洋, 2016. 面向存量规划的我国城市公共物品生产模式变革[J]. 城市规划, 40(3): 15-24.

曾贤刚, 2003. 环境影响经济评价[M]. 北京: 化学工业出版社.

张成, 2016. 绿色债券: 再生资源行业融资新途径[J]. 再生资源与循环经济, 9(3): 13-14.

张帆, 李东, 2007. 环境与自然资源经济学(第2版)[M]. 上海: 上海人民出版社.

张凯, 2017. 收费是如何导致政府质量监管失灵的?[D]. 武汉: 武汉大学.

张瑞娜, 陈善平, 王娟, 2012.日本生活垃圾焚烧处理现状和发展[J]. 中国城市环境卫生, 1: 36-40.

张文阳, 2014. 德国废物管理五步架构对我国生活垃圾焚烧发电的启示[J]. 环境保护, 42(19): 32-34.

张向达, 2002. 政府寻租及寻租社会的改革[J]. 当代财经, 12: 9-12.

张象枢, 2000. 论人口、资源、环境经济学[J]. 环境保护, 2: 6-8.

张昕竹, 2002.中国基础设施产业的规制改革与发展[M]. 北京: 国家行政学院出版社.

张益, 2016. 我国生活垃圾焚烧处理技术回顾与展望[J]. 环境保护, 44(13): 20-26.

张越, 2004. 城市生活垃圾减量化管理经济学[M]. 北京: 化学工业出版社: 83-84.

张越, 谭灵芝, 鲁明中, 2015. 发达国家再生资源产业激励政策类型及作用机制[J]. 现代经济探讨, 2: 88-92.

张越, 唐旭, 2014. 欧美生活垃圾服务成本研究述评[J]. 城市问题, 11: 73-78.

张云飞, 2015. 生态理性: 生态文明建设的路径选择[J]. 中国特色社会主义研究, 1: 88-92.

张智光, 2017. 面向生态文明的超循环经济: 理论、模型与实例[J]. 生态学报, 37(13): 4549-4561.

赵菲菲, 冯自松, 陈金海, 2016. 生活垃圾焚烧发电厂二噁英近零排放技术研究[J]. 环境科学与管理, 41(4).

赵薇, 孙一桢, 张文宇, 等, 2016. 基于生命周期方法的生活垃圾资源化利用系统生态效率分析[J]. 生态学报, 36(22): 7208-7216.

赵燕菁, 2010. 公共产品价格理论的重建[J]. 厦门大学学报(哲学社会科学版), 1: 46-54.

赵由才, 2002. 生活垃圾资源化原理与技术[M]. 北京: 化学工业出版社: 23.

中国环境保护投融资机制研究课题组, 2004. 创新环境保护投融资机制[M]. 北京: 中国环境科学出版社.

中国环境与发展国际合作委员会能源战略与技术工作组, 2003. 能源与可持续发展[M]. 北京: 中国环境科学出版社.

中国经济增长前沿课题组, 张平, 刘霞辉, 等, 2015. 突破经济增长减速的新要素供给理论、体制与政策选择[J]. 经济研究, 11: 4-19.

钟晓青, 1995. 现行垃圾处理模式及其产业化途径[J]. 生态经济, 6: 40-42.

周宏春, 2008.变废为宝: 中国资源再生产业与政策研究[M]. 北京: 科学出版社: 92.

周宏春, 2017. 新时期、新高度、新任务: 对生态文明建设的思考[J]. 环境保护, 22: 12-19.

周正祥, 张秀芳, 张平, 2015. 新常态下PPP模式应用存在的问题及对策[J]. 中国软科学, 9: 82-95.

朱能武, 2006. 固体废物处理与利用[M]. 北京: 北京大学出版社.

Ackerman F, Heinzerling L, 2002. Pricing the Priceless: Cost-Benefit Analysis of Environmental Protection[M]// Environmental protection.

Agency E P, Waste D S, et al., 2001. Volunteer for Change: A Guide to Environmental Community Service[EB/OL]. http://www.epa.gov/osw.

Akese G A, 2014. Price realization for electronic waste (e-waste) in Accra, Ghana[J]. Memorial University of Newfoundland, 10: 25-50.

Akifumi O, Hideki O, Kazuhiro S, et al., 2007. Evaluating environmental impacts of the Japanese beef cow-calf system by the life cycle assessment method[J]. Animal Science Journal, 78(4): 424-432.

Alba N, Vàzquez E, Gassò S, et al., 2001. Stabilization/solidification of MSW incineration residues from facilities with different air pollution control systems. Durability of matrices versus carbonation[J]. Waste Management, 21: 313-323.

Baiardi D, Menegatti M, 2011. Pigouvian tax, abatement policies and uncertainty on the environment[J]. Journal of Economics, 103(3): 221-251.

Ballard C L, Medema S G, 1993. The marginal efficiency effects of taxes and subsidies in the presence of externalities : A computational general equilibrium approach[J]. Journal of Public Economics, 52(2): 199-216.

Barr S, 2007. Factors influencing environmental attitudes and behaviors a UK case study of household waste management[J]. Environment and behavior, 39(4): 435-473.

Bass S, 2007. Factors influencing environmental attitudes and behaviors a UK case study of household waste management[J]. Environment and Behavior, 39(4): 435-473.

Bell R, 1992. Are ordinal models useful for classification?[J]. Statistics in Medicine, 11(1): 133-134.

Bishop P L, 2000. Pollution Prevention : Fundamentals and Practice[M]. Waveland Pr Inc.

Buekens A, Huang H, 1998. Comparative evaluation of techniques for controlling the formation and emission of chlorinated dioxins/furans in municipal waste incineration[J]. Journal of Hazardous Materials, 62(1): 1-33.

Chatterjee S, 2012. Sustainable Electronic Waste Management and Recycling Process[J]. American Journal of Environmental Engineering, 2(1): 23-33.

Chen D , Christensen T H, 2010. Life-cycle assessment (EASEWASTE) of two municipal solid waste incineration technologies in China[J]. Waste Management & Research, 28(6): 508-519.

Clavreul J, Baumeister H, Christensen T H, et al., 2014. An environmental assessment system for environmental technologies[J]. Environmental Modelling & Software, 60(60): 18-30.

Collins J N, Downes B T, 1977. The effects of size on the provision of public services: The case of solid waste collection in smaller cities[J]. Urban Affairs Review, 12(3): 333-347.

Commoner B, 1972. The environmental cost of economic growth.[J]. Chem Br, 8(2): 52-56.

Dastkhan H, Owlia M S, 2014. What are the right policies for electricity supply in Middle East? A regional dynamic integrated electricity model for the province of Yazd in Iran[J]. Renewable & Sustainable Energy Reviews, 33: 254-267.

Di F, 2014. Integration of spatial and descriptive information to solve the urban waste accumulation problem[J]. Procedia-Social and Behavioral Sciences, 147: 182-188.

Dijkgraaf E, Vollebergh H R J, 2004. Burn or bury? A social cost comparison of final waste disposal methods[J]. Ecological Economics, 49(3): 233-247.

Dinan T M, 1993. Economic efficiency effects of alternative policies for reducing waste disposal[J]. Journal of Environmental Economics & Management, 25(3): 242-256.

Dong L, Dong H, Fujita T, et al., 2015. Cost-effectiveness analysis of China's Sulfur dioxide control strategy at the regional level: regional disparity, inequity and future challenges[J]. Journal of Cleaner Production, 90: 345-359.

Eichner T, Pethig R, 2001. Product design and efficient management of recycling and waste treatment[J]. Journal of Environmental Economics & Management, 41(1): 109-134.

Ekins P, 1998. Can a Market Economy Produce Industrial Innovations that Lead to Environmental Sustainability?[M]Innovation and Sustainable Development.

Elkington J, 1992. The green business guide[J]. Fresenius Zeitschrift fur Analytische Chemie, 157(5): 385-389.

Falk I, Mendelsohn R, 1993. The Economics of Controlling Stock Pollutants: An Efficient Strategy for Greenhouse Gases[J]. Journal of Environmental Economics & Management, 25(1): 76-88.

Felice P D, 2014. Integration of spatial and descriptive information to solve the urban waste accumulation problem[J]. Procedia-Social and Behavioral Sciences, 147: 182-188.

Foster J B, 1999. Marx's theory of metabolic rift: Classical foundations for environmental sociology[J]. American Journal of Sociology, 105(2): 366-405.

Frenkel M, Trauth T, 2005. On Additional Conditions for Factor Price Equalization in Intertemporal Heckscher-Ohlin Models[M] Aspekte der internationalen Ökonomie / Aspects of International Economics.

Fridland V S, Shchegol'kova N M, 2008. Environmental and energy aspects of disposal of solid domestic waste[J]. Thermal Engineering, 55(12): 1001-1008.

Fusai G, Roncoroni A, Fusai G, et al., 2008. Electrifying the Price of Power[M]Implementing Models in Quantitative Finance: Methods and Cases.

Garcia-Lodeiro I, Carcelen-Taboada V, Fernández-Jiménez A, et al., 2016.Manufacture of hybrid cements with fly ash and bottom ash from a municipal solid waste incinerator[J]. Construction & Building Materials, 105: 218-226.

Gómez-Ibáñez J A, Meyer J R, 1993. Going Private: The International Experience with Transport Privatization[M]. Washingtong D C: Booking Institution.

Gunvor M, Kirkelund A, Kristine B, et al., 2015. Electrodialytic upgrading of three different municipal solid waste incineration residue types with focus on Cr, Pb, Zn, Mn, Mo, Sb, Se, V, Cl and SO4[J]. Electrochimica Acta, 181: 167-178.

Gupt Y, Sahay S, 2015. Review of extended producer responsibility: A case study approach[J]. Waste Manag Res, 33(7): 595-611.

Hilburn A M, 2015. Participatory risk mapping of garbage-related issues in a rural Mexican municipality[J]. Geographical Review, 105(1): 41-60.

Horsman C, Brown K L, Munro W J, et al., 2011. Reduce, reuse, recycle for robust cluster-state generation[J]. Physical Review A, 83(4): 23-27.

Jaber M Y, Rosen M A, 2008. The economic order quantity repair and waste disposal model with entropy cost[J]. European Journal of Operational Research, 188(1): 109-120.

Jaccoud C, Magrini A, 2014. Regulation of solid waste management at Brazilian ports: Analysis and proposals for Brazil in light of the European experience[J]. Marine Pollution Bulletin, 79(1-2): 245-253.

Jorgenson D W, Goettle R J, Ho M S, et al., 2013. Double Dividend: Environmental Taxes and Fiscal Reform in the United States[M]Double Dividend: Environmental Taxes and Fiscal Reform in the United States.

Kinnaman T C, Fullerton D, 1995. How a Fee Per-unit Garbage Affects Aggregate Recycling in a Model with Heterogeneous Households[M]. Public Economics and the Environment in an Imperfect World.

Kinnaman T C, Fullerton D, 2000. Garbage and Recycling with Endogenous Local Policy[J]. Journal of Urban Economics, 48(3): 419-442.

Kumar N, Swamy C, Nagadarshini K, 2014. Efficient garbage disposal management in metropolitan cities using VANETs[J]. Journal of Clean Energy Technologies, 2(3): 258-62.

Liu A, Ren F, Lin W Y, et al., 2015. A review of municipal solid waste environmental standards with a focus on incinerator residues[J]. International Journal of Sustainable Built Environment, 4(2): 165-188.

Liu G, Yang Z, Chen B, et al., 2016. Prevention and control policy analysis for energy-related regional pollution ement in China[J]. Applied Energy, 166: 292-30

Ljunggren M, 2000. Modelling national solid waste management[J]. Waste Management & Research, 18(6): 525–537.

Makino K, 2013. Forecast of Advanced Technology Adoption for Coal Fired Power Generation Towards the Year of 2050[M]. Cleaner Combustion and Sustainable World. Springer Berlin Heidelberg: 761-770.

Mannion D A, 1997. Environmental taxes in OECD countries : Organisation for Economic Cooperation and Development Paris (1995) 99 pp paperback[J]. Cities, 14(14): 51-54.

Margallo M, Taddei M B M, Hernández-Pellón A, et al., 2015. Environmental sustainability assessment of the management of municipal solid waste incineration residues: A review of the current situation[J]. Clean Technologies & Environmental Policy, 17(5): 1333-1353.

Marjorie J C, 1999.Integrated waste management planning and decision-making in New York City[J]. Resources Conservation and Recycling , 26: 125-141.

Martins K, Mourão M C, Pinto L S, 2015. A Routing and Waste Collection Case-Study[M]. Operational Research. Springer International Publishing.

McKay G, 2002. Dioxin characterization, formation and minimization during municipal solid waste (MSW) incineration: review[J]. Chemical Engineering Journal, 86(3): 343-368.

Mcpherson H, 2016. Materials science and the problem of garbage : Where does all that stuff go?[J]. The Science Teacher, 83(8): 32.

Nagurney A, Toyasaki F, 2005. Reverse supply chain management and electronic waste recycling: a multitiered network equilibrium framework for e-cycling[J]. Transportation Research Part E, 41(1): 1-28.

Nelson A C, GenereuX J, Genereux M M, 1997. Price effects of landfills on different house value strata[J]. Journal of Urban Planning & Development, 123(3): 59-67.

Perera A, 2015. Lack of community participation in management of garbage: its impacts on river water, and introduction of rain water harvesting as an alternative to pipe borne water in Lautoka, Fiji islands[J]. Journal of Solid Waste Technology & Management, 41(4): 17-22.

Revesz R L, Stavins R N, 2007. Environmental law[J]. Handbook of Law & Economics, 1(1): i-ii.

Riber C, Petersen C, Christensen T H, 2009. Chemical composition of material fractions in Danish household waste[J]. Waste Management, 29(4): 1251-7.

Roberts R K, Douglas P V, Park W M, 2016. Estimating external costs of municipal landfill siting through contingent valuation analysis: A case study[J]. Journal of Agricultural & Applied Economics, 23(2): 155-166.

Sager F, Rielley, 2013. Sorting through the garbage can: Under what conditions do governments adopt policy programs?[J]. Policy Sciences, 46(1): 1-21.

Saling P, Kicherer A, Dittrichkrämer B, et al., 2002. Eco-efficiency analysis by basf: the method[J]. International Journal of Life Cycle Assessment, 7(4): 203-218.

Seltzer S A , 2011. Price regulation for waste hauling franchises in California: an examination of how regulators regulate pricing and the effects of competition on regulated markets[J]. Electronic Theses & Dissertations , 6: 1-91.

Shin D, Choi S, Oh J E, et al., 1999.Evaluation of polychlorinated dibenzo-p-dioxin/dibenzofuran (PCDD/F) emission in municipal solid waste incinerators[J]. Environmental science & technology, 33(15): 2657-2666.

Stinnett D S, 1996. 7 Steps to selecting a disposal facility[J]. World Waste, 39(7): 69.

Suwannapong N, Tipayamongkholgul M, Bhumiratana A, et al., 2014. Effect of community participation on household environment to mitigate dengue transmission in Thailand[J]. Tropical Biomedicine, 31(1): 149-158.

Taddei M B M, Hernández-Pellón A, Aldaco R, et al., 2015. Environmental sustainability assessment of the management of municipal solid waste incineration residues: a review of the current situation[J]. Clean Technologies and Environmental Policy, 17(5): 1333-1353.

Tchobanoglous G, Theisen H, Vigil S, 1993. Integrated solid waste management: engineering principles and management issues[J]. Water Science & Technology Library, 8(1): 63–90.

Themelis N, Koroneos C, 2004. Assessing waste-to-energy and landfilling in the US[J]. Waste Management, 8: 35-41.

Torgler B, García-Valiñas M A, 2005. The determinants of individuals' attitudes towards preventing environmental damage[J]. Ecological Economics, 63(2): 536-552.

Tuppurainen K, Halonen I, Ruokojärvi P, et al., 1998.Formation of PCDDs and PCDFs in municipal waste incineration and its inhibition mechanisms: a review[J]. Chemosphere, 7: 1493-1511.

Turner E, 2010. Natural Resources and Environmental Economics[M]. Berlin : Springer Berlin Heidelberg.

Von-Hippel E, Von-krogh G, 2015. Crossroads-Identifying viable "need–solution pairs": Problem solving without problem formulation[J]. Organization Science, 27(1): 207-221.

Walls M, 2003. How Local Governments Structure Contracts with Private Firms: Economic Theory and Evidence on Solid Waste and Recycling Contracts[C]// Resources For the Future: 206-222.

Weizsäcker E U V, Lovins A B, Lovins L H, 1998. Factor four: doubling wealth—halving resource use: a new report to the club of rome[J]. London England Earthscan Publications, 29(97): 956.

Wright D G, Woods D R, 1993. Evaluation of capital cost data. part 7: Liquid waste disposal with emphasis on physical treatment[J]. Canadian Journal of Chemical Engineering, 71(4): 575-590.

Xu M, Yan J, Lu S, et al., 2009.Agricultural soil monitoring of PCDD/Fs in the vicinity of a municipal solid waste incinerator in Eastern China: Temporal variations and possible sources[J]. Journal of Hazardous Materials, 166(2): 628-634.

后　记

　　本书是在我的博士毕业论文基础上修改的。弹指一挥间，我的心态发生了很多变化。今天重新捡起我的博士论文，仿佛重回人民大学三年的博士生活。这三年间可追忆的事情太多，让人怀念。工作多年之后，回顾我的生活历程，不禁唏嘘。

　　我的博士论文是在我的导师鲁明中教授的悉心指导下完成的。此篇论文的成就首先要归功于恩师。从论文的选题直至最终定稿，都是在恩师的直接指导下完成的。博士在读期间，恩师在学习、工作和生活方面给予我无微不至的关怀和指导。他严谨的治学态度、诲人不倦的育人精神和长者风范永远是我的学习榜样。对恩师的不倦教诲和培育之恩，我的感激之情实在难以言表。即使在我毕业多年，远离老先生，仍能得到先生对我生活和工作的关心和关爱。希望他老人家身体健康！

　　我还要感谢张象枢教授、马中教授、邹骥教授、宋国君教授，他们对我的论文从综合考试、文献综述、开题报告直到预答辩都提出了宝贵的修改意见，给我以极大的启发，使我能顺利地完成学业。特别是张象枢教授，在百忙之中多次对我的论文进行悉心点拨，深表谢意。

　　感谢吴文伟老师，他是我踏入这个研究领域的领路人之一，从论文的选题、调研到最后的定稿都倾注了莫大心血。他广阔的知识面、务实的工作作风使我在三年学习生活中获益匪浅，吴老师不仅给我提供了大量专业资料，还多次创造条件使我有更多的机会深入基层调研学习，在论文的选题和研究思路的确定过程中，吴老师也一直给予关怀和指导。在此，谨向吴老师表示感谢。

　　感谢王平老师、许瑞纳老师、王学军老师，他们认真负责的工作为我们提供了一个专心学习的好环境。

　　在此还要感谢我的师兄、师姐和师妹们：朱留财、张越、李华友、邵天一、李文东、冯慧娟、王猛。感谢他们给予我学习和生活的帮助。感谢我的同学们：鲍自然、钱永忠、彭立颖、张坤、王景生、张红丽、董照辉、吉钠娜、杨小明、朱光华，每次和他们的交流总是愉快和轻松的，团结友爱的氛围让我永远留恋。

　　特别要感谢我的同门陈殷源和张继承，感谢三年里他们在学习和生活中给予我无私的帮助。无论我有什么困难，都给予我最真切的温暖和关怀。

　　感谢我多年的好友刘玲、陈文涛、纪明和郭艳芹，虽然近年来因为工作、生活和孩子的各种问题很焦躁，与他们联系并不频繁，但从不生疏。多年以来，彼此依赖，彼此支持。感谢他们。

　　我还要对我的父母和兄嫂道一声谢谢，只字片言无法表达我对他们的爱，他们关心我的学习和生活，始终毫无保留、毫无所求地付出，支持我在人生的道路上大步向前。我独自在外近三十年的时间，能够日夜感受到他们给予我的爱和关心。感谢他们，没有他们的爱就没有我的今天。我还要特别感谢我的爱人王国友，多年来他关心我生活的点点滴滴，替我尽孝父母，帮助兄嫂，爱护子侄，使我能够心无旁骛地顺利完成学位论文。

2011 年我最爱的女儿出生，她使我对人生、对生活有了新的感悟，女儿的可爱和天真，让我和爱人对这个世界也保留了更多的善念和感激。

感谢所有的人。

谭灵芝

2018 年 5 月 16 日